火箭引雷电磁声光效应

蔡 力 王建国 周 蜜 曹金鑫 著

U0230739

科学出版社

北 京

内 容 简 介

本书对武汉大学雷电研究团队在广东开展的人工引雷试验的主要成果进行了系统总结,填补了架空线路雷电观测的空白。本书从电流参数特征、放电模式等多个方面论述了火箭引雷的电流特征,研究了不同距离回击磁场和电场的参数特征,对比了火箭引雷至架空线路和引雷至地面电流、电磁场参数的差异,分别从企图先导和追逐先导等多个方面论述了先导的发展特性,总结了人工触发闪电的声压波形的传播特性,并对空中引雷事件进行了全面分析。

本书主要面向电气工程领域中雷电物理、雷电探测、雷电防护等相关方向的专业人员和学者。本书可作为高电压与绝缘技术、大气科学等专业研究人员或研究生的重要参考书,同时也可作为从事雷电防护工程技术人员的重要参考书。

图书在版编目(CIP)数据

火箭引雷电磁声光效应 / 蔡力等著. —北京:科学出版社,2024.6
ISBN 978 - 7 - 03 - 078519 - 0

Ⅰ. ①火… Ⅱ. ①蔡… Ⅲ. ①雷暴电场—研究 Ⅳ. ①P427.32

中国国家版本馆 CIP 数据核字(2024)第 097820 号

责任编辑:许　健 / 责任校对:谭宏宇
责任印制:黄晓鸣 / 封面设计:殷　靓

科学出版社 出版
北京东黄城根北街 16 号
邮政编码:100717
http://www.sciencep.com

南京展望文化发展有限公司排版
上海景条印刷有限公司印刷
科学出版社发行　各地新华书店经销

*

2024 年 6 月第　一　版　开本:B5(720×1000)
2024 年 6 月第一次印刷　印张:18 3/4
字数:368 000

定价:130.00 元
(如有印装质量问题,我社负责调换)

　　自然闪电发生时,雷暴天气中雷云内电荷不断积累,正负电荷层之间的电势差不断增大,电场强度达到一定程度时,空气被电离击穿而产生长间隙、瞬时大电流放电现象。闪电放电产生的高电压、大电流和强电磁辐射等物理效应,常常会引发森林火灾、损坏建筑物、破坏供电系统,造成严重的经济损失甚至是人员伤亡。此外,雷电活动还能改变全球大气中氮氧化物和臭氧的平衡,对地球生命产生非常重要的影响。雷电因其强烈的电、磁、声、光效应对人类生产活动造成了巨大威胁,研究闪电的发展过程、物理参数、闪电效应并应用于闪电定位、仿真计算及防护,意义重大。

　　现阶段人类对闪电发生发展的物理机制、地闪连接过程以及先导发展过程中各类鲜见现象的出现原因的认识仍不充分,主要因为自然闪电的发生在时间和空间上均存在着很大的随机性,利用记录时间和记录视野都有限的光学设备对自然闪电进行观测的难度与时间成本很大。随着人工触发闪电技术的不断运用与成熟,对与自然闪电存在相似放电过程的人工触发闪电进行观测使得观测能够在特定地点和特定时间范围内进行,从而实现对光学设备观测视野的提前规划、对闪电放电电流的直接测量,以及在近场对闪电放电过程进行电、磁、声、光等多物理参数的同步记录。人工触发闪电发展过程的研究一直是国际热点,从 20 世纪 60 年代开始,经过几十年的发展,科研人员已经利用电流、电磁场和声学传感器、光电阵列、高速摄像机和甚高频定位系统等手段对人工触发闪电初始阶段、回击及 M 分量等物理过程的发展过程、电磁学特征、光强变化和光谱特性等进行了相关研究,我国雷电基础研究仍需要大量积累本土观测数据,获取真实的雷电参数。

　　目前积累的雷电观测数据绝大部分都来自直击地面的闪电,也就是说目前电力系统雷电防护测试数据主要参考的是闪电直击地面的情况。许多研究已经表明,被击物体的属性会影响雷电的参数,例如,当闪电击中数百米的高塔时,雷电流会在高塔的阻抗不连续处发生折反射,这会增强高塔内部的雷电流,增强的雷电流会辐射出更强的电磁场,从而导致闪电定位系统高估击中高塔闪电的电流峰值。对电力系统而言,雷电防护的对象主要是架空输配电线路,架空线路是否会影响雷电的参数是一个值得关注的问题。进行引雷至架空线路和引雷至地面两种引雷试验并分析两种情况下雷电参数的异同,既可以积累真实的雷击线路的雷电观测数据,又可以明晰架空线路对雷电参数的影响,这对电力系统雷电防护有重要意义。

武汉大学雷电研究团队在广东开展了人工触发闪电实验,利用研制的新一代火箭发射平台(包含光纤隔离发射控制装置,双路光纤触发点火装置,电、磁、声、光多参量同步观测系统,以及绝缘发射平台),实现了引雷平台的技术升级和配电线路人工触发闪电的技术突破,首次获得引雷到架空线路的电、磁、声、光多参量同步观测数据。本书对该次引雷试验的数据和成果进行了充分的分析和总结。全书分为8章,第1章主要是对火箭引雷研究历史的回顾,总结了火箭引雷在不同阶段的发展特征;第2章从电流参数特征、放电模式等多个方面详细论述了人工触发闪电的初始放电阶段、回击阶段和连续电流阶的电流特征;第3章分析了不同距离回击磁场的参数特征及其与电流参数的相关性,通过使用近距离磁场传感器对回击电流进行了反演;第4章分析了不同距离回击电场的参数特征,比较了人工触发闪电与自然闪电远距离电场参数的差异;第5章对比了火箭引雷至架空线路和引雷至地面的雷电参数差异,并对闪电定位系统回击电流峰值进行了估算比较分析;第6章着重研究了箭式先导的发展特性,分别从企图先导、追逐先导、双向先导等多个方面进行了论述;第7章探究了火箭引雷中回击、初始连续电流脉冲和M分量的声压特征,总结了人工触发闪电的声压波形传播特性;第8章分析了空中触发闪电的光电特征,并且对空中触发闪电中箭式先导的电场波形进行了数值模拟。

本书的第1~5章与第8章由蔡力撰写;第6章由王建国撰写;第7章由曹金鑫撰写;周蜜对全书参考文献进行了整理和统一;周蜜和王建国对各章节内容进行了修改和补充,并最后审定。

研究生邹昕、李进、胡强、王福坤、杜懿阳、储汪祥、许昌峰等提供了部分研究结果,并绘制了部分图表;苏睿、王守鹏、杜镇涛、方毓乾、徐志凌、黄焕等支撑了相关数据的获取,在此一并表示感谢!

衷心感谢广东电网有限责任公司电力科学研究院的彭向阳教授级高级工程师、汪进锋高级工程师,中国气象局广州热带海洋气象研究所的陈绍东研究员,中国气象科学研究院的吕伟涛研究员、张阳研究员、郑栋研究员,以及一起参与2018~

2019 广州从化火箭引雷项目的全体成员。

随着光学和电磁学技术的发展,特别是高速大容量存储技术,使得人们对雷电物理过程观测能够逐步向精细化发展,从而使人们对雷电的认识也在不断深化。受作者的学识水平和时间所限,难免存在不妥之处,敬请读者批评指正。

本书得到了国家自然科学基金项目(52177154)的资助。

作　者

2023 年冬于武汉珞珈山

目 录

第1章　　　引　　言

1.1　火箭引雷的研究历程

雷电是一种具有长距离、大电流、强电磁辐射特征的瞬时放电事件。雷电在放电过程瞬间会产生巨大的破坏影响,造成一系列的雷电灾害,影响电力系统、通信系统、控制系统的运行。直接雷击还会威胁人和动物的生命安全、发生火灾等,给经济生产带来巨大的损失。

对雷电的科学探求一直是众多学者关注的问题,但由于雷电的瞬时性和随机性,很难对雷电进行稳定的科学观测。20 世纪中期,人工触发闪电技术的发展(即通过向雷云发射拖带金属导线的小型火箭)可以使雷电发生在预知的时间和地点,为直接测量雷电流及电磁场提供了条件。

首次人工触发闪电是 Newman 等在美国佛罗里达州海上的一艘船上进行的[1]。自 1973 年以来,法国[2,3]、日本[4]、中国[5]和巴西[6]等许多国家相继开展了人工触发闪电项目,并在陆地上对该技术进行了改进,如表 1.1 所示。美国佛罗里达州的国际雷电研究与测试中心(International Center for Lightning Research and Testing, ICLRT)的 Rakov 和 Uman 等[7,8]对其人工触发闪电实验的研究结果进行了全面的总结和综述,为雷电放电参数的测量、放电物理过程、电磁辐射效应及理论模拟做出了巨大的贡献。

表 1.1　主要触发闪电项目概述

实　验　地　点	海拔/m	实验时间	引雷线材料
上卢瓦尔省(法国)[2]	1 100	1973～1996 年	钢、铜
石川县(日本)[4]	0	1977～1985 年	钢
石川县(日本)[4]	930	1986～1998 年	钢
新墨西哥州(美国)[9]	3 230	1979 年至今	钢

续　表

实 验 地 点	海拔/m	实验时间	引雷线材料
佛罗里达州(美国)[10]	0	1983~1991 年	铜
亚拉巴马州(美国)[11]	190	1991~1995 年	铜
佛罗里达州(美国)[7]	20	1993 年至今	铜
卡舒埃拉保利斯塔(巴西)[6]	570	1999~2007 年	铜
甘肃、北京、江西、上海、西藏(中国)[12-17]	多种	1977~2004 年	钢、铜
广东(中国)[18]	<100	2006 年至今	铜
山东、广东(中国)[19]	<50	2005 年至今	铜

自 1977 年以来,中国分别在江西、甘肃、北京、广东和山东等地进行了人工触发闪电实验[12-17]。特别是在过去的 10 年中,中国气象科学研究院和中国科学院大气物理研究所的两个团队在广东[18]和山东[19]分别持续开展了人工引发的雷电实验[广东闪电综合观测试验(Guangdong Comprehensive Obseroation Experiment of Lightning Discharge, GCOELD,本书称为广东引雷实验)、山东人工引发雷电实验(Shandong Artificial Triggering Lightning Experiment, SHATLE,本书称为山东引雷实验)]。这些实验不仅加深了我们对与雷电有关的声、光、电、磁信号的雷电物理特性的理解,而且在研究和测试雷击机理以及评估雷电定位系统的性能等方面也发挥了重要作用。尽管世界各地都有分析研究雷电放电相关的参数特征,但总体而言,我们仍需积累足够的不同区域的雷电放电数据,以确定雷电放电的方式,提供防雷工作所需要的准确的雷电放电参数。

1.2　火箭引雷技术

Newman 等[20]于 1958 年提出了利用尾部拖曳金属导线的小型火箭来完成人工触发闪电的设想。Brook 等[21]在 1961 年通过室内试验,验证了静止的金属导线在一定强度的环境电场中不会触发放电现象而快速运动中的金属导线在具有一定强度的环境电场中就会触发放电现象。Newman 等[1]于 1967 年在海面上首次实现了闪电的人工触发,而后 Fieux 等[3]在 1978 年成功使用防雹火箭拖曳导线在陆地上实现了人工触发闪电。

　　传统人工触发闪电技术(又称为"经典法"人工触发闪电技术)是通过向雷暴云底发射一个尾部拖曳着金属导线的小型火箭来实现,金属线末端通过电流测量装置或试验测试目标最终接地。为了模拟自然闪电中的下行梯级先导过程,近年来发展了"空中法"人工触发闪电技术。与"经典法"不同的是,"空中法"中引雷火箭拖曳的引线不是全段金属导线,末端一般为尼龙线或凯夫拉纤维线,从而实现金属导线的对地绝缘。

　　"经典法"人工触发闪电的发展过程如图 1.1 所示,当引雷火箭上升到一定高度时,金属线周围的电场增强,正极性梯级先导开始出现并稳定地向上发展,"初始阶段"开始。随着上行正梯级先导的发展,导线上流过的电流也在逐渐增强,当通流强度和通流时间达到一定程度时,导线开始熔断并在几百微秒后被击穿发亮,放电通道再次导通,上行正梯级先导进一步向着云底发展。当上行正梯级先导发展进入电荷区后,初始连续电流阶段开始,放电活动持续地在上行梯级先导开创的通道中进行;初始连续电流持续几百毫秒,随后"初始阶段"结束,通道中的电流会中止几十毫秒,此时的放电通道亮度逐渐黯淡,称为残余通道。"初始阶段"结束后,残余通道中可能会出现一到多次由下行负极性箭式先导传播至接地而引发的继后回击过程,称为箭式先导/继后回击序列。

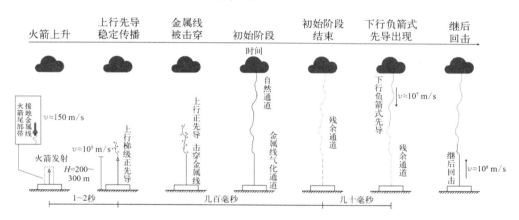

图 1.1　"经典法"人工触发闪电的发展过程

　　"空中法"人工触发闪电放电过程与"经典法"的区别主要集中于初始连续电流阶段开始之前。图 1.2 展示了"空中法"人工触发闪电在这一阶段的发展过程示意图,当火箭上升到一定高度时,上行正梯级先导开始向上发展,约几毫秒后,下行负梯级先导开始出现于"悬空"火箭引线金属段的底部。下行负梯级先导在发展至快要接地时,地面上会出现上行正连接先导,随后两先导相遇,进行"连接过程"。两先导连接后,连接点处会出现向上沿着下行负梯级先导开创的通道进行发展的"小回击","小回击"最终击穿金属导线到达上行正梯级先导的头部位置。当上行正梯级先导进入负电荷区时,初始连续电流阶段开始。由于"悬空"金属线的底部至地面的通道由下行负梯级先导和上行正连接先导构建,因此"空中法"人工触发闪电放电通道的底部也是自然通道。

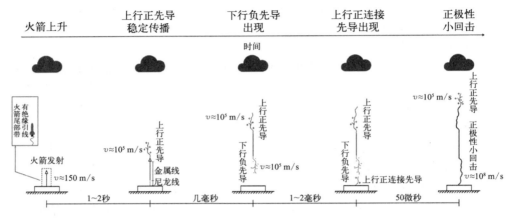

图 1.2　"空中法"人工触发闪电的发展过程

　　2018 年与 2019 年夏季,武汉大学雷电防护与接地技术教育部工程研究中心与南方电网公司、中国气象局合作,在广东省广州市从化区开展了人工引雷试验,引雷方式为小火箭引雷。引雷试验地点所处的从化区属亚热带季风气候,平均海拔低于 100 m,夏季平均气温为 24～33℃,夏季平均降水量为 825 mm。

　　利用小火箭进行引雷的基本方法:根据大气电场仪、气象雷达等设备的实时观测数据,判断环境电场合适时,向雷暴云发射一枚速度可达每秒数百米的小火箭,小火箭尾部连接着数百米长的金属导线。由于金属导线的快速上升,小火箭头部的电场会发生强烈畸变,从而在火箭头部诱发初始上行先导,初始上行先导会向上发展,发展过程中会有数百安培的电流流过金属导线,这会使得金属导线熔化并形成一条金属蒸气通道,当初始上行先导发展至雷暴云内部时会最终诱发雷暴云沿着这条金属蒸气通道发生强烈的放电。

　　一共进行了两种方式的人工引雷试验:一种是引雷至 10 kV 架空线路;一种是引雷至地面。图 1.3 为试验现场示意图。两种引雷情况下雷电流的流通路径是非常不同的,当引雷至地面时,雷电流由引流杆引入安装在地面发射架中的电流测量设备,经测量后直接流入土壤(接地电阻为 6.7 Ω)。当引雷至架空线路时,雷电流首先由引流杆引入安装在塔发射架顶部的电流测量设备,被测量后经一根导线流入 10 kV 架空线路的 C 相(特征阻抗为几百欧姆),最后绝大部分的雷电流经最近的两基杆塔流入土壤。注意,此种引雷情况下引流杆与地面是电绝缘的,没有雷电流直接流入地面。这条架空线路的塔距为 70 m,高度为 10 m,没有通电,为裸导线。它的总长度为 1 513 m,共包含 22 基杆塔,线路两端连接着两台变压器。图 1.3 中离雷电流注入点(C 相的中间点)最近的两基杆塔的编号为 14 号和 15 号。

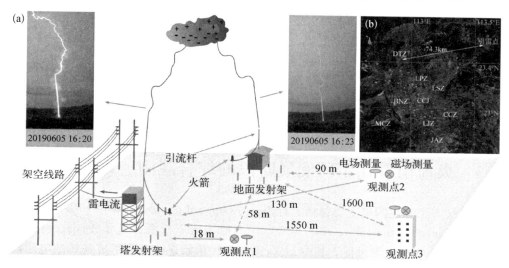

图 1.3 引雷试验现场示意图及佛山全闪电定位系统地理位置

测量的雷电参数主要包括雷电流、直击雷架空线路过电压、感应雷架空线路过电压、近距离电场、近距离磁场、远距离电场、高速摄像光学图像、雷声、雷达回波等。

表 1.2 总结了 2018~2019 年获得的所有触发闪电事件的信息。所有触发闪电都是负极性的。一共发射了 82 枚火箭,引雷至架空线路情况下发射 35 枚,引雷至地面情况下发射 47 枚。总共成功触发 60 次闪电,其中 26 次击中架空线路,34 次击中地面,成功率为 73%。在这 60 次闪电中,32% 的闪电不包含任何回击,剩下 41 次闪电共包含 225 次回击,回击频数的算术平均值为 5.5。一些触发闪电没有记录到电流数据,它们的回击数通过同步测量的电场波形来确定。引雷至架空线路情况下,回击频数为 6.0,比引雷至地面情况下的略大。

表 1.2 触发闪电事件信息

参　　数	引雷至架空线路	引雷至地面	合　　计
发射火箭次数	35	47	82
触发闪电数量(成功次数)	26	34	60
成功率	74%	72%	73%
包含回击的闪电数量	20	21	41

续　表

参　数	引雷至架空线路	引雷至地面	合　计
包含回击的闪电占比	77%	62%	68%
回击数	120	105	225
回击频数平均值	6.0	5.0	5.5

1.3　火箭引雷在不同发展阶段的综合观测

传统人工触发闪电主要包括上行正先导(upward positive leader，UPL)、初始连续电流(initial continuous current，ICC)、一次或多次下行箭式先导/回击过程以及连续电流和 M 分量等过程。其中，上行正先导和初始连续电流组成初始放电阶段(initial stage，IS)，初始放电过程一般持续几十至几百毫秒，叠加在初始连续电流上的电流脉冲称为 ICC 脉冲。连续电流通常定义为放电通道中紧随回击过程后的较低幅值电流，大小通常在几十到几百安培，持续时间为几毫秒至几百毫秒，叠加在连续电流上的电流脉冲称为 M 分量。

1.3.1　初始放电阶段

传统人工触发闪电的初始放电过程类似于高大建筑物顶端引发的自然上行雷电。基于亚拉巴马州和佛罗里达州的人工触发闪电数据，Wang 等[22]认为初始阶段持续时间的几何平均值为 279 ms，初始阶段转移电荷量的几何平均值为 27 C，平均电流为 27~316 A，其几何平均值为 96 A。Miki 等[23]发现初始阶段持续时间的几何平均值为 305 ms，初始阶段转移电荷量的几何平均值为 30.4 C，平均电流的几何平均值为 99.6 A。而 Qie 等[24]基于山东引雷实验数据，发现初始阶段持续时间的几何平均值为 245 ms，初始阶段转移电荷量的几何平均值为 21.2 C，平均电流的几何平均值为 86.7 A。基于广东引雷实验数据，Zheng 等[25]发现初始阶段持续时间的几何平均值为 347.9 ms，初始阶段转移电荷量的几何平均值为 45.1 C，平均电流的几何平均值为 132.5 A，稍大于其他两个引雷地点的初始阶段放电参数值。由此可见，不同地域的触发闪电的初始阶段电流总体特征具有一定的相似性。

在上行正先导发展期间，火箭线受到初始阶段电流的连续加热，会发生熔化，从而导致电流突然下降，产生短暂的中断过程，这种电流特征被称作初始电流变化(initial current variation，ICV)。Wang 等[22]发现在初始阶段电流开始缓慢变化到电流突然下降之间的时间间隔的几何平均值为 8.6 ms,电流开始下降之前峰值的几何平均值为 312 A,电流下降时间为几百微秒。随后立即或间隔几毫秒产生一个上升时间约 100 μs 的电流脉冲,该电流脉冲幅值通常在 1 kA 左右,此时放电通道重新被导通。整个初始电流变化的持续时间超过 10 ms。Biagi 等[26]利用每秒 50 000 帧的高速相机观测到,当火箭线熔化时,由于火箭线的不均匀性,放电通道并不是立即全部变亮,而是火箭线的几个部分先变亮,直到全部变亮,同时记录到火箭线熔化之前的转移电荷量为 2.7 C,初始阶段的平均电流为 59 A,初始放电开始 45 ms 后,火箭线开始气化,整个火箭线气化的过程持续约 7 ms。Rakov 等[27]根据条纹相机、电磁场和电流数据,分析了火箭线的熔化及其被空气等离子通道替代相关的过程,发现在电场波形中初始电流变化的特征呈 V 形,叠加在由上行正先导产生的毫秒量级的电场斜坡上。但是,它们的电流和电磁场不是同步测量。Olsen 等[28]证实了 Rakov 等[27]的研究结果,同时定义了类型 I 和类型 II 两种类型的初始电流变化,它们在初始电流变化期间的形状有所不同,并在放电通道重新导通之前发现了多个尝试的重新连接脉冲,幅值约为 100 A,但是这些尝试的重新连接脉冲没有被光学观察到。Zhang 等[29]利用高分辨率甚高频(very high frequency, VHF)宽带干涉仪分析了火箭上升过程中产生的 54 个预击穿放电脉冲,这些脉冲与火箭顶端发生的空气击穿有关。Li 等[30]利用 VHF 映射阵列、电磁场和高速相机,详细讨论了初始阶段通道的断裂和随后通道重建的详细放电过程。通道重建过程类似于先导/回击序列,而尝试重建的过程涉及更复杂的放电。了解电流的截止和重建过程将有助于理解自然闪电中发生在一毫秒或更短时间内回击的产生过程。但是,缺乏对初始电流变化的电流和电场的同步观测研究。

初始电流变化之后,往往伴随有初始连续电流脉冲(initial continuous current pulse, ICCP)的产生。Wang 等[22]观测到 ICC 脉冲幅值的几何平均值为 144 A,10%~90% 上升时间的几何平均值为 528 μs,半峰值宽度的几何平均值为 1 ms,持续时间的几何平均值为 2.5 ms,单个脉冲转移电荷量的几何平均值为 143 mC,脉冲间隔的几何平均值为 6.5 ms,在 ICC 脉冲发生之前的连续电流水平的几何平均值为 127 A。Ma 等[31]基于山东引雷实验数据,发现 ICC 脉冲幅值为 190 A,10%~90% 上升时间为 462 μs,半峰值宽度为 845 μs,中和电荷量为 273 mC。Zheng 等[25]基于广东引雷实验数据,发现 ICC 脉冲幅值为 69 A,10%~90% 上升时间为 812 μs,半峰值宽度为 1 500 μs,中和电荷量为 88 mC。对于自然雷电的观测,Miki 等[23]对日本福井烟囱进行观测发现,ICC 脉冲幅值为 781 A,10%~90% 上升时间为 44.2 μs,半峰值宽度为 140.7 μs,中和电荷量为 132 mC;Heidler 等[32]对德国 Peissenberg 塔观测发现,ICC 脉冲幅值为 512 A,10%~90% 上升时间为 60.9 μs,半峰值宽度为 153 μs,中和电荷量为 111 mC;Pichler 等[33]对奥地利盖斯贝格(Gaisberg)塔观测发现,ICC 脉冲幅值为 377 A,10%~90% 上升时间为 110 μs,半峰值宽度为 276 μs，中和电荷量为 122 mC。可以看到，在自然雷电中，初始连续电流脉冲幅值要大于人工触发闪电过程的初始连续电流脉冲幅值，而上升时间和半峰值宽度明显小于人工触发闪电过程。Yoshida 等[34]基于 VHF 干涉仪发现，ICC 脉冲可能是由反冲流光进入导电性良好的初始阶段雷电通道产生的，也可能是雷电通道被其他云闪通道拦截产生的。

1.3.2   箭式先导阶段

箭式先导，不同于在新鲜空气中发展的梯级先导，它们往往沿着由梯级先导构筑的残余通道进行发展，发展过程连续且发光强烈，发展速度也更快，为 $10^6 \sim 10^7$ m/s 量级。箭式先导在发展过程中不易产生分叉，有些箭式先导可能会转化为箭式-梯级先导[35]，即在发展的中后期呈现梯级发展的特征，这可能是由残余通道逐渐消散、导电性不断下降导致。大部分观测到的箭式先导都能成功传播至地面附近，与上行连接先导完成连接过程而引发回击，这类箭式先导的光学特征、传播速度等参数得到了较多的研究。

在箭式先导的传播过程中，各先导之间可能存在着一些竞争关系。有些竞争关系的存在会影响最终形成的回击或连续电流放电通道空间结构。下行先导各主要分支之间的竞争会在较为宏观的空间尺度上决定闪电通道接地点数量及接地点位置[36]。同时，下行先导接近地面时所诱发的各上行连接先导之间的竞争则会在较为微观的空间尺度上决定闪电通道接地点位置[37]。还有一些竞争关系则并不会直接影响放电通道的空间结构。

随着观测手段的不断丰富，一些未能成功传播至接地的箭式先导陆续被观测到，Rhodes 等[38]在 1994 年报道了这种类型的箭式先导并将它们命名为企图先导。在随后的观测中，研究者们通过使用无线电干涉仪或测量电场变化等方式推测出闪电活动中企图先导的存在。Shao 等[39]在负极性地闪中观测到四次企图先导，上行闪电、人工触发闪电和双极性闪电中也都成功观测到了企图先导。高速摄像机的运用使得闪电观测更加可视化，然而企图先导很难被高速摄像机成功记录，这是因为大部分企图先导的发展持续时间很短且深藏于云内。

传播速度是企图先导的一个基本特征参数，Shao 等[39]利用干涉仪估测企图先导二维平均传播速度为 $7 \times 10^6 \sim 10 \times 10^6$ m/s，约为 Mardiana 等[40]报道案例的 5 倍。Yoshida 等[41]利用低频传感器网络计算出一例企图先导的三维平均传播速度为 5.2×10^6 m/s。Wu 等[42]利用快天线闪电定位阵列计算出一例企图先导的总体传播速度约为 2.6×10^6 m/s。Sun 等[43]利用其高频闪电定位系统计算出企图先导的二维平均传播速度为 $4 \times 10^6 \sim 8 \times 10^6$ m/s。借助高速摄像机，Lyu 等[44]观测到一例企图先导，它的二维传播速度介于 1.1×10^5 m/s 和 1.1×10^6 m/s 之间，Wang 等[45]观测到一例传播速度较低的企图先导，其传播速度为 7.4×10^4 m/s。

消亡高度是企图先导传播过程中另一个值得关注的参数,Wang 等[45] 报道的企图先导消亡于离地面很近的高度处,而 Jiang 等[46] 观测到的企图先导消亡于离地面约 2 400 m 高度处。对于同次闪电中相继出现的多次企图先导,它们在消亡高度或者发展程度上也并不存在明显的递进关系,即后出现的企图先导有可能无法传播至前一个企图先导所及的最远处。

企图先导沿着残余通道进行发展,很多研究者认为企图先导和 K 变化、箭式先导等过程是相似,这从它们快电场波形变化的相似性中可以被揭示[38]。对于企图先导消亡原因的一个基本假说认为,企图先导的能量不足以支撑它将通道重新电离至地面,因而在中途消亡。Shao 等[39] 认为最初的回击将负电荷积累在离地较低的高度处,而这迫使企图先导消亡。Zhang 等[47] 认为企图先导的出现可以向通道中积累电荷,企图先导起始的位置会成为下一次先导通道的一部分。

Mazur 和 Ruhnke[48] 认为箭式先导和企图先导事实上都属于反冲先导,它们之间的主要区别是接地与否。反冲先导是发生于高温低密度的闪电分支残余通道中的电击穿过程。对反冲先导的光学记录显示反冲先导出现于分支残余通道中且向着分支起始的位置发展,即传播方向与最初形成该通道的分支相反,因此反冲先导也曾被称为回退先导[49]。对反冲先导的早期研究[48] 认为反冲先导只出现于黯淡了的正极性先导通道中,并证实反冲先导是双向双极性先导。Mazur 等[50] 在一次上行正先导的残余通道中观测到多次反冲先导产生并双向传播的过程。反冲先导并不只出现于正极性先导的残余通道中,负极性先导的残余通道中同样可能产生反冲先导。Qie 等[51] 在 2017 年报道了一例双向反冲先导,它的正极性端沿着负极性先导的残余通道进行发展,证实了正、负极性先导的残余通道中都可能出现反冲先导。

反冲先导是一种双向双极性先导,双向先导理论最初由 Kasemir 提出[52]。不同于早期 Schonland 提出的源电荷模式[53],双向先导理论认为闪电通道可看作雷云强电场中的导体,导体两端在静电感应的作用下出现电荷集中和电场增强,当电场达到一定程度时便产生了电击穿过程,极性相反的通道从周围电场中获取能量并沿着相反的方向传播,同时整个通道的净电荷为 0 并基本保持均一电势。双向先导的正、负极性端在发展过程中呈现出不对称性,正极性端既可能传播得更快,也可能更慢,也可能以与负极性端相似的速度进行传播。

双向先导理论自提出以来,研究者们已经通过各种手段成功记录到了大量双向先导,并将它们分为了两个主要类型:第一种类型的双向先导起始于金属物体的两侧(如飞机、悬空导体)和"空中法"人工触发闪电中悬空的金属引线。第二种类型的双向先导为无电极放电过程,它们的形成过程被 Tran 和 Rakov[54] 总结为 4种主要场景:① 云内的闪电起始过程;② 闪电通道的分叉过程;③ 负极性梯级先导新梯级形成过程中的空间先导发展过程;④ 导致 K 变化、箭式先导和 M 分量过程出现的反冲先导类过程。

近年来研究者们成功地利用高速摄像机在人工触发闪电及与人工触发闪电发展过程相似的起始于高建筑物上行闪电的残余通道中观测到了双向先导起始过程。Jiang 等[46]利用高速摄像机在一次上行闪电正在逐渐黯淡消失的负极性先导通道中记录到了一次双向发展的箭式先导。Qie 等[51]利用高速摄像机在两次负极性人工触发闪电中成功记录到了两次双向先导案例。上述三个双向先导案例存在着一些共同点：这些双向先导都是起始于一次刚刚消亡的企图先导的下方，并且它们的正极性端都以相较于负极性端更快的速度沿着企图先导正在消散的通道向上发展，负极性端则向下发展。

1.3.3　回击阶段

人工触发闪电的先导-回击过程与自然雷电中的箭式先导-继后回击过程相似，因此人工触发闪电为自然雷电继后回击通道电流和近距离电磁场等物理特征提供了新的认识途径，也有助于检验回击模型理论。

在与雷电放电相关的参数中，雷电流是至关重要的物理量，因为它直接表征放电过程和雷电强度，并且是防雷工作中的关键参数。而雷电流最大的时刻就是回击阶段产生的回击电流，它直接决定了电磁辐射的强度。回击电流波形参数特征也是雷电防护设计的重要依据。

Zheng 等[25]总结了广东引雷实验 2008~2016 年 142 个回击电流的波形参数特征，回击电流最小值为 3.9 kA，最大值为 46.0 kA，几何平均值为 17.2 kA。Qie 等[24]分析了山东引雷实验 2005~2011 年 36 个回击电流的波形参数特征，回击电流的几何平均值为 12.1 kA。Fisher 等[11]、Depasse[55]、Rakov 等[56]、Uman 等[57]、Schoene 等[58]均对美国佛罗里达人工触发闪电回击电流的波形参数特征进行了总结，统计结果表明，回击电流的平均值分别为 12 kA、14.3 kA、13.3 kA、13.5 kA、12.2 kA，10%~90%上升时间在 1.4~1.9 μs，半峰值宽度在 14.8~29.4 μs，同时发现，电流变化率 dI/dt 与峰值电流 I 之间存在一定的线性关系。转移电荷量与电流的对数之间有较强的正相关关系，作用积分也与电流的对数之间有相对较强的正相关关系。Schoene 等[59]还发现，回击电流峰值与转移电荷量之间的关系随着从回击发生开始电荷转移持续时间的增加而降低。

雷电电磁场的测量不仅是防雷设计的重要依据，而且对检验地闪回击模型具有重要作用。Miki 等[60]利用电-光原理设计了一套泡克耳斯(Pockels)电场测量设备，观测到距雷电通道 0.1~5 m 的极近距离处的电场变化呈现 V 形结构。Rakov 等[56]分析了在佛罗里达获得的电场波形，发现在距离雷电通道近距离(几十米或更近)处，先导电场幅度和回击电场峰值具有相同的数量级，并且先导电场的幅度与通道底部的回击电流峰值呈线性正相关。Uman 等[57]分析了距离雷电通道 10 m、14 m 和 30 m 时引发的雷电回击电场波形的时间微分，傅里叶分析结果表明，这些波形的一次频率含量低于 20 MHz。Schoene 等[61]介绍了在 15 m 和 30 m 距离处引发雷电的 28 个电磁场波形及其波形参数,并将其与以前的结果进行了比较。Qie 等[19]分析了 2005 年夏季在山东滨州获得的 5 次人工触发闪电的电场和电流波形,并使用传输线模型估计了回击速度为 1.4×10^8 m/s。Vine 等[62]最早测量了距离雷电通道 5.16 km 处的人工触发闪电电磁场波形,结果表明,在该距离上的回击电磁场基本为辐射场,与自然雷电继后回击相似,并且触发雷电的上升速度快于自然雷电。Wang 等[63]分析了在 2014 年距广州从化 $68 \sim 126$ km 处 38 个触发的雷电回击的多站同步测量电场波形,并将其与自然雷电继后回击电场波形进行了比较。基于回击电场波形参数特征的闪电定位系统[64]已经在电力系统和气象研究中的得到了广泛的应用。

Krider 等[65]制作了第一个宽频带磁天线系统,用于测量远距离雷电引起的磁场。Lin 等[66]分析了佛罗里达负自然雷电中首次和继后回击产生的电场和磁场波形,范围为 $1 \sim 200$ km。Rakov 等[56]通过使用通道基底电流和距放电通道不同距离的电磁场的同步数据,提供了有关雷电放电过程的新见解。Schoene 等[61]进一步介绍了佛罗里达的人工触发闪电距离 30 m 处的电磁场及其时间导数的统计特征。

基于 $2005 \sim 2009$ 年山东引雷实验实验的数据,Yang 等[67]通过数值方法分析了不同因素对近距离磁场的影响,如电流上升时间、回击速度、距离和峰值电流等。陆高鹏等[68]设计了低频磁场天线来反演人工触发闪电中连续电流的时变波形,同时分析了放电初始阶段雷电通道附近地下 2 米处的磁场波形特征。

1.3.4　连续电流阶段

回击过程往往在几十微秒内完成,但在回击结束后,回击通道内仍然可能存在着几百安培,甚至高达千安量级的连续电流,持续时间通常在几十到几百毫秒,并伴随着放电通道的持续发光。Hagenguth 和 Anderson[69]在对帝国大厦的长期雷电观测中,首次发现了连续电流这一电流分量。根据双向击穿理论,回击完成后,正先导将继续在云中发展,将负电荷连续传输到地面,并产生缓慢而长期的连续电流。连续电流传输的电荷量通常占总传输电荷量的 75% 以上。回击通常只释放出几库仑电荷,而连续电流则可以释放数十库仑或更多的电荷。这样的雷电过程容易引起森林火灾、金属设备的热损伤、架空线路的损坏等。

Shindo 和 Uman[70]分析了连续电流的平均值约为 100 A,最小值为 30 A,最大值为 200 A,转移电荷量在 $10 \sim 20$ C 变化,这一参数已经应用到国际电工委员会(International Electro Technical Commission,IEC)的防雷设计参数中。郄秀书和郭昌明[71]分析了一次发生在中国内陆高原地区的正地闪连续电流事件,得到连续电流的平均值在 88.2 A 左右,300 ms 内转移电荷量为 26.5 C。

Kitagawa 等[72]按照连续电流的持续时间将连续电流分为了两类,小于 40 ms 的称为短连续电流;大于 40 ms 的称为长连续电流。Rakov 等[73]分析了单回击和多回击的雷电事件,发现无论单回击还是多回击都可能伴随有连续电流过程。但是,单回击雷电事件发生长连续电流的概率为 6%,多回击雷电事件发生的概率为 49%,而且,对于多回击雷电事件,首次回击后出现长连续电流的可能性为 1.4%,继后回击伴随有长连续电流的可能性为 3%~15%。

王东方等[74]对大兴安岭地区的负地闪连续电流进行了统计分析。结果表明,伴随连续电流过程的负地闪约占 27%,其中连续电流持续时间为 20~40 ms 具有最高的可能性,约占 23%,其次是 10~20 ms,约占 12%,而 80~100 ms 和 40~60 ms 的可能性分别是 11% 和 10%。连续电流的平均持续时间为 127.4 ms,最大持续时间超过 400 ms。可以看出,连续电流发生的概率和持续时间受不同区域的影响。

Fisher 等[11]分析佛罗里达人工触发闪电数据发现,当连续电流持续时间超过 10 ms 时,电流波形呈现不同的特征,可以分为四类:第一类在回击之后,伴随着叠加电流脉冲,这些脉冲呈现指数衰减;第二类在回击之后,叠加电流脉冲后紧随一个平稳的衰减峰;第三类在回击之后,一直伴随有电流脉冲;第四类在回击之后,叠加的电流脉冲后,紧随一个没有明显脉冲活动且稳定的停滞期。其中第一类和第二类最为常见。

在连续电流期间,经常伴随有明显的电流脉冲活动,此电流脉冲对应着放电通道突然变亮,电场发生突变,该过程称为 M 分量(类似于 ICC 脉冲)。Rakov 等[75]发现人工触发闪电的 M 分量电流幅值为 100~200 A,上升时间为 300~500 μs,转移电荷量为 100~200 mC。Ma 等[31]基于山东引雷实验数据统计得到,M 分量的电流幅值在 400 A 左右,10%~90% 上升时间为 207 μs,半峰值宽度为 267 μs,转移电荷量为 190 mC。Zheng 等[25]对广东人工触发闪电数据分析得到,M 分量电流幅值为 195 A,10%~90% 上升时间为 379 μs,半峰值宽度为 638 μs,转移电荷量为 107 mC。对于自然雷电观测,统计日本福井烟囱[23]、德国派森贝格(Peissenberg)塔[32]和奥地利 Gaisberg 塔[33]的观测结果发现,M 分量的电流幅值为 274~654 A,10%~90% 上升时间为 37.4~236 μs,半峰值宽度为 124.8~476 μs,转移电荷量为 137~167 mC。可以看到,M 分量参数与 ICC 脉冲非常类似,推测它们具有相似的物理过程。从电流幅值来看,M 分量和 ICC 脉冲要明显小于回击电流脉冲;从时间参数来看,M 分量和 ICC 脉冲的上升时间和半峰值宽度远大于回击电流脉冲[76]。

Jiang 等[77]在对山东引雷实验数据分析中发现了 RM 脉冲,这种脉冲兼具了回击和 M 分量脉冲的特点,电流幅值较大,可达到回击电流峰值量级。他们推测 RM 脉冲的产生与云内正先导的分叉发展有关。当一支通道持续发光,另一支通道截止时,反冲流光进入这样的放电接地通道后,两种同时变化效应可能产生 RM 脉冲。Saraiva 等[78]还发现,在自然雷电中,有些 M 分量并不比回击弱,可能会导致闪电定位系统的误判。目前,针对连续电流阶段的多参量同步分析仍然存在不足,M 分量的样本数需要进一步丰富。

第 2 章　　　火箭引雷的电流特征

2.1　初始放电阶段的电流特征

2.1.1　初始阶段电流参数特征

Cai 等[79]基于 2018~2019 年武汉大学团队在广州从化获取的引雷到架空线路的 18 次触发闪电数据对初始阶段的电流特征进行了详细分析,具体信息如表 2.1 所示。雷电流的测量位置在雷电通道的底部,也称雷电通道基底电流,电流测量设备安装于两种发射架上引流杆连接着的由环氧树脂制作而成的黄色箱子内部。电流测量设备为一个罗氏线圈和一个 1 mΩ 同轴分流器。罗氏线圈的 3 dB 带宽为 1.0 Hz~0.7 MHz,测量范围为 ±2 kA,用于测量电流幅值较小的雷电脉冲的细节波形,如初始阶段电流、初始连续电流脉冲、连续电流、M 分量等。同轴分流器的 3 dB 带宽为 0~200 MHz,测量范围为 ±50 kA,用于测量电流幅值较大的雷电脉冲的完整波形,例如回击。采集到的电流模拟信号由光纤系统传输至 130 m 外的控制室经示波器进行采样,示波器型号为 DL850E,采样率为 50 MHz,数据记录长度为 2 s。

表 2.1　闪电事件信息

事件编号	时　　间	回击数	M 分量数
F201806261150	6 月 26 日 11: 50: 34	1	0
F201807021442	7 月 2 日 14: 42: 58	3	1
F201807071631	7 月 7 日 16: 31: 02	0	0
F201807261411	7 月 26 日 14: 11: 24	13	22
F201807261414	7 月 26 日 14: 14: 24	1	4
F201807261417	7 月 26 日 14: 17: 48	0	0

续　表

事 件 编 号	时　　间	回击数	M 分量数
F201906051620	6 月 5 日 16: 20: 28	4	28
F201906051625	6 月 5 日 16: 25: 34	0	0
F201906061414	6 月 6 日 14: 14: 24	5	2
F201906111242	6 月 11 日 12: 42: 28	9	15
F201906111303	6 月 11 日 13: 03: 43	0	0
F201906111307	6 月 11 日 13: 07: 17	3	0
F201906111315	6 月 11 日 13: 15: 33	4	5
F201906301713	6 月 30 日 17: 13: 13	9	13
F201906301716	6 月 30 日 17: 16: 17	5	1
F201907021512	7 月 2 日 15: 12: 36	2	0
F201907021521	7 月 2 日 15: 21: 23	11	15
F201907071802	7 月 7 日 18: 02: 59	8	9

对火箭引雷的整个初始过程进行分析,发现具有回击过程的初始连续电流比没有回击的初始连续电流具有更强的平均电流、转移电荷量、作用积分和持续时间。这与 Wang 等[22]研究的结果一致,如表 2.2 所示。对于没有回击的初始连续电流,电荷转移量和作用积分的几何平均值为 3.8 C 和 148.1 A^2s。具有回击的初始连续电流的转移电荷量和作用积分为 26.6 C 和 3467.5 A^2s。因此,更强的初始放电过程通常伴随着回击过程。

表 2.2　有无回击过程的初始连续电流特征参数的几何平均值

数据类型	最大电流/kA	平均电流/A	转移电荷量/C	作用积分/A^2s	持续时间/ms
没有回击	1.2	26.6	3.8	148.1	141.7
有回击	0.6	74.4	26.6	3 467.5	357.8

　　除此之外,和国内外其他学者分析的研究结果(美国佛罗里达引雷实验、山东引雷实验和广东引雷实验)也进行了比较。图 2.1 展示了初始阶段电流的参数特征分布,表 2.3 为初始阶段电流参数与其他学者研究结果的比较,同时对初始阶段电流参数进行了拟合分析。

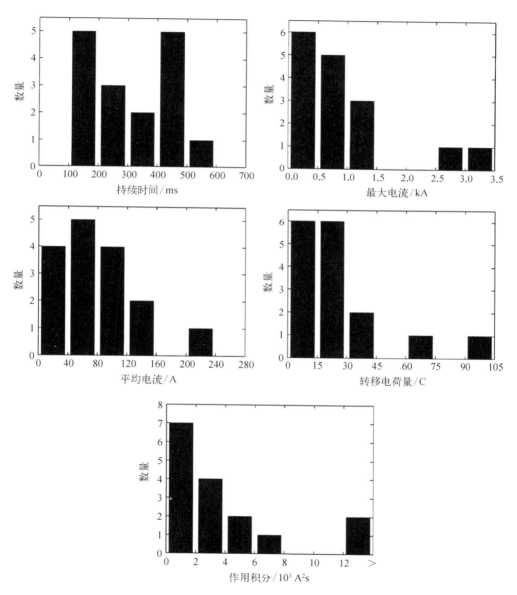

图 2.1　初始电流特征参数分布

表 2.3   初始阶段电流参数与其他学者研究结果的比较

位置/年份	数量	最大值	最小值	算术平均值	几何平均值
最大电流/kA					
广州从化,2008~2016[25]	45	0.2	16.0	2.7	1.3
广州从化,2018~2019	16	0.2	3.1	0.9	0.7
平均电流/A					
广州从化,2008~2016[25]	45	55.0	685.3	153.3	132.5
亚拉巴马州,1994;佛罗里达州,1996~1997[22]	37	27	316		96
佛罗里达州,1996,1997,1999,2000[23]	45	26.5	315.5	—	99.6
山东,2009~2010[24]	6	48.5	140.6	—	86.7
广州从化,2018~2019	16	21.9	236.2	79.1	65.2
转移电荷量/C					
亚拉巴马州,1994;佛罗里达州,1996~1997[22]	45	7.2	179.0	57.3	45.1
佛罗里达州,1996,1997,1999,2000[23]	37	3	112	—	27
山东,2009~2010[24]	45	3.0	135.6	—	30.4
广州从化,2018~2019	6	6.3	45.0	—	21.2
作用积分/10^3 A^2s					
广州从化,2008~2016[25]	45	0.8	64.3	18.4	10.0
佛罗里达州,1996,1997,1999,2000[23]	45	2.4	17.6	—	8.5
广州从化,2018~2019	16	0.1	36.6	5.2	1.8
持续时间/ms					
广州从化,2008~2016[25]	45	39.1	800.6	399.5	347.9
亚拉巴马州,1994;佛罗里达州,1996~1997[22]	37	—	—	—	279

续　表

位置/年份	数量	最大值	最小值	算术平均值	几何平均值
佛罗里达州，1996，1997，1999，2000[23]	45	65	782	—	305
山东，2009~2010[24]	6	130	330	—	245
广州从化，2018~2019	16	100.2	504.3	299.0	263.0

初始电流的持续时间集中分布在两个区间，一个为 100~200 ms，另一个为 400~500 ms，其几何平均值为 263.0 ms，稍低于 Wang 等[22]统计的 279 ms 和 Miki 等[23]在佛罗里达引雷实验中统计的 305 ms，也低于 Zheng 等[25]在广东引雷实验中统计的 347.9 ms，但是略高于 Qie 等[24]在山东引雷实验中统计的 245 ms。

初始阶段的最大电流可能是由某一个脉冲引起的，也可能是由初始电流的缓慢变化引起的。大多数人工触发闪电事件(14/16)的最大电流小于 1.5 kA，而另外两个人工触发闪电事件的最大电流大于 2.5 kA。初始阶段最大电流的算术平均值和几何平均值分别为 0.9 kA 和 0.7 kA，均小于在广东引雷实验中[25]对应的 2.7 kA 和 1.3 kA。

对于平均电流，其几何平均值为 65.2 A，小于 Wang 等[22]记录的 96 A、Miki 等[23]针对佛罗里达引雷实验记录的 99.6 A、广东引雷实验中[25]的 132.5 A 和山东引雷实验中[24]的 86.7 A。

初始阶段电荷转移量均小于 100 C，大多数人工触发闪电事件(12/16)的电荷转移量小于 30 C。电荷转移量的几何平均值为 17.2 C，小于 Wang 等[22]、Miki 等[23]、Zheng 等[25]和 Qie 等[24]统计的 27 C、30.4 C、45.1 C 和 21.2 C。对于作用积分，其几何平均值为 1.8×10^3 A²s，小于 Miki 等[23]和 Zheng 等[25]统计的 8.5×10^3 A²s 和 10.0×10^3 A²s。

初始连续电流参数之间的相关性如图 2.2 所示。持续时间和电荷转移量表现出一定的相关性。进行了线性拟合和幂函数拟合，并分别建立了回归方程，其中 $Q = -4.768 + 0.09D$，$R^2 = 0.57$；$Q = 0.018D^{1.243}$，$R^2 = 0.57$。然而，Zheng 等[25]分析了持续时间与电荷转移之间的指数相关性，并建立了 $Q = 13.511e^{0.003D}$ 的回归方程，其中 $R^2 = 0.58$。Wang 等[22]也提出了持续时间和转移电荷量之间的线性关系，相关系数 $R = 0.7$。

同时，对平均电流和电荷转移量之间进行了线性拟合和幂函数拟合。回归方程分别为 $I_{av} = 26.133 + 2.017D$，其中 $R^2 = 0.84$，$I_{av} = 7.989Q^{0.717}$，$R^2 = 0.81$。Zheng

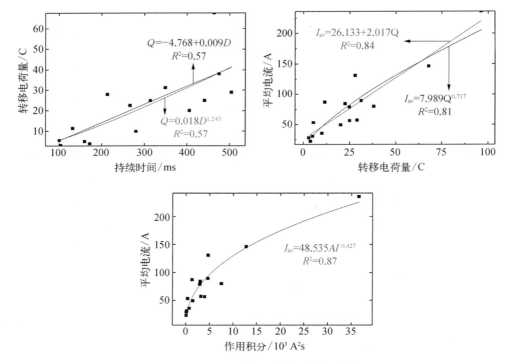

图 2.2   初始连续电流参数间的相关性

等[25] 发现了 $I_{av} = 23.641Q^{0.441}$ 的回归方程,其中 $R^2 = 0.53$。Wang 等[22] 还分析了平均电流和电荷转移量之间的线性相关性,相关系数 $R = 0.8$。

初始阶段平均电流与作用积分之间展现了极好的幂函数关系。回归方程为 $I_{av} = 48.535AI^{0.427}$,$R^2 = 0.87$。Zheng 等[25] 还研究了 $I_{av} = 57.326AI^{0.355}$ 的回归方程,其中 $R^2 = 0.89$。

2.1.2   无回击初始阶段的电流特征

人工触发闪电(不含有回击过程)初始放电阶段的电流和电场变化波形如图 2.3 所示。该次事件发生于 2019 年 6 月 5 日 16 时 25 分,整个初始过程的持续时间约为 175 ms。电流开始变化的时间设置为 0 ms。刚开始时,对应于上行正先导的发展过程,电流缓慢增加。

本章沿用 Olsen 等[28] 提出的初始电流变化波形的定义。A 点表示与火箭线被破坏相关的电流衰减的开始。B1 点表示由于电流截止而没有电流流动的开始。在 B2 点,由于电流重建过程中的类似先导的过程,电场开始发生变化。但是电流波形没有变化。B3 点表示类似回击过程的开始。在 C 点,由于上行正先导和地面

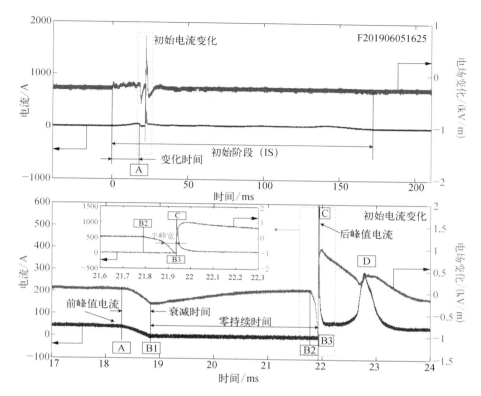

图 2.3　不含有回击过程初始放电阶段的电流和电场变化波形

之间重新建立电流,从而产生相对较大且尖锐的电流脉冲。在类似先导/回击过程之后,标记为 D 的次级电流脉冲出现在类似回击过程的电流的下降沿,但在其他人工触发闪电事件中并不总是被观察到。当电流增加到 A 点时的电流大小为 45 A。此后,连续加热的铜线被熔化,导致电流减小,这与电场变化波形的负变化相对应。此时,由于上行正先导的发展,当没有电流流动时,负电荷持续累积在导线的上端。然后,重新连接过程的发生类似于先导/回击过程。在类似回击过程之后,出现次级电流脉冲,类似于 M 分量。在初始电流变化之后,电流波形呈现出稳定的平滑状态,没有明显的脉冲活动。

图 2.4 展示了初始电流变化的电流和电场变化同步波形,分别发生于 2019 年 6 月 11 日 13 时 03 分和 2018 年 7 月 26 日 14 时 17 分,与 2019 年 6 月 5 日 16 时 25 分发生的初始放电阶段类似。F201807261417 事件同样出现了次级脉冲。可以发现,均具有明显的电流静默期。

表 2.4 总结了人工触发闪电(无回击)初始电流变化和电场变化的统计参数。关于参数的定义,做出以下说明:变化时间表示电流开始变化与 A 点之间的时间

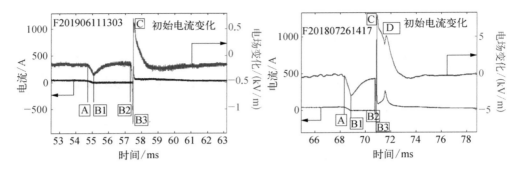

图 2.4　初始电流变化的电流和电场变化同步波形

间隔。前峰值电流表示导线破坏前的峰值电流。衰减时间是 A 点和 B1 点之间的时间间隔。零持续时间表示电流等于(或几乎等于)零的持续时间,即 B1 点和 B3 点之间的时间间隔。后峰值电流是与类似回击过程相关的电流峰值。10%~90% 上升时间和初始电流的半峰值宽度与回击电流波形的定义相似,参见郑栋等的研究[80]。对于具有回击人工触发闪电的初始阶段,10%~90% 上升时间表示 B3 点和 C 点之间的时间段。电荷转移量和作用积分点 B1 之前的电流相关。

表 2.4　无回击的人工触发闪电初始阶段的电流和电场变化统计参数

参　　数	几何平均值	算术平均值
初始阶段电流		
变化时间/ms	17.4	17.5
前峰值电流/A	43.3	43.3
衰减时间/ms	0.43	0.43
零持续时间/ms	2.5	2.5
后峰值电流/A	1 237	1 237
10%~90%上升时间	0.7	0.7
半峰值宽度/μs	12.7	13.1
转移电荷量/C	0.40	0.40
作用积分/A^{2}s	14.6	14.6

续　表

参　　数	几何平均值	算术平均值
初始阶段电场变化		
$E_{A-B1}/(kV/m)$	0.27	0.29
$E_{B2-B3}/(kV/m)$	1.08	1.08
$E_{B3-C}/(kV/m)$	1.93	1.93
10%～90%上升时间	78.5	81.3
半峰值宽度/μs	42.0	42.1

A 点和 B1 点之间的电场变化 E_{A-B1} 的减少与火箭线的气化有关。E_{B2-B3} 表示与类似先导过程相关的电场变化的减小。E_{B3-C} 表示类似回击过程的电场变化峰值。10%～90%上升时间表示初始电场变化波形中 B2 点和 B3 点之间的时间段。有关初始电场变化的半峰值宽度,参见 Schoene 等的研究[61]。

类似先导过程的电场变化的几何平均值为 1.08 kV/m,B2 点与 B3 点之间的 10%～90%上升时间的几何平均值为 78.5 μs。类似回击电流的几何平均值为 1 237 A,电流 10%～90%上升时间的几何平均值为 0.7 μs,电流半峰宽的几何平均值为 12.7 μs。对于电场变化,类似回击的电场变化幅值的几何平均值为 1.93 kV/m,半峰宽的几何平均值为 42.0 μs。该过程中的电流(约为 1.2 kA)通常比人工触发闪电或自然闪电继后回击中的电流(10～15 kA)小一个数量级。但是,从与时间相关的参数来看,此过程类似于人工触发闪电的回击过程自然闪电继后回击过程。在其他学者的研究中,回击电流 10%～90%上升时间的几何平均值在 0.4～1.9 μs 的范围变化,回击电流的半峰值宽度的几何平均值在 14.8～29.4 μs 的范围变化(Fisher 等[11],Qie 等[24],Depasse 等[55],Schoene 等[58])。在人工触发闪电先导/回击过程中,电场变化的半峰值宽度内 60～550 m,几何平均值为 14.4～103 μs(Zhang 等[13],Rubenstein 等[81])。以上结果表明,对于没有回击的初始放电阶段,电流的消失和重新建立过程类似于先导/回击过程。

2.1.3　有回击初始阶段的电流特征

与没有回击过程的人工触发闪电初始放电阶段不同,图 2.5 显示了具有回击过程的人工触发闪电的初始阶段的电流和电场变化波形。该次事件发生于 2019 年 6 月 11 日 13 时 07 分。电流波形具有这样的特性,即在初始阶段整个过程都伴随有电流脉冲的叠加且电流缓慢增加或减小。在初始电流变化期间,由于火箭线被破坏,在 A 点可以识别出电流的衰减。但是,电流既不衰减至零也不维持在零电流水平,因此很难从电流波形中区分出 B1 点、B2 点和 B3 点。初始连续电流的持续时间约为 349 ms。初始阶段之后,没有电流的时间持续 74.6 ms,然后产生了第一次回击过程。

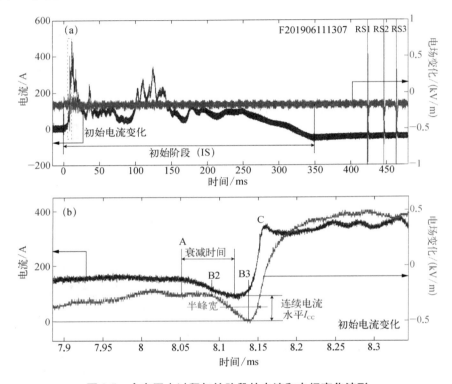

图 2.5   含有回击过程初始阶段的电流和电场变化波形

2019 年 6 月 6 日 14 时 14 分和 2019 年 6 月 11 日 12 时 42 分等发生的初始放电阶段均与 2019 年 6 月 11 日 13 时 07 分发生的初始放电阶段相似,如图 2.6 所示。图 2.6(a)、(c)为初始阶段整体电流和电场波形;图 2.6(b)、(d)为初始电流变化的电流和电场局部放大图。

表 2.5 总结了人工触发闪电(有回击)初始电流变化和电场变化的统计参数。连续电流水平指电流未衰减至零所处的电流大小。后峰值电流峰值的几何平均值为 172.8 A,电流 10%～90% 上升时间的几何平均值为 57.0 μs,与其他学者分析的人工触发闪电和自然闪电研究中的 M 分量参数相似。M 分量的峰值电流范围为 136～654 A,电流 10%～90% 上升时间为 37.4～379 μs(Miki 等[23],Ma 等[31],Heidler[32],Pichler[33],Rakov 等[82])。

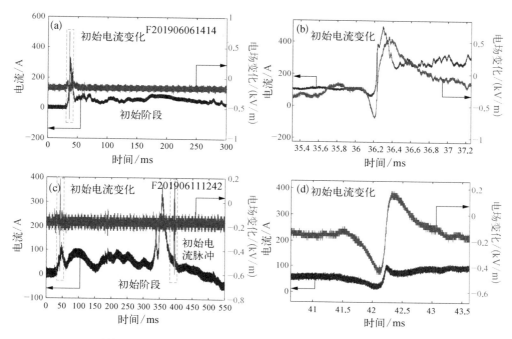

图 2.6　不同事件(含回击)的初始阶段电流和电场变化波形

表 2.5　有回击的人工触发闪电初始阶段的电流和电场变化统计参数

参　　数	几何平均值	算术平均值
初始阶段电流		
变化时间/ms	7.7	9.0
前峰值电流/A	102.8	106.6
衰减时间/ms	0.18	0.25
后峰值电流/A	53.6	59.8
10%~90%上升时间	172.8	209.8
半峰值宽度/μs	57.0	70.7
转移电荷量/C	0.35	0.38
作用积分/A^2s	18.7	18.9

参　　数	几何平均值	算术平均值
初始阶段电场变化		
$E_{\text{B2-B3}}/(\text{kV/m})$	0.33	0.34
$E_{\text{B3-C}}/(\text{kV/m})$	0.85	0.89
10%~90%上升时间	150.8	202.2
半峰值宽度/μs	122.7	152.0

对于电场变化,由于积聚在导线上端的负电荷的作用,$E_{\text{B2-B3}}$ 的几何平均值为 0.33 kV/m。由于电流波的反射,$E_{\text{B3-C}}$ 的几何平均值为 0.85 kV/m。类似先导电场变化的 10%~90% 上升时间的几何平均值为 150.8 μs,半峰值宽度的几何平均值为 122.7 μs,是人工触发闪电(无回击)的初始阶段对应参数的 2 倍。

2.1.4　有无回击初始阶段放电模式

基于 2.1.2 节和 2.1.3 节的分析,图 2.7 给出了人工触发闪电中两种初始阶段的发展模式。对于没有回击过程的初始阶段的电流变化,初始电流变化中存在明显的电流中断间隔,而具有回击过程的初始电流变化,不存在电流中断间隔。这一过程与产生回击之前的无电流时期非常相似。所以,在无电流期间,可能存在一些与云内电荷重新配置和累积相关的过程,这些过程可能在回击过程中起重要作用。当放电通道无电流时期的时间超过几毫秒时,倾向于产生类似回击的过程。否则,将产生类似 M 分量的过程。

对于没有回击过程的初始电流变化,电流峰值的几何平均值为 43.3 A;对于有回击过程的初始电流变化,其几何平均值为 102.8 A。在火箭线被破坏之前,具有回击过程的初始电流要比没有回击过程的初始电流达到更大的值。但是,对于有回击工程的初始阶段,火箭线被破坏之前电流变化时间的几何平均值为 7.7 ms,要小于没有回击过程的初始阶段电流变化时间 17.4 ms。对于这两种类型的初始电流变化的电荷和作用积分,它们具有相似的值。电荷转移量的几何平均值分别为 0.4 C 和 0.35 C,作用积分分别为 14.6 A^2s 和 18.7 A^2s。因此,火箭线被破坏所需的能量基本相同。对于回击过程的初始阶段,往往具有更强的电流和更短的电流变化时间。

对于没有回击过程的初始电流变化,由火箭线气化引起的电流衰减时间的几何平均值为 0.43 ms,对于有回击的几何平均值为 0.18 ms。这意味着,由于电流更

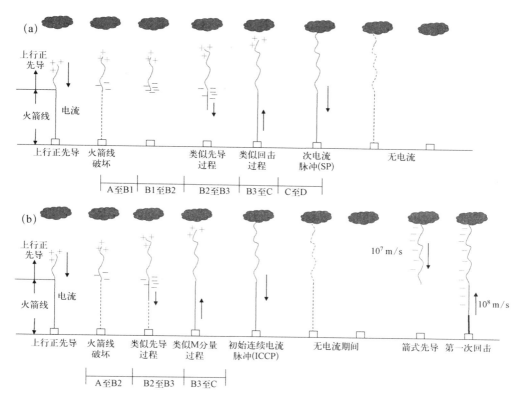

图 2.7　有无回击过程的人工触发闪电初始放电阶段示意图

（a）无回击；（b）有回击

大,变化时间更短,因此对于具有回击的初始阶段,火箭线被破坏的速度更快。快速变化的大电流对空气更具有破坏性。因此上行正先导与地面之间的电气连接更强烈,放电通道更适合电荷的流动。对于没有回击的初始阶段,小电流和缓慢的衰减很容易引起放电通道的冷却,并且不利于电荷流动。

　　实际上,由于火箭线被破坏,上行正先导传播通道的电阻率和火箭线被破坏留下通道的电阻率是不同的。因此,随着上行正先导向上传播,导线的上端持续累积负电荷。

　　对于没有回击的初始电流变化,由于失去了上行正先导和地面之间的电气连接,因此可以在电流波形中识别出电流中断间隔,如图 2.3 所示。零持续时间的几何平均值为 2.5 ms。在 B2 点,导线上端的负电荷被累积到一定程度,导线的通道再次被击穿。但未发现电流变化,但可发现电场变化,这与 Rakov 等[27]分析的类似先导过程相对应。

　　对于具有回击的初始电流变化,在图 2.5(b)的 A 点,电流由于火箭线气化而衰减。但是,由于快速变化的大电流作用在火箭线上,根据之前的分析,该通道更适合电荷流动。在 B2 点,累积在导线上端的负电荷开始向下传播。此时,在通道底部测得的电流一方面由于火箭线被破坏而减小,另一方面由于导线上端负电荷的向下传播而增大。因此,在 B2 点,电流衰减率变小。当电流衰减到图 2.5 的 B2 点和 B3 点之间的底部时,以上两个方面对电流的影响达到平衡。连续电流水平 ICC 的几何平均值为 53.6 A。在 B2 点之后,电流的缓慢增加主要受到负电荷向下传播的影响。在 B3 点,负电荷传播到地面,导致电流波反射。这种放电过程不像先导/回击过程那样剧烈。

Olsen 等[28]将初始阶段电流分为两类,这两种类型的初始电流变化形式不同。在初始电流变化期间,类型 I 表现出明显的电流中断间隔,其中电流在 A 点处近似线性地向零减小,然后在几毫秒的时间段内处于零电平,这类型往往无回击过程。但是类型 II 显示了一个相对连续的电流波形,并且电流没有减小到零并且没有变平。具有类型 II 特征的初始电流通常伴随有回击过程。

后峰值电流与电流重建过程中引起的电场变化之间呈现出线性相关性,如图 2.8 所示。回归方程分别为 $E_{B2-B3} = 0.0007I + 0.206$, $R^2 = 0.92$ 以及 $E_{B3-C} = 0.0011I + 0.653$, $R^2 = 0.91$。电流越大,引起的电场变化越大,这符合 Rakov 等[56]的描述。

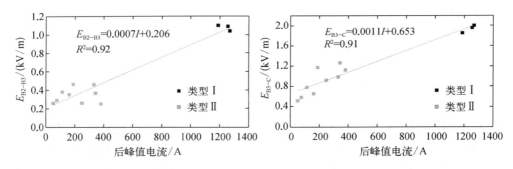

图 2.8   初始阶段后峰值电流与电流重建过程的电场变化之间的关系

类型 I 表示没有回击的初始阶段,类型 II 表示有回击的初始阶段

2.2   回击阶段的电流特征

2.2.1   回击电流参数特征

图 2.9 给出了回击电流波形及回击电流峰值、10% ~ 90% 上升时间、半峰值宽度和回击在 1 ms 内的转移电荷量的定义,其他特征参量还包括回击间隔、回击电

流持续时间、回击在 1 ms 内对 1 Ω 阻抗的负载所做的功（即电流强度的平方对时间的积分）、平均电流变化率和最大电流变化率。

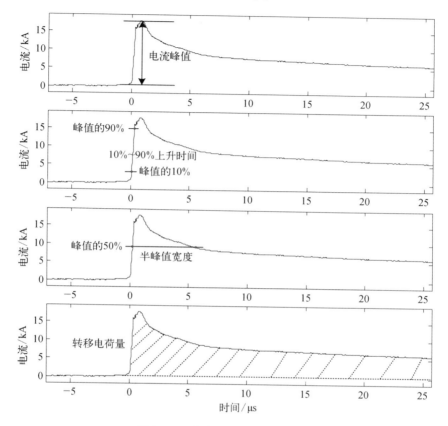

图 2.9　回击电流波形及参数定义

具体定义如下。

回击间隔：连续两次回击电流波形峰值之间的时间间隔。

回击电流持续时间：回击电流从开始变化到电流下降到背景值的时间间隔。

回击电流峰值：回击电流波形上的最大值。

10%~90% 上升时间：回击电流波形中电流上升至 10% 峰值幅值到上升至 90% 峰值幅值的时间间隔。

半峰值宽度：回击电流波形中电流上升至 50% 峰值幅值到下降至 50% 峰值幅值的时间间隔。

1 ms 转移电荷量：回击开始后 1 ms 内转移的电荷量。

1 ms 作用积分：根据公式 $\int i^2 \mathrm{d}t$ 对电流积分得到，积分的时间尺度为回击电流开始后 1 ms。

　　平均电流变化率：回击电流波形中电流上升的平均速率。

　　最大电流变化率：回击电流波形中电流上升的最大速率。

　　回击电流特征参量的柱状统计分析如图 2.10 所示。表 2.6 和表 2.7 进一步给出了广州野外雷电实验基地人工触发闪电回击电流波形特征参量的统计结果及与其他学者的研究结果。共统计了 64 个回击间隔的时间分布，如图 2.10(a)所示，回击间隔的范围为 2.4~387.0 ms，回击间隔的算术平均值和几何平均值分别为 63.4 ms 和 42.2 ms。对于回击电流和随后的连续电流的持续时间，在图 2.10(b)中使用了对数变换(底数为 10)，持续时间范围为 0.8~184.7 ms，持续时间的算术平均值和几何平均值分别为 13.2 ms 和 4.9 ms。可以看到，回击及随后的连续电流的持续时间比初始阶段过程的持续时间(263 ms)小得多。

　　对于电流 10%~90% 的上升时间，如图 2.10(c)所示，上升时间小于 0.8 μs 的回击数占总样本的 92.9%，其中 0.4~0.6 μs 和 0.6~0.8 μs 的时间间隔是最大和第二大的样本数量。电流 10%~90% 上升时间的算术平均值和几何平均值分别为 0.6 μs 和 0.6 μs。在中国，自然雷电流的标准波形通常采用 2.6/50 μs 波形，而用于

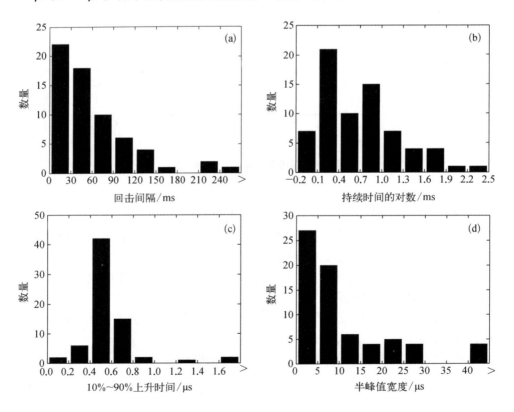

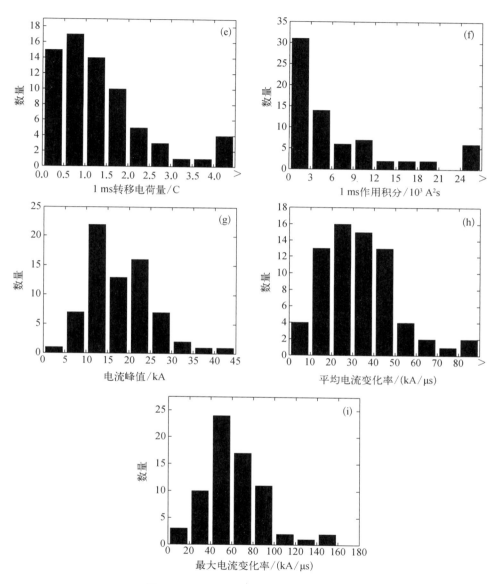

图 2.10　回击电流波形特征参量柱状图

设备测试的雷电流的波形通常采用 8/20 μs 波形。电气与电子工程师协会
（Institute of Electrical and Electronics Engineers，IEEE）采用的国际大电网会议
（International Council on Large Electric Systems，CIGRE）推荐雷电流波形的 10%～
90% 上升时间为 4.5 μs。本书中雷电流的 10%～90% 上升时间远远小于上面提到

的时间。而上升时间越短,电流与时间的关系曲线就越陡,这将给配电线路造成更大的损害。在实际的过电压计算中需要考虑这一点。

表 2.6　回击波形与时间相关的电流参数与其他研究结果的比较

位置/年份	数量	最大值	最小值	算术平均值	几何平均值
时间间隔/ms					
广州从化,2008~2016[25]	111	4.3	645.5	85.8	52.5
广州从化,2018~2019	64	2.4	387.0	63.4	42.2
持续时间/ms					
广州从化,2008~2016[25]	142	0.6	591.9	41.4	13.4
亚拉巴马州,1994;佛罗里达州,1996~1997[22]	69	—	—	—	12
山东,2009~2010[24]	21	0.4	17.8	5.8	3.9
广州从化,2018~2019	70	0.8	184.7	13.2	4.9
10%~90%上升时间/μs					
广州从化,2008~2016[25]	142	0.2	7.8	0.5	0.4
亚拉巴马州,1994;佛罗里达州,1996~1997[22]	43	—	—	—	0.37
山东,2009~2010[24]	36	0.2	8.4	2.0	1.9
广州从化,2018~2019	70	0.2	2.2	0.6	0.6
半峰值宽度/μs					
广州从化,2008~2016[25]	142	4.7	67.0	21.6	17.9
亚拉巴马州,1994;佛罗里达州,1996~1997[22]	41	2.8	45	—	18
山东,2009~2010[24]	—	—	68	23.7	14.8
广州从化,2018~2019	70	0.8	94.5	12.0	6.8

表 2.7　回击波形与电流相关的电流参数与其他研究结果的比较

位置/年份	数量	最大值	最小值	算术平均值	几何平均值
电流峰值/kA					
广州从化,2008~2016[25]	142	3.9	46.0	18.8	17.2
佛罗里达州,1990;亚拉巴马州, 1991[22]	45	1.8	38	—	12
山东,2005~2011[24]	36	4.4	41.6	14.3	12.1
广州从化,2018~2019	70	3.3	42.5	18.0	16.4
1 ms 转移电荷量/C					
广州从化,2008~2016[25]	142	0.2	6.8	1.7	1.3
山东,2005~2011[24]	36	0.18	4.2	1.1	0.86
广州从化,2018~2019	70	0.2	9.2	1.4	1.1
1 ms 作用积分/A^2s					
广州从化,2008~2016[25]	142	0.3	75.1	11.1	5.8
佛罗里达州,1990;亚拉巴马州, 1991[22]	65	—	—	—	3.5
广州从化,2018~2019	70	0.2	92.0	7.8	3.5
平均电流变化率/(kA/μs)					
广州从化,2008~2016[25]	142	3.2	100.3	44.6	37.0
佛罗里达州,1990;亚拉巴马州, 1991[22]	43	—	—	—	28
山东,2009~2010[24]	21	1	37	8.1	4.7
广州从化,2018~2019	70	3.9	94.3	32.9	28.0
最大电流变化率/(kA/μs)					
广州从化,2008~2016[25]	142	10.0	154.7	71.6	61.7
广州从化,2018~2019	70	10.2	150.4	62.3	55.3

半峰值宽度小于 20 μs 的回击数占样本总数的 81.4%,如图 2.10(d)所示,时间间隔在 0~5 μs 和 6~10 μs 分别是最大数量的样本和第二大样本。半峰值宽度的算术平均值和几何平均值分别为 12.0 μs 和 6.8 μs。

1 ms 内的电荷转移量范围为 0.2~9.2 C,1 ms 内的电荷转移量的算术平均值和几何平均值分别为 1.4 C 和 1.1 C。小于 2 C 的 1 ms 内的电荷转移量占总样本的 80%,如图 2.10(e)所示。1 ms 内的作用积分分布如图 2.10(f)所示,1 ms 内的作用积分的算术平均值和几何平均值分别为 7.8×10^3 A^2s 和 3.5×10^3 A^2s。在 70 个样本中,总共有 45 个样本的 1 ms 内的作用积分小于 6×10^3 A^2s。

回击电流峰值的分布如图 2.10(g)所示,超过 84% 的回击峰值电流小于 25 kA。电流峰值的算术平均值和几何平均值分别为 18.0 kA 和 16.4 kA。关于雷击配电线路相导线或架空地线,其回击电流峰值大于 Schoene 等[58]在佛罗里达州 1999~2004 年分析的峰值(12.2 kA)。

回击电流的平均和最大上升速率的分布如图 2.10(h)、(i)所示。电流平均变化率的算术平均值和几何平均值分别为 32.9 kA/μs 和 28.0 kA/μs。对于最大电流变化率,其算术平均值和几何平均值分别为 62.3 kA/μs 和 55.3 kA/μs。电力系统配电线路的雷击事故与雷电电流与时间关系曲线的幅度和最大斜率有关[83]。某些雷击事故是由大幅度和小陡度的雷电电流引起的,有些是由小幅值和大陡度的雷电电流引起的。

通常认为,与自然雷电中的继后回击相比,首次回击通常具有更大的雷电电流幅度和较慢的上升沿。本节共统计了人工触发闪电事件的 13 个第一次回击和 57 个后续回击。对于第一次回击,其峰值电流、10%~90%上升时间、半峰值宽度、电荷转移量和作用积分的几何平均值分别为 17.6 kA、0.6 μs、11.7 μs、1.84 C 和 6.3×10^3 A^2s。对于后续的回击,相应的参数分别为 16.2 kA、0.44 μs、4.1 μs、1.67 C 和 3.9×10^3 A^2s。可以看出,人工触发闪电的第一次回击和随后的回击与在自然雷电的回击具有相同的特性。

2.2.2 回击电流波形的模拟仿真

人们认为,与人工触发的雷电相关的物理现象类似于自然雷电的继后回击物理现象[84]。Chowdhuri 等[85]分析了在自然雷电中 114 次继后回击中获得的各种参数,峰值电流的中值、10%~90%上升时间、半峰值宽度分别为 12.3 kA、0.6 μs、30.2 μs。本研究中的人工触发闪电中的回击表现出较短的半峰值宽度和较大的峰值电流。根据对雷击配电线路的电流分析,电流波形通常表现出在回击电流波形的下降沿出现快速下降然后缓慢衰减的特征。这可能是人工触发雷电的继后回击半峰值宽度小于自然雷电继后回击半峰值宽度的原因。

使用 Gamerota 等[86]建议的函数表达式来构造第一次回击电流和随后的回击电流波形,这些波形与平均统计雷电电流波形一致。函数表达式为

$$I(0,t) = \frac{I_0}{\eta} \cdot e^{-t/\tau_2} \frac{(t/\tau_1)^n}{1 + (t/\tau_1)^n} \qquad (2.1)$$

修正系数为

$$\eta = e^{-\tau_1/\tau_2[n(\tau_2/\tau_1)^{1/n}]} \qquad (2.2)$$

其中,时间 $t>0$;脉冲幅度为 I_0;τ_1 和 τ_2 分别表示前沿时间和衰减系数。在本书中使用的第一次回击电流波形的脉冲信号由两个脉冲组成(脉冲 1: $I_0 = 17.8$ kA,$\tau_1 = 0.4$ μs,$\tau_2 = 4.5$ μs 和 $n = 6.3$。脉冲 2: $I_0 = 8$ kA,$\tau_3 = 230$ μs,$\tau_4 = 1.8$ μs 和 $n = 6.3$),如图 2.11 所示,这样的脉冲形状可模拟真实的雷电回击。随后的回击电流波形由两个脉冲(脉冲 1: $I_0 = 14.4$ kA,$\tau_1 = 0.3$ μs,$\tau_2 = 3.0$ μs 和 $n = 16$。脉冲 2: $\tau_3 = 100$ μs,$\tau_4 = 0.3$ μs 和 $n = 16$)组成。考虑到人工触发闪电的所有回击,电流波形可由脉冲 1($I_0 = 15.6$ kA,$\tau_1 = 0.5$ μs,$\tau_2 = 5.7$ μs 和 $n = 10$)和脉冲 2($I_0 = 4$ kA,$\tau_3 = 150$ μs,$\tau_4 = 0.6$ μs 和 $n = 10$)组成。这对于配电线路的雷电保护设计具有重要意义。

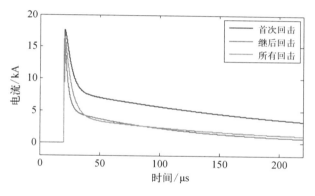

图 2.11　人工触发闪电中首次回击、继后回击和所有回击的电流模拟图

2.2.3　回击电流参数间相关性分析

图 2.12 显示了回击电流峰值与 1 ms 内的电荷转移量和作用积分之间的关系。1 ms 内的电流峰值与电荷转移之间呈现幂函数相关性。回归方程为 $Q_{1\,ms} = 0.001I_{Peak}^{2.333}$,$R^2 = 0.80$,$I_{Peak}$ 和 $Q_{1\,ms}$ 的单位分别为 kA 和 C。郑栋等[25] 基于对 2008~2016 年 GCOELD 中触发闪电的 142 个回击电流特征参数的分析,发现电流峰值与 1 ms 内的电荷转移量之间的回归方程为 $Q_{1\,ms} = 0.012I_{Peak}^{1.655}$,$R^2 = 0.86$。Schoene 等[58] 和 Berger 等[87] 都发现这两个参数之间存在明显的相关性,相关系数分别为 $R^2 = 0.76$ 和 $R^2 = 0.59$。同时,电流峰值与 1 ms 内作用积分之间也存在明显的幂函

数关系。回归方程为 $AI_{1\,\mathrm{ms}} = 1.427 \times 10^{-5} I_{\mathrm{Peak}}^{4.159}$，$R^2 = 0.92$。$I_{\mathrm{Peak}}$ 和 $AI_{1\,\mathrm{ms}}$ 的单位分别是 kA 和 $\mathrm{A^2s}$。

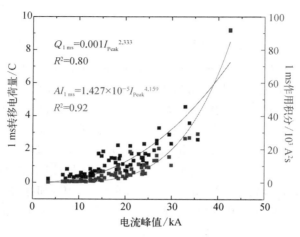

图 2.12　电流峰值与 1 ms 内的转移电荷量和 1 ms 作用积分间的关系

电流峰值与电流的平均变化率（$\mathrm{d}I/\mathrm{d}t$）之间的正相关关系如图 2.13 所示。线性回归方程为 $\mathrm{d}I/\mathrm{d}t = 2.914 + 1.415 I_{\mathrm{Peak}}$，$R^2 = 0.69$。决定系数 R^2 在 2018 年事件中为 0.86，在 2019 年事件中为 0.61。Leteinturier 等[88]分析了这两个参数之间的线性相关性,其相关系数 R 在 1985 年、1986 年、1987 年和 1988 年依次为 0.87、0.78、0.80 和 0.70。

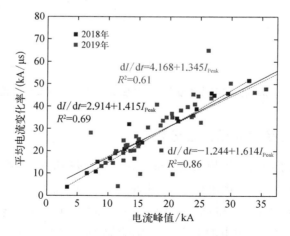

图 2.13　电流平均变化率与电流峰值之间的关系

同时,回击电流电荷转移量与回击及随后连续电流持续时间之间的回归方程为 $Q = 0.849 D^{0.659}$，$R^2 = 0.70$，其中 Q 和 D 的单位分别为 C 和 ms，如图 2.14 所示。

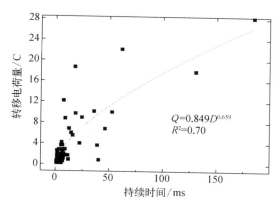

图 2.14　回击电流转移电荷量和持续时间之间的关系

图 2.15 展示出了回击与随后连续电流的持续时间和电流峰值、1 ms 内的电荷转移量，以及 1 ms 内的作用积分之间的关系。当持续时间超过 30 ms 时，在 70 个回击样本中，电流峰值高于 20 kA 的区域中，发现了总共 2 个回击点[图 2.15(a)中

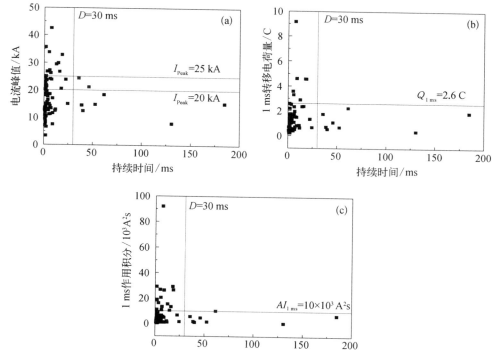

图 2.15　回击及随后连续电流持续时间和电流峰值、1 ms 内的转移电荷量和作用积分之间的关系

的红色点〕,占样本总量的 2.86%。如果将峰值电流阈值设置为 25 kA,则落在右上方区域中回击样本的数量为零。实际上,Saba 等[89]发现,峰值电流大于 20 kA 且电流持续时间大于 40 ms 的负地闪回击是极不可能发生的,但是,正极性地闪可能会发生。在本研究中,回击极不可能同时发生 1 ms 内的电荷转移量大于 2.6 C 或 1 ms 内的作用积分大于 6×10^3 A^2s 和持续时间超过 30 ms,如图 2.15(b)、(c)所示。

2.3　连续电流阶段和 M 分量的电流特征

2.3.1　小于 10 ms 连续电流波形特征

连续电流是发生在回击之后的电流过程,回击放电通道内仍然存在着几十到几百安培,甚至千安量级的电流,持续时间为几十到几百毫秒。连续电流可看作是云内电荷区和地面之间的准静态电弧,沿着先导回击通道传播。发生在连续电流过程中的脉冲扰动称为 M 分量。

对连续电流波形参数提取了 8 个参数,分别是回击与 M 分量之间的间隔 ΔT_{RM}(回击开始时刻到 M 分量开始时刻)、M 分量间的间隔 ΔT_M(相邻 M 分量峰值之间的间隔)、连续电流值(M 分量开始时刻所处的电流水平)、M 分量电流大小、M 分量持续时间、10%~90%上升时间、半峰值宽度及 M 分量转移电荷量,如图 2.16 所示。

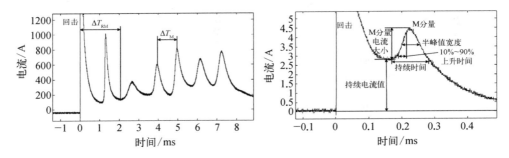

图 2.16　连续电流波形及参数定义

在记录到的 70 次回击电流中,共有 34 次回击电流后的连续电流过程产生了 M 分量,占 48.6%。其中,连续电流持续时间小于 10 ms 的有 53 次回击,占 75.7%。在这 53 次回击中,有 17 次回击包含 M 分量,36 次回击不包含 M 分量。可以发现,连续电流过程不包含 M 分量的持续时间往往小于 10 ms,最小值为 0.8 ms,最大值为 8.8 ms,算术平均值为 2.9 ms,几何平均值为 2.3 ms,其典型的连续电流波形及电场波形如图 2.17 所示,为 2019 年 7 月 2 日发生的第 7 次回击。

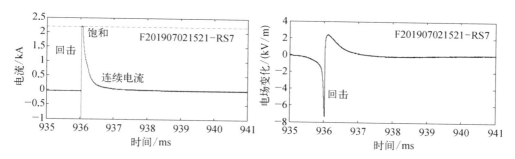

图 2.17　不含 M 分量的连续电流波形及电场变化波形

对于 17 次包含 M 分量的连续电流,其持续时间小于 10 ms,算术平均值和几何平均值分别为 4.7 ms 和 4.0 ms,比不包含 M 分量的连续电流持续时间长。而波形特点呈现三种类型。

12 次回击后的连续电流过程中,产生 1~2 个 M 分量,其电流和电场波形如图 2.18 所示,为第一类连续电流波形。此次回击为 2019 年 6 月 6 日 14 时 14 分发生的第一次回击。另外 11 次回击后的连续电流及电场同步波形与其相似,M 分量的电场波形呈现出钩状变化。

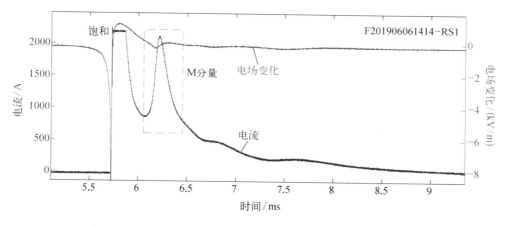

图 2.18　第一类连续电流波形及电场变化波形(1 个 M 分量)

表 2.8 统计了上述 12 次回击后的 15 个 M 分量参数的特征结果,连续电流值的算术平均值和几何平均值分别为 1 389.8 A 和 768.6 A;M 分量大小的算术平均值和几何平均值分别为 532.8 A 和 273.6 A;10%~90% 上升时间的算术平均值为 105.7 μs,几何平均值为 64.7 μs;半峰值宽度的算术平均值为 156.4 μs,几何平均值为 91.8 μs;M 分量持续时间的算术平均值为 356.4 μs,几何平均值为 203.8 μs;M 分量转移电荷量的算术平均值为 50.2 mC,几何平均值为 21.1 mC。

表 2.8　第一类连续电流的 M 分量参数统计

参　　数	样本数	最大值	最小值	算术平均值	几何平均值
连续电流值/A	15	18.7	3 583.3	1 389.8	768.6
M 分量大小/A	15	36.7	2 041.7	532.8	273.6
10%~90%上升时间/μs	15	4.8	247.6	105.7	64.7
半峰值宽度/μs	15	10.3	603.8	156.4	91.8
持续时间/μs	15	24.7	1 270.8	356.4	203.8
转移电荷量/mC	15	1.9	190.7	50.2	21.1

　　在连续电流持续时间小于 10 ms 且包含 M 分量的 17 次回击中,有四次回击后的连续电流波形表现出如下特征,回击后伴随着叠加电流脉冲,呈现更多或更少的指数衰减,包含 3~4 个 M 分量,如图 2.19 所示,电场波形呈现钩状变化,为第二类连续电流波形。这两次回击分别是 2019 年 6 月 5 日 16 时 20 分发生的第一次回击和 2019 年 7 月 2 日 15 时 21 分发生的第一次回击,回击后均包含 4 个 M 分量。

　　这 15 个 M 分量的参数统计特征如表 2.9 所示。连续电流值的算术平均值和几何平均值分别为 1 003.8 A 和 679.6 A,比第一类 M 分量稍小;M 分量大小的算术平均值和几何平均值分别为 1 413.8 A 和 729.1 A,比第一类 M 分量约大 1.7 倍;10%~90%上升时间的算术平均值和几何平均值分别为 90.7 μs 和 65.3 μs,和第一类 M 分量接近;半峰值宽度的算术平均值和几何平均值分别为 159.2 μs 和 118.6 μs,和第一类 M 分量接近。

表 2.9　第二类连续电流的 M 分量参数统计

参　　数	样本数	最大值	最小值	算术平均值	几何平均值
连续电流值/A	15	150.7	3 200.0	1 003.8	679.6
M 分量大小/A	15	133.3	6 240.0	1 413.8	729.1
10%~90%上升时间/μs	15	3.1	180.6	90.7	65.3
半峰值宽度/μs	15	9.9	327.6	159.2	118.6
持续时间/μs	15	15.5	1 189.2	414.9	288.7
转移电荷量/mC	15	1.3	887.7	212.3	92.6

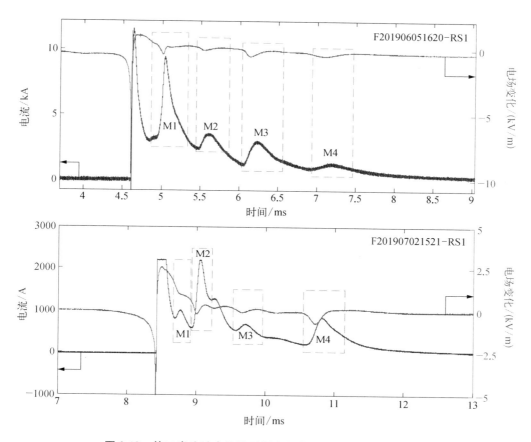

图 2.19　第二类连续电流波形及电场变化波形(常规 M 分量)

持续时间的算术平均值和几何平均值分别为 414.9 μs 和 288.7 μs,比第一类 M 分量稍大;M 分量转移电荷量的算术平均值和几何平均值分别为 212.3 mC 和 92.6 mC,是第一类 M 分量的 4 倍多。

持续时间小于 10 ms 且包含 M 分量的连续电流中,2019 年 6 月 11 日 12 时 42 分发生的第九次回击属于第三类连续电流波形,在回击结束后,首先产生了 3 个 M 分量,紧接着伴随有无明显电流脉冲活动且稳定的停滞期,停滞时间约为 0.55 ms,停滞的电流水平在 9 kA 左右。同时,电场变化波形呈现饱和,难以获得停滞期对应的电场特征,如图 2.20 所示,为第三类连续电流波形。

这三个 M 分量的发生是在极高的电流水平下,连续电流水平值平均为 20 kA,远高于第一类和第二类的连续电流值;M 分量电流幅值平均为 5.0 kA,与回击电流的幅值相似;10%～90% 上升时间和半峰值宽度的平均值分别为 2.6 μs 和 6.2 μs,比第一类和第二类的 M 分量要小得多;M 分量转移电荷量的平均值为 22.3 mC,持

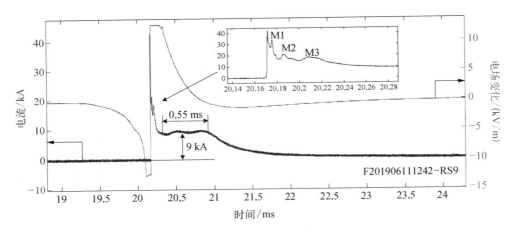

图 2.20　第三类连续电流波形及电场变化波形(含电流停滞期)

续时间的平均值为 9.6 μs,均比第一类和第二类小很多。

由此可见,此次回击后的连续电流过程,维持在大电流水平的时间长,脉冲波动较大,会产生包括热效应在内的最严重雷击损坏。

2.3.2　大于 10 ms 连续电流波形特征

对于 17 次包含 M 分量的连续电流,其持续时间大于 10 ms,算术平均值和几何平均值分别为 43.5 ms 和 30.1 ms,其连续电流波形可分为六类。

与小于 10 ms 的第一类连续电流波形相似,共有 5 次回击后的连续电流呈现出第一类的特点,包含 1~2 个 M 分量,如图 2.21 所示。M 分量电场波形呈现钩状变化。

这两次回击分别为 2019 年 6 月 30 日 17 时 13 分发生的第二次回击和第九次回击。需要注意的是,第九次回击后的 M1 电场未分辨出变化。

这 5 次回击后的连续电流过程共包含 6 个 M 分量,其统计结果如表 2.10 所示。连续电流值的算术平均值和几何平均值分别为 1 024.8 A 和 316.2 A,比小于 10 ms 的第一类连续电流的 M 分量偏小;M 分量电流大小的算术平均值和几何平均值分别为 721.4 A 和 386.7 A,比小于 10 ms 的第一类偏大;10%~90% 上升时间的算术平均值和几何平均值分别为 217.4 μs 和 164.5 μs,约为小于 10 ms 的第一类的 2 倍多;半峰值宽度的算术平均值和几何平均值分别为 297.3 μs 和 207.1 μs,约为小于 10 ms 的第一类的 2 倍;M 分量持续时间的算术平均值和几何平均值分别为 722.3 μs 和 515.8 μs,约为小于 10 ms 的第一类的 2 倍多;M 分量转移电荷量的算术平均值和几何平均值分别为 237.7 mC 和 88.8 mC,约为小于 10 ms 的第一类的 4 倍。

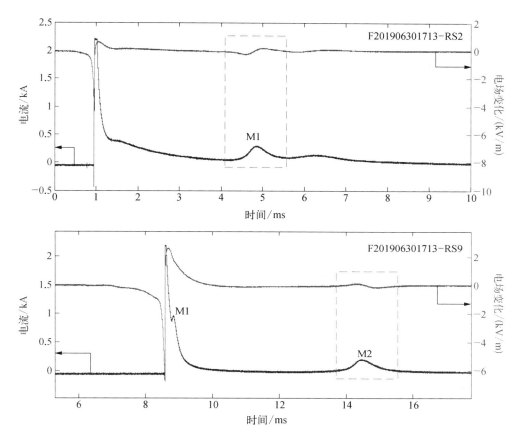

图 2.21 大于 10 ms 的第一类连续电流波形及电场变化波形（1~2 个 M 分量）

表 2.10 大于 10 ms 第一类连续电流的 M 分量参数统计

参　　　数	样本数	最大值	最小值	算术平均值	几何平均值
连续电流值/A	6	10.7	3 583.3	1 024.8	316.2
M 分量大小/A	6	92.0	2 750.0	721.4	386.7
10%~90%上升时间/μs	6	53.3	498.9	217.4	164.5
半峰值宽度/μs	6	44.9	548.8	297.3	207.1
持续时间/μs	6	96.6	1 453.6	722.3	515.8
转移电荷量/mC	6	3.8	897.9	237.7	88.8

在大于 10 ms 的连续电流中,2019 年 6 月 30 日 17 时 13 分发生的第八次回击和 2019 年 6 月 5 日 16 时 20 分发生的第三次回击后的连续电流呈现出第二类的波形特点,回击后伴随着叠加电流脉冲并衰减,均包含 3 个 M 分量,如图 2.22 所示,电场波形呈现钩状变化,属于第二类。

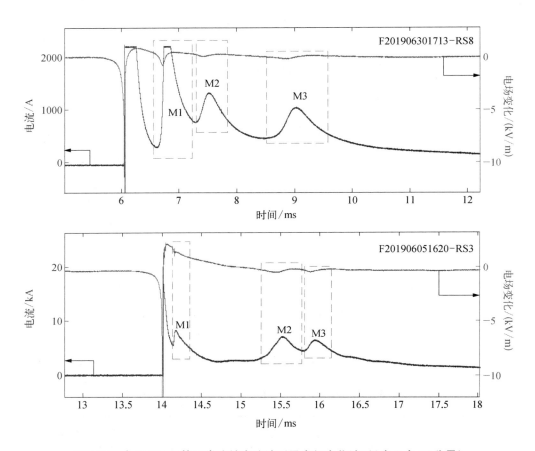

图 2.22　大于 10 ms 第二类连续电流波形及电场变化波形(含 3 个 M 分量)

F201906301713 的 M1 小量程电流发生饱和,其特征参数可由大量程电流获得,统计结果如表 2.11 所示。这 6 个 M 分量的连续电流值的算术平均值为 2 395.8 A,大于第一类的 1 024.8 A;M 分量电流大小的算术平均值为 2 134.4 A,大于第一类的 721.4 A;10%~90%上升时间的算术平均值为 136.7 μs,小于第一类的 217.4 μs;半峰值宽度的算术平均值为 236.6 μs,小于第一类的 297.3 μs;M 分量持续时间的算术平均值为 476.3 μs,比第一类的 722.3 μs 偏小;转移电荷量的算术平均值为 388.8 mC,大于第一类的 237.7 mC。

表 2.11　大于 10 ms 第二类连续电流的 M 分量参数统计

参　　数	样本数	最大值	最小值	算术平均值	几何平均值
连续电流值/A	6	166.7	5 453.3	2 395.8	1 273.1
M 分量大小/A	6	565.3	3 986.7	2 134.4	1 667.0
10%~90%上升时间/μs	6	17.6	280.5	136.7	103.0
半峰值宽度/μs	6	71.1	453.4	236.6	205.2
持续时间/μs	6	162.7	1 211.7	476.3	380.0
转移电荷量/mC	6	157.8	921.0	388.8	327.4

　　持续时间大于 10 ms 且包含 M 分量的连续电流中,2018 年 7 月 26 日 14 时 11 分发生的第十三次回击属于第三类连续电流波形,在回击结束后,紧接着伴随有无明显电流脉冲活动且稳定的停滞期,停滞时间约为 1.4 ms,停滞的电流水平在 620 A 左右,然后产生 M1,同时,电场变化波形呈现钩状特征,如图 2.23 所示。

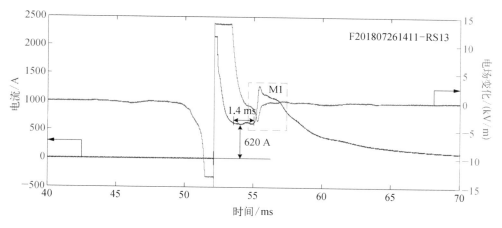

图 2.23　大于 10 ms 第三类连续电流波形及电场变化波形(含电流停滞期)

　　M1 电流大小为 668.3 A,10% ~ 90%上升时间为 242.0 μs,半峰值宽度为 1 783.9 μs,持续时间为 3 430.6 μs,转移电荷量为 1 093.5 mC。该 M 分量的持续时间及转移电荷量相对其他类型的 M 分量要大很多。

　　对于大于 10 ms 的连续电流,2019 年 6 月 5 日 16 时 20 分发生的第四次回击、2019 年 6 月 11 日 12 时 42 分发生的第七次回击和第八次回击,以及 2019 年 6 月

30 日 17 时 13 分发生的第七次回击后的连续电流波形呈现出如下特点:包含若干个 M 分量,叠加电流脉冲后伴随有一个相对平稳的衰减峰,如图 2.24 所示,而电场波形呈现钩状变化,为第四类连续电流波形。

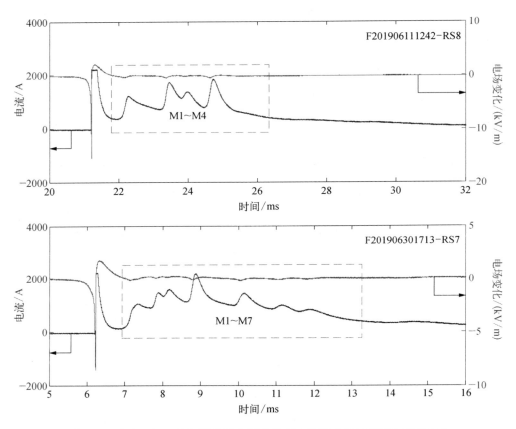

图 2.24　大于 10 ms 第四类连续电流波形及电场变化波形(若干 M 分量)

　　这四次回击分别包含 13、7、4 和 7 个 M 分量,共 31 个 M 分量,其特征参数统计结果如表 2.12 所示。连续电流值的算术平均值和几何平均值分别为 725.1 A 和 527.6 A;M 分量电流大小的算术平均值为 521.5 A,几何平均值为 346.9 A;10% ～ 90%上升时间的算术平均值为 234.8 μs,几何平均值为 177.2 μs;半峰值宽度的算术平均值为 384.5 μs,几何平均值为 317.3 μs;持续时间的算术平均值为 717.3 μs,几何平均值为 558.6 μs;转移电荷量的算术平均值为 156.4 mC,几何平均值为 102.7 mC。M 分量电流大小和转移电荷量均要小于第一类和第二类(大于 10 ms)的 M 分量,而 10%～90%上升时间、半峰值宽度和持续时间要大于第二类的 M 分量,和第一类的 M 分量较为接近。

表 2.12　大于 10 ms 第四类连续电流的 M 分量参数统计

参　　数	样本数	最大值	最小值	算术平均值	几何平均值
连续电流值/A	31	36.0	1 952.0	725.1	527.6
M 分量大小/A	31	72.0	2 840.0	521.5	346.9
10%~90%上升时间/μs	31	60.6	1 160.2	234.8	177.2
半峰值宽度/μs	28	70.4	1 572.6	384.5	317.3
持续时间/μs	31	116.0	3 638.5	717.3	558.6
转移电荷量/mC	31	5.1	479.4	156.4	102.7

对于大于 10 ms 的连续电流,2018 年 7 月 26 日 14 时 11 分发生的第六次回击、2019 年 6 月 5 日 16 时 20 分发生的第二次回击及 2019 年 7 月 2 日 15 时 21 分发生的第九次回击后的连续电流波形呈现如下特点:电流缓慢地增加和减少,伴随着电流脉冲叠加贯穿其中,如图 2.25 所示,F201807261411 - RS6 的 M1 和 M4 与先导-回击非常相似,但电流 10%~90%上升时间分别为 23.3 μs 和 41.3 μs,远大于回击电流的 10%~90%上升时间(0.6 μs)。M 分量电场波形依然呈现钩状变化,为第五类连续电流波形。

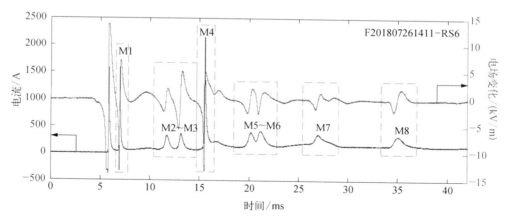

图 2.25　大于 10 ms 第五类连续电流波形及电场变化波形

这三次回击后连续电流中共包含 20 个 M 分量,其特征参数总结如表 2.13 所示。连续电流值的算术平均值和几何平均值分别为 179.2 A 和 123.1 A;M 分量电流大小的算术平均值为 450.7 A,几何平均值为 264.2 A;10%~90%上升时间的算

术平均值为 398.9 μs，几何平均值为 278.3 μs；半峰值宽度的算术平均值为
563.1 μs，几何平均值为 438.2 μs；持续时间的算术平均值为 1 180.2 μs，几何平均值
为 957.3 μs；转移电荷量的算术平均值为 143.5 mC，几何平均值为 118.5 mC。

表 2.13　大于 10 ms 第五类连续电流的 M 分量参数统计

参　　　数	样本数	最大值	最小值	算术平均值	几何平均值
连续电流值/A	20	37.3	829.3	179.2	123.1
M 分量大小/A	20	58.7	2 333.3	450.7	264.2
10% ~ 90%上升时间/μs	20	23.3	1 756.8	398.9	278.3
半峰值宽度/μs	20	77.2	1 717.3	563.1	438.2
持续时间/μs	20	148.4	2 763.3	1 180.2	957.3
转移电荷量/mC	20	10.6	359.3	143.5	118.5

　　第五类的 M 分量电流大小要小于第一类、第二类和第四类（大于 10 ms）的 M
分量大小，而 10% ~ 90%上升时间、半峰值宽度和持续时间要大于第一类、第二类
和第四类的 M 分量。

　　2018 年 7 月 26 日 14 时 11 分发生的第九次回击和 14 时 14 分发生的第一
次回击后的连续电流展现出第六类的特点，即回击之后，先出现类似回击的大 M
分量，然后叠加具有衰减趋势的电流脉冲（第二类连续电流的特点），如图 2.26

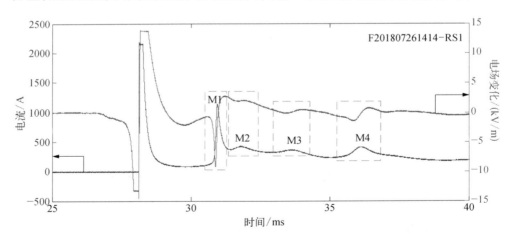

图 2.26　大于 10 ms 第六类连续电流波形及电场变化波形

所示。这两次回击后的首次 M 分量的电流大小分别为 2.8 kA 和 1.0 kA, 10% ~ 90% 上升时间分别为 19.5 μs 和 85.0 μs, 转移电荷量分别为 220.9 mC 和 187.4 mC, 发生在回击后的 2.3 ms 和 2.6 ms, 电场波形呈现类似先导-回击的变化, 而首次 M 分量之后的 M 分量逐渐衰减, 电场波形均表现为钩状变化, 为第六类连续电流波形。

这两次回击后的连续电流分别包含 5 个和 4 个 M 分量, 其特征参数如表 2.14 所示。连续电流值的算术平均值为 457.8 A, 几何平均值为 363.0 A; M 分量电流大小的算术平均值为 566.7 A, 几何平均值为 193.4 A; 10% ~ 90% 上升时间的算术平均值为 259.4 μs, 几何平均值为 175.9 μs; 半峰值宽度的算术平均值为 366.1 μs, 几何平均值为 291.1 μs; 持续时间的算术平均值为 683.0 μs, 几何平均值为 557.8 μs; 转移电荷量的算术平均值为 98.5 mC, 几何平均值为 54.3 mC。

表 2.14　大于 10 ms 第六类连续电流的 M 分量参数统计

参　数	样本数	最大值	最小值	算术平均值	几何平均值
连续电流值/A	9	120.0	905.0	457.8	363.0
M 分量大小/A	9	21.7	2 791.7	566.7	193.4
10% ~ 90% 上升时间/μs	9	19.5	575.6	259.4	175.9
半峰值宽度/μs	9	91.7	749.3	366.1	291.1
持续时间/μs	9	188.4	1 451.4	683.0	557.8
转移电荷量/mC	9	2.8	220.9	98.5	54.3

M 分量的电流大小、10% ~ 90% 上升时间、半峰值宽度和持续时间与第四类的 M 分量(大于 10 ms)较为接近, 但转移电荷量相对很小。

2.3.3　M 分量电流参数特征

M 分量是较稳定连续电流和通道亮度的扰动。共记录到 106 个 M 分量, 其特征分布如图 2.27 所示。连续电流值的算术平均值为 1 357.8 A, 其几何平均值为 472.6 A, 主要集中在 0 ~ 500 A 和 500 ~ 1 000 A, 分别具有 50 和 27 个样本, 占 47.1% 和 25.5%, 即 1 000 A 以下的连续电流水平占总样本的 72.6%, 如图 2.27(a) 所示。Rakov 等[75]分析了 140 个 M 分量的连续电流水平, 其几何平均值为 177 A, 比本书的 472.6 A 小。

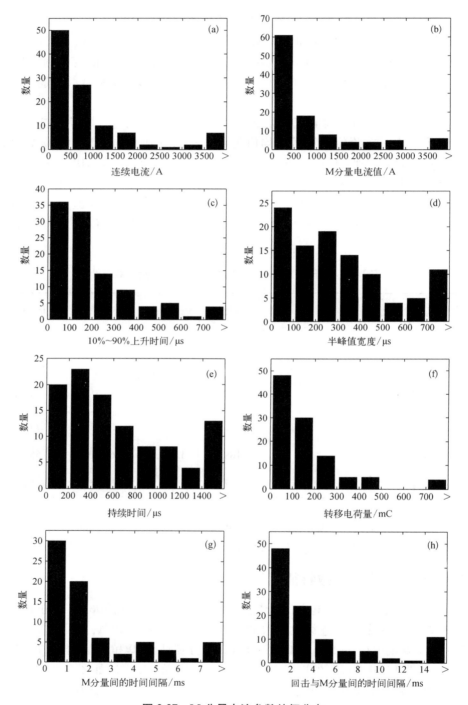

图 2.27　M 分量电流参数特征分布

M 分量电流大小的算术平均值和几何平均值分别为 869.8 A 和 401.5 A,主要集中在 0～500 A,有 61 个样本,占总样本的 57.5%,如图 2.27(b)所示。Rakov 等[75]基于 124 个 M 分量,分析了 117 A 的几何平均值;Ma 等[31]基于山东引雷实验数据统计得到,M 分量的电流幅值在 400 A 左右;Zheng 等[25]对广东引雷实验数据分析得到,M 分量电流幅值为 195 A;对于自然雷电观测,统计日本福井烟囱[23]、德国 Peissenberg 塔[32]和奥地利 Gaisberg 塔[33]的观测结果发现,M 分量的电流幅值分别为 446 A、654 A 和 274 A。

10%～90%上升时间的算术平均值和几何平均值分别为 214.7 μs 和 120.8 μs,主要集中在 0～100 μs 和 100～200 μs,共计 69 个样本,占总样本的 65.1%,如图 2.27(c)所示。Rakov 等[75]基于 124 个 M 分量,分析的 10%～90%上升时间的几何平均值为 422 μs;Ma 等[31]分析山东引雷实验数据得到的 10%～90%上升时间为 207 μs;Zheng 等[25]对广东引雷实验数据分析得到,10%～90%上升时间为 353 μs。对于自然雷电观测,统计日本福井烟囱[23]、德国 Peissenberg 塔[32]和奥地利 Gaisberg 塔[33]的观测结果发现,M 分量的 10%～90%上升时间分别为 66.7 μs、37.4 μs 和 236 μs。

半峰值宽度的算术平均值和几何平均值分别为 339.7 μs 和 204.2 μs,在以 100 μs 的时间间隔内分布较为均匀,如图 2.27(d)所示。Rakov 等[75]基于 113 个 M 分量,分析得到半峰值宽度的几何平均值为 816 μs;Ma 等[31]分析山东引雷实验数据得到的半峰值宽度为 267 μs;Zheng 等[25]对广东引雷实验数据分析得到,半峰值宽度为 353 μs。对于自然雷电观测,统计日本福井烟囱[23]、德国 Peissenberg 塔[32]和奥地利 Gaisberg 塔[33]的观测结果发现,M 分量的半峰值宽度分别为 184 μs、124.8 μs 和 476 μs。

M 分量持续时间的算术平均值和几何平均值分别为 697.7 μs 和 419.5 μs,在以 200 μs 的时间间隔内分布较为均匀,如图 2.27(e)所示。而 Rakov 等[75]基于 114 个 M 分量,分析得到持续时间的几何平均值为 2.1 ms,比本书的 419.5 μs 大得多。

转移电荷量的算术平均值和几何平均值分别为 164.6 mC 和 80.2 mC,主要集中在 0～100 mC 和 100～200 mC,共计 78 个样本,占总样本的 73.6%,如图 2.27(f)所示。Rakov 等[75]基于 104 个 M 分量,分析的转移电荷量的几何平均值为 129 mC;Ma 等[31]分析山东引雷实验数据得到的转移电荷量为 190 mC;Zheng 等[25]对广东引雷实验数据分析得到,转移电荷量为 107 mC。对于自然雷电观测,统计德国 Peissenberg 塔[32]和奥地利 Gaisberg 塔[33]的观测结果发现,M 分量的转移电荷量分别为 137 mC 和 167 mC。

M 分量之间的间隔的算术平均值和几何平均值分别为 2.9 ms 和 1.3 ms,主要集中在 0～1 ms 和 1～2 ms,共计 50 个样本,占总样本的 69.4%,如图 2.27(g)所示。

Rakov 等[75]基于 107 个 M 分量,分析得到 M 分量间隔的几何平均值为 4.9 ms,比本节的 1.3 ms 大得多。

回击与 M 分量之间的间隔的算术平均值和几何平均值分别为 5.1 ms 和 1.7 ms,主要集中在 0~2 ms 和 2~4 ms,共计 72 个样本,占总样本的 67.9%,如图 2.27(h)所示。

2.4　本章小结

本章对人工触发闪电的初始阶段、回击阶段及连续电流阶段的电流特征进行了分析。

1. 初始阶段

人工触发闪电有无回击初始阶段的参数具有明显的差异。在没有回击过程的雷电初始阶段,初始电流变化存在明显的静默期,静默期长达几毫秒,类似于回击之前的电流静默期。静默期之后的电流脉冲具有相对较大的幅度,几何平均值为 1 237 A,以及快速的上升时间,其几何平均值为 0.7 μs,类似于回击电流。

对于具有回击的雷电初始电流变化,由于云中大量电荷产生更强的放电环境,导线通道可以迅速转换为等离子通道。因为上行正先导向云内发展,在导线上端累积的负电荷更容易沿着等离子体通道传播到地面。具有回击的电流初始变化,没有电流静默期的产生,导线破坏和等离子通道重建过程的电流脉冲类似于 M 分量,具有较小的幅度,几何平均值为 172.8 A,以及缓慢的上升时间,其几何平均值为 57.0 μs。

具有回击的初始阶段的电荷转移量和作用积分的几何平均值分别为 26.6 C 和 3 467.5 A^2s,远大于没有回击的初始阶段电荷转移量 3.8 C 和作用积分 148.1 A^2s。结果表明,初始阶段放电越强,通常会伴随着回击。

2. 回击阶段

触发闪电通常包含多次回击,回击数的平均值为 5.6,相邻回击之间的间隔、回击持续时间、10%~90%的上升时间、半峰值宽度、1 ms 内的电荷转移量、1 ms 内的作用积分、回击电流峰值、电流平均和最大上升速率分别为 42.2 ms、4.9 ms、0.6 μs、6.8 μs、1.1 C、3.5×10^3 A^2s、16.4 kA、28.0 kA/μs 和 55.3 kA/μs。与自然雷电的继后回击相比,本章中触发闪电的回击表现出更短的上升时间和更大的峰值电流。触发闪电的第一次回击通常比随后的回击具有更大的雷电流幅度和较慢的上升沿。回击的峰值电流与 1 ms 电荷转移量和 1 ms 作用积分均表现出很强的幂函数相关性,其相关系数 R^2 分别为 0.80 和 0.92。

建议使用双霍德勒(Heidler)函数来模拟雷击配电线路的回击电流,从而为配电线路的防雷设计提供准确的原始数据。

3. 连续电流阶段

根据连续电流的持续时间,将连续电流分为了两大类,一类为小于 10 ms 的连续电流,包含 36 次回击后无 M 分量的连续电流,以及 17 次回击后有 M 分量的连续电流。根据连续电流的波形特点,这 17 次回击后有 M 分量的连续电流进一步可分为三类: 第一类回击后产生 1~2 个 M 分量;第二类回击后伴随着叠加电流脉冲,呈现更多或更少的指数衰减,包含 3~4 个 M 分量;第三类伴随有无明显电流脉冲活动且稳定的停滞期。

另一类为大于 10 ms 的连续电流,包含 17 次回击后有 M 分量的连续电流。前三类与小于 10 ms 的连续电流的三类相似,而第四类回击后包含若干个 M 分量,叠加电流脉冲后伴随有一个相对平稳的衰减峰;第五类回击后电流缓慢地增加和减少,伴随着电流脉冲叠加贯穿其中;第六类回击后先出现类似回击的大 M 分量,然后叠加具有衰减趋势的电流脉冲(第二类连续电流的特点)。

第 3 章　　火箭引雷的磁场特征

3.1　磁场传感器与磁场波形的定义

感应线圈传感器是最古老和最著名的磁传感器类型之一。它们的传递函数由法拉第感应定律得到：

$$V = -n \cdot \frac{\mathrm{d}\varphi}{\mathrm{d}t} = -n \cdot A \cdot \frac{\mathrm{d}B}{\mathrm{d}t} \tag{3.1}$$

其中，V 为线圈两端的电压；B 为磁感应强度；φ 为穿过线圈的磁通量；A 为线圈的截面积；n 为线圈的匝数；t 为时间。2018~2019 年，武汉大学团队在广州从化开展的引雷实验的磁场传感器的感应线圈由漆包铜线绕制在直径 10 mm、长度 177 mm 的磁棒上制作而成。磁芯将磁通量集中在线圈内部，其高磁导率增加了线圈的有效电感，而其低电导率具有防止涡流的作用[90]。在引雷实验中测得的磁场信号实际上是磁场变化率 $\mathrm{d}B/\mathrm{d}t$。在实验室中测量了磁场传感器的频率响应。磁场传感器的 3 dB 带宽为 40~800 kHz，其增益为 0.05 mV/nT。

引雷实验现场布置了三套磁场测量装置[91]。观测点 1 距离击中架空线路的闪电通道 18 m，距离击中地面的闪电通道 58 m，测得的电磁场数据由数据采集卡进行采集，采样率为 10 MHz，数据记录长度为 2 s。观测点 2 距离击中架空线路的闪电通道 130 m，距离击中地面的闪电通道 90 m，测得的电磁场数据由示波器进行采样，采样率为 50 MHz，数据记录长度为 2 s。注意此观测点的电磁场数据与电流数据同步进行采样。观测点 3 位于一处建筑物的楼顶，距离击中架空线路的闪电通道 1.6 km，距离击中地面的闪电通道 1.55 km，测得的电磁场数据由数据采集卡进行采集，采样率为 5 MHz，数据记录长度为 2 s。

针对回击磁场波形定义了 5 个波形参数，定义方法见图 3.1。分别是：总磁场峰值 $B_\mathrm{T}(\mu\mathrm{T})$、先导磁场峰值 $B_\mathrm{L}(\mu\mathrm{T})$、回击磁场峰值 $B_\mathrm{RS}(\mu\mathrm{T})$、10%~90% 上升时间 $T_{10\text{-}90}(\mu\mathrm{s})$、半宽时间 $T_\mathrm{HPW}(\mu\mathrm{s})$。注意，10%~90% 上升时间和半宽时间是针对回击部分而言的。

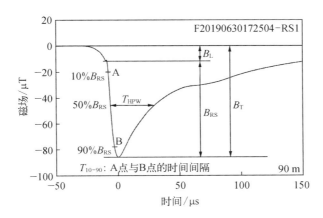

图 3.1　近距离回击磁场波形参数定义

可能由于没有记录到微弱变化的先导部分,以往文献[61,67]对近距离回击磁场波形的上升阶段并没有像本书这样划分为先导阶段和回击阶段,见图 3.2。基于以下原因,本书认为这样划分是合理的。图 3.2 给出了某次回击的电流和磁场同步测量波形,可以发现磁场波形的前沿部分由变化速率不同的两段组成,结合电流波形,可以推定变化较慢的部分对应先导过程,变化较快的对应回击过程。除此之外,根据文献[92]、[93],可以发现回击磁场峰值 B_{RS} 与回击电流峰值的拟合效果比总磁场峰值 B_{T} 与回击电流峰值的拟合效果更好,这也说明在分析近距离磁场时将前沿部分分成先导磁场和回击磁场来分析的必要性,这对雷电回击模型的改进、利用近距离磁场波形估算电流等方面有益。

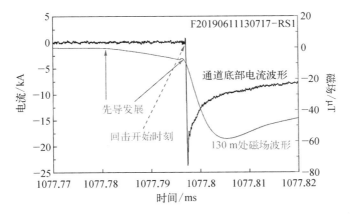

图 3.2　某次回击磁场与电流同步波形

3.2　不同距离回击磁场参数特征

3.2.1　引雷至地面不同距离处回击磁场参数特征

引雷至地面情况下,观测点 1、2、3 分别距离闪电通道 58 m、90 m、1 600 m,这三个观测点可供定量分析的样本数分别为 54、39、20,观测点 3 有五个回击的先导磁场难以确定,先导电场峰值的样本数为 15。表 3.1 列举了关于回击近磁场波形参数的研究结果[61,67]。

表 3.1　文献中回击近磁场波形参数

位置/年份	距离	最大值	最小值	算术平均值	几何平均值
总磁场/μT					
佛罗里达州,1999~2000[61]	15 m	53	466	203	182
佛罗里达州,1999~2000[61]	30 m	27	239	109	98
山东,2005~2009[67]	60 m	18	148	62	52
10%~90%上升时间/μs					
山东,2005~2009[67]	60 m	0.4	8.4	3.2	2.5
半宽时间/μs					
佛罗里达州,1999~2000[61]	15 m	4.1	43.4	17.4	14.9
佛罗里达州,1999~2000[61]	30 m	3.4	37.1	14.6	12.5
山东,2005~2009[67]	60 m	1	31	12.7	10.28
山东,2005~2009[67]	60 m	1	31	12.7	10.28

观测点 1 测得的 58 m 处的样本分布和统计结果见图 3.3 及表 3.2。回击产生的总磁场峰值约为 130 μT,算术平均值和几何平均值分别是 130.7 μT 和 121.1 μT。Schoene 等[61]在 30 m 处测得的 88 个触发闪电回击的总磁场峰值的算术平均值和几何平均值分别是 109.0 μT 和 98.0 μT。Yang 等[67]在 60 m 处测得的 32 个触发闪

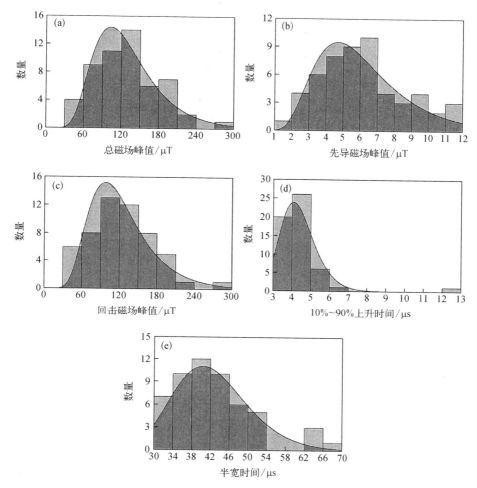

图 3.3　引雷至地面观测点 1(58 m)回击磁场波形参数分布直方图

表 3.2　引雷至地面观测点 1(58 m)回击磁场波形参数统计结果

参　　　数	样本	算术平均值	几何平均值	标准差	最小值	最大值
总磁场峰值/μT	54	130.7	121.1	50.6	51.6	287.5
先导磁场峰值/μT	54	6.2	5.7	2.5	1.8	11.9
回击磁场峰值/μT	54	123.9	114.7	47.9	49.4	276.1
10%~90%上升时间/μs	54	4.4	4.3	1.3	3.3	12.9
半宽时间/μs	54	42.6	41.8	8.6	30.1	69.9

电回击总磁场峰值的算术平均值和几何平均值分别是 62.0 μT 和 52.0 μT,本书测得的结果偏大。先导磁场峰值相对总磁场峰值是很小的,58 m 处先导磁场峰值的几何平均值为 5.7 μT,约占总磁场峰值的 4.7%。回击磁场峰值与总磁场峰值接近,几何平均值约占总磁场峰值的 94.7%。从图 3.3(a)~(c)可以看出这三个参数都呈明显的对数正态分布,总磁场峰值主要分布在 60~150 μT,先导磁场峰值主要分布在 3~7 μT,回击磁场峰值主要分布在 60~150 μT。

58 m 处回击磁场 10%~90%上升时间的典型值小于 10 μs,算术平均值和几何平均值分别是 4.4 μs 和 4.3 μs,这表明此参数的分散性很小,标准差为 1.3 μs,从图 3.3(d)也可以看出此参数分布得非常集中,主要分布在 3~5 μs。Yang 等[67] 在 60 m 处测得 32 次触发闪电回击磁场波形的 10%~90%上升时间的算术平均值和几何平均值分别是 3.2 μs 和 2.5 μs,与本试验结果接近。测得的半宽时间的算术平均值和几何平均值分别是 42.6 μs 和 41.8 μs,呈明显对数正态分布,主要分布在 34~46 μs。Schoene 等[61] 在 30 m 处测得的 88 个触发闪电回击磁场波形半宽时间的算术平均值和几何平均值分别是 14.6 μs 和 12.5 μs。Yang 等[67] 在 60 m 处测得 32 次触发闪电回击磁场波形的半宽时间的算术平均值和几何平均值分别是 12.7 μs 和 10.3 μs,这两个结果都明显小于本试验的结果。

观测点 2 测得的 90 m 处的样本分布和统计结果见表 3.3 及图 3.4。90 m 处的磁场幅值明显降低,总磁场峰值、先导磁场峰值、回击磁场峰值的算术(几何)均值分别是 73.6(66.2) μT、8.8(6.6) μT、63.6(57.9) μT。先导磁场峰值和回击磁场峰值的几何平均值分别占总磁场的 10.0%和 87.5%。回击磁场峰值的分布并不呈现明显的对数正态分布,而是比较分散,主要分布在 60~80 μT。

表 3.3　引雷至地面观测点 2(90 m)回击磁场波形参数统计结果

参　数	样本	算术平均值	几何平均值	标准差	最小值	最大值
总磁场峰值/μT	39	73.6	66.2	32.6	19.2	181.3
先导磁场峰值/μT	39	8.8	6.6	5.7	0.4	25.3
回击磁场峰值/μT	39	63.6	57.9	25.0	16.3	109.5
10%~90%上升时间/μs	39	4.8	4.7	0.4	3.8	5.7
半宽时间/μs	39	36.4	34.9	11.6	18.9	86.4

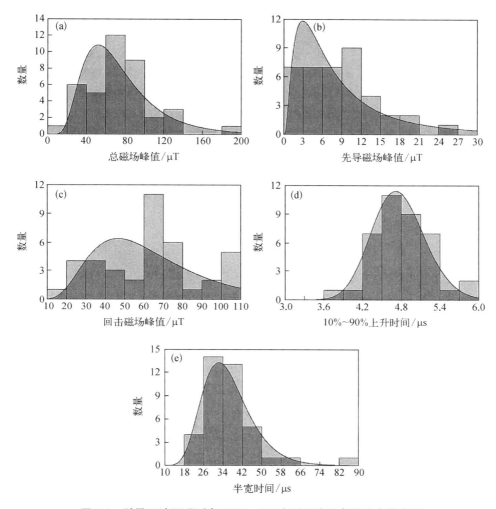

图 3.4　引雷至地面观测点 2(90 m)回击磁场波形参数分布直方图

90 m 处回击磁场的 10%~90%上升时间的算术平均值和几何平均值为 4.8 μs 和 4.7 μs,分布得非常集中,分布范围是 3.8~5.7 μs。回击磁场波形的半宽时间明显大于 10%~90%上升时间,这与回击电场波形表现出了相反的性质,这说明回击磁场波形的下降沿相对而言下降得更缓慢,注意不是指绝对时间。半宽时间的算术平均值和几何平均值分别是 36.4 μs 和 34.9 μs,主要分布在 26~42 μs。

观测点 3 测得的 1 600 m 处的样本统计结果见表 3.4。此距离下的磁场幅值变得更小,总磁场峰值最大值不超过 3.31 μT,平均值约为 2 μT,先导磁场峰值几何平均值为 0.14 μT,占总磁场峰值的 7.6%,回击磁场峰值几何平均值为 1.73 μT,占总磁场峰值的 93.5%。1 600 m 处回击磁场的 10%~90%上升时间的算术平均值和几何平均值分别是 6.2 μs 和 5.8 μs,半宽时间的算术平均值和几何平均值分别是 21.5 μs 和 17.8 μs,这个距离下回击磁场半宽时间和 10%~90% 上升时间的差异变小了,这可能是因为这两个参数随距离的变化规律不同。

表 3.4 引雷至地面观测点 3(1 600 m)回击磁场波形参数统计结果

参　　　数	样本	算术平均值	几何平均值	标准差	最小值	最大值
总磁场峰值/μT	20	1.96	1.85	0.65	0.97	3.31
先导磁场峰值/μT	15	0.16	0.14	0.08	0.07	0.34
回击磁场峰值/μT	20	1.85	1.73	0.63	0.86	3.00
10%~90%上升时间/μs	20	6.2	5.8	2.4	3.4	13.8
半宽时间/μs	20	21.5	17.8	13.4	6.3	47.1

3.2.2　引雷至线路不同距离处回击磁场参数特征

引雷至线路情况下,观测点 1、2、3 分别距离闪电通道 18 m、130 m、1 550 m,可供定量分析的样本数分别是 12、47、27。

观测点 1 测得的 18 m 处样本统计结果见表 3.5。此距离下磁场幅值较大,总磁场峰值无一例外都超过了 100 μT,分布范围是 103.4~181.5 μT,均值约为 145 μT,先导磁场峰值几何平均值为 5.3 μT,约占总磁场峰值的 3.7%,回击磁场峰值几何平均值为 140.3 μT,约占总磁场峰值的 96.8%。Schoene 等[61]报道了在 15 m 处测得的 93 个触发闪电回击总磁场峰值的算术平均值和几何平均值分别是 203 μT 和 182 μT。18 m 处回击磁场的上升时间非常小,最大值不超过 3.1 μs,算术平均值和几何平均值非常接近,分别是 2.1 μs 和 2.0 μs。半宽时间也比较小,平均值接近 10 μs,最大值为 44.2 μs。Schoene 等[61]报道了在 15 m 处测得的 92 个触发闪电回击磁场半宽时间的算术平均值和几何平均值分别是 17.4 μs 和 14.9 μs。

表 3.5 引雷至线路观测点 1(18 m)回击磁场波形参数统计结果

参　　　数	样本	算术平均值	几何平均值	标准差	最小值	最大值
总磁场峰值/μT	12	147.4	145.0	25.6	103.4	181.5
先导磁场峰值/μT	12	5.6	5.3	2.0	3.0	9.6

续　表

参　　数	样本	算术平均值	几何平均值	标准差	最小值	最大值
回击磁场峰值/μT	12	142.6	140.3	25.0	99.8	181.5
10%~90%上升时间/μs	12	2.1	2.0	0.6	1.2	3.1
半宽时间/μs	12	13.3	11.1	10.1	5.4	44.2

　　观测点 2 测得的 130 m 处的样本分布和统计结果见图 3.5 及表 3.6。同样,在此距离下回击磁场参数都明显符合对数正态分布。值得注意的是图 3.5(a)~(c)显示

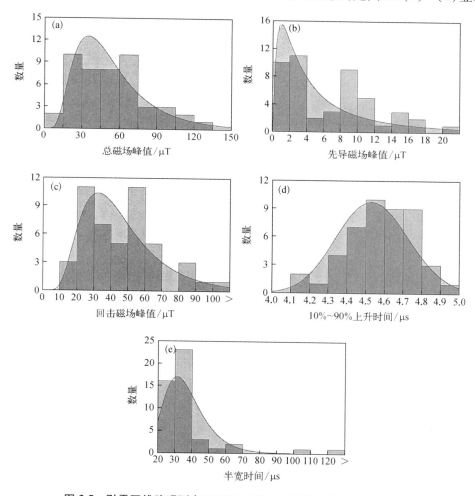

图 3.5　引雷至线路观测点 2(130 m)回击磁场波形参数分布直方图

总磁场峰值、先导磁场峰值、回击磁场峰值的分布都有两个峰,总磁场峰值是 15~30 μT 和 60~75 μT,先导磁场峰值是 2~4 μT 和 8~10 μT,回击磁场峰值是 20~30 μT 和 50~60 μT。出现这种现象可能是由于样本数量不够多,例如对回击磁场峰值而言,它应该在主要分布区间 20~60 μT 呈现单峰分布,由于样本量不足,在这个区间呈现了双峰分布,不过从曲线来看这不影响回击磁场幅值呈对数正态分布的规律。

表 3.6　引雷至线路观测点 2(130 m)回击磁场波形参数统计结果

参　　　数	样本	算术平均值	几何平均值	标准差	最小值	最大值
总磁场峰值/μT	47	54.5	47.5	27.2	12.5	120.9
先导磁场峰值/μT	47	6.8	4.1	5.3	0.2	20.2
回击磁场峰值/μT	47	46.4	41.3	22.1	12.2	118.2
10%~90%上升时间/μs	47	4.5	4.5	0.2	4.1	5.0
半宽时间/μs	47	37.4	34.9	18.6	23.2	127.1

此距离下回击磁场的 10%~90%上升时间的算术平均值和几何平均值相差非常小,均约为 4.5 μs,标准差仅有 0.2 μs,分布范围是 4.1~5.0 μs,主要分布在 4.4~4.8 μs。130 m 处回击磁场半宽时间的最大值为 127.1 μs,但大部分样本的半宽时间都小于 40 μs,算术平均值和几何平均值分别是 37.4 μs 和 34.9 μs。

观测点 3 测得的 1 550 m 处样本分布和统计结果见图 3.6 及表 3.7。此距离下的磁场幅值很小,总磁场峰值最大值不超过 4.09 μT,平均值约为 1.8 μT,先导磁场峰值几何平均值为 0.07 μT,占总磁场峰值的 4.3%,回击磁场峰值几何平均值为 1.53 μT,占总磁场峰值的 93.9%。1 550 m 处回击磁场的 10%~90%上升时间的算术平均值和几何平均值分别是 9.5 μs 和 9.1 μs,主要分布在 7~10 μs。半宽时间的算术平均值和几何平均值分别是 34.0 μs 和 30.5 μs,主要分布在 16~40 μs。

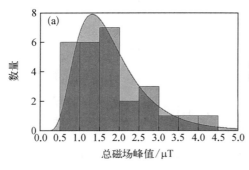
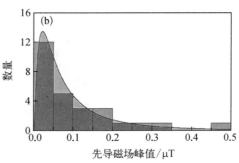

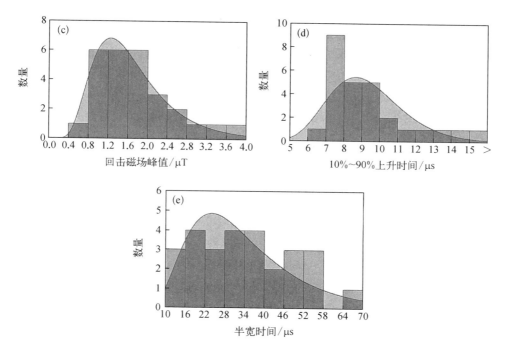

图 3.6　引雷至线路观测点 3(1 550 m)回击磁场波形参数分布直方图

表 3.7　引雷至线路观测点 3(1 550 m)回击磁场波形参数统计结果

参　　　数	样本	算术平均值	几何平均值	标准差	最小值	最大值
总磁场峰值/μT	27	1.81	1.63	0.86	0.73	4.09
先导磁场峰值/μT	27	0.11	0.07	0.11	0.01	0.46
回击磁场峰值/μT	27	1.70	1.53	0.81	0.68	3.97
10%~90%上升时间/μs	27	9.5	9.1	3.2	6.7	23.1
半宽时间/μs	27	34.0	30.5	15.0	11.0	68.9

3.3　传播距离对回击磁场特征参数的影响

图 3.7 给出了不同距离下测得的回击磁场波形参数,表 3.8 给出了不同距离下

测得的回击磁场波形参数的算术平均值。无论是引雷至地面、引雷至线路还是整体来看,随着距离增大,总磁场峰值都会减小。图 3.7(a)表明两种引雷情况下总磁场峰值的衰减规律有一定区别,虽然都是呈幂函数衰减,但引雷至地面情况下幂函数指数是-1.26,系数是 21 976,引雷至线路情况下幂函数指数是-0.97,系数是2 485,即引雷至地面情况下总磁场峰值衰减得更快。出现这样的现象很可能与3.2节分析的引雷至线路情况下回击磁场幅值比引雷至地面情况下偏低有关。

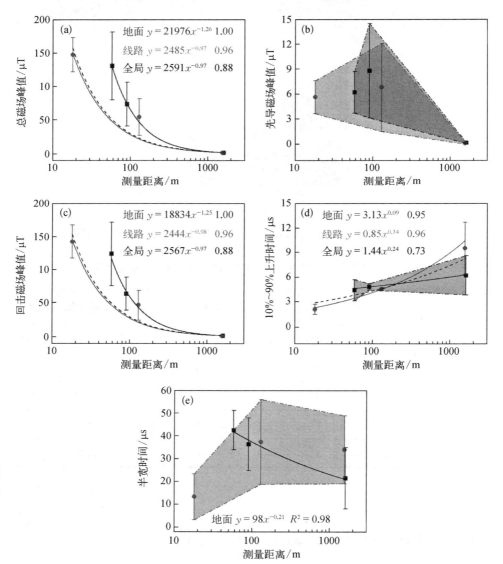

图 3.7　不同距离下测得的回击磁场波形参数

图 3.7(b)显示先导磁场峰值与测量距离没有明显关系,图中用虚线围成的实色面积来表示数据变化趋势,可以看到先导磁场峰值在 18~1 600 m 先变大再变小,不像总磁场峰值那样呈现下降规律。引雷至线路情况下先导磁场峰值与总磁场峰值之比在 18 m、130 m、1 550 m 分别是 3.8%、12.5%、6.1%,引雷至地面情况下在 58 m、90 m、1 660 m 分别是 4.7%、12.0%、8.2%。可以发现,先导磁场峰值与总磁场峰值随距离变化规律并不同步,先导磁场峰值在总磁场峰值的占比先增大再减小。出现这种现象可能是先导磁场峰值较小并且难以测量造成的,磁场主要由电流分布决定,当回击开始时电流才会明显变大,先导过程闪电通道中的电流较小,因此先导磁场的幅值也很小。

由于回击磁场峰值占总磁场峰值的绝大部分,因此回击磁场峰值表现出了和总磁场峰值非常类似的规律。同样是随距离增大而呈幂函数衰减,并且引雷至地面情况下衰减得更快。引雷至地面情况下幂函数指数是 -1.25,系数是 18 834,引雷至线路情况下幂函数指数是 -0.98,系数是 2 444。

回击磁场 10%~90% 上升时间随距离变化规律并不明显。引雷至线路情况下,距离越远上升时间越长。引雷至地面情况下,也可以发现距离越大上升时间越长,但这是针对均值而言,如果比较均值±标准差(图中蓝色面积),会发现 90 m 处的数据范围相对 58 m 有部分减小趋势(蓝色面积的上沿)。还需要注意的是 58 m、90 m、130 m 处回击磁场 10%~90% 上升时间的算术平均值是很接近的,分别是 4.4 μs、4.8 μs、4.5 μs,这导致了虽然两种引雷情况下各自的拟合效果很好但是全局拟合效果却不够好。除此之外,整体上两种引雷情况下这种随距离而增加的趋势是非常缓慢的。基于以上原因,可以认为回击磁场 10%~90% 上升时间与距离的关系不明显。

回击磁场半宽时间与距离也没有明显关系,见图 3.7(e)。虽然引雷至地面情况下半宽时间随距离增加而缩短,Schoene 等[61]的结果在 15 m 和 30 m 处也呈现了这个规律。但从整体数据或者引雷至线路情况下的数据来看,这样的衰减关系是不存在的,引雷至地面情况下数据呈现这种趋势更大程度上是一种偶然。

3.4　通过磁场传感器反演回击电流

本节中将推导利用近距离磁场传感器测量电流的方法。首先,利用麦克斯韦方程计算闪电通道的近距离磁场,发现在近距离可以做两个假设,即认为闪电通道上的电流在任何时候都是相同的,闪电通道的高度可以视为常数。因此,闪电通道附近的磁场满足毕奥-萨伐尔定律,可得到实测磁场与回击电流的关系。

理论上,只要知道回击的通道电流或电荷分布,就可以用麦克斯韦方程计算空间中任意位置的电磁场。电磁辐射传输原理如图 3.8 所示[94]。假设地球是良导体,在地表任何位置的水平磁场可用以下数学表达式表示:

$$B(t) = \frac{1}{2\pi\varepsilon_0 c^2}\int_0^h \left[\begin{array}{l} \dfrac{\sin\alpha(z')}{R^2(z')}i\left(z',t-\dfrac{R(z')}{c}\right) \\[3mm] + \dfrac{\sin\alpha(z')}{cR(z')}\dfrac{\partial i\left(z',t-\dfrac{R(z')}{c}\right)}{\partial t} \end{array} \right] \mathrm{d}z' \qquad (3.2)$$

其中,z' 为电流元离地面的高度;$R(z')$ 为电流元与磁场传感器之间的距离;α 为电流元与磁场传感器之间的角度。公式右侧的第一项和第二项分别称为感应场分量(记为 B_i)和辐射场分量(记为 B_r)。考虑到回击电流的传播速度在 10^8 m/s 量级,而磁场传感器与雷电通道的水平距离仅为 130 m,电磁场的传播延迟远远小于回击时间尺度。因此,可以对上述电磁辐射模型做出一些假设,即认为通道上的电流在任何时候都是相同的,并且电荷源在雷暴云内的通道顶部。

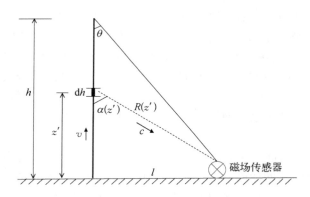

图 3.8　电磁辐射传输原理图

为了定量分析磁传感器在 130 m 距离处接收到的磁场分量,本节采用 Gamerota 等[86]提出的函数表达式构建 F201906061414 的第二次回行程电流波形。函数表达式与式(2.1)、式(2.2)一致。F201906061414 的第二次回击电流波形的脉冲信号由两个脉冲组成(脉冲 1:$I_0 = 11.5$ kA,$\tau_1 = 0.4$ μs,$\tau_2 = 4.5$ μs 和 $n = 10$。脉冲 2:$I_0 = 5.5$ kA,$\tau_3 = 100$ μs,$\tau_4 = 4$ μs 和 $n = 10$),如图 3.9 所示,这样的脉冲形状可模拟真实的雷电回击。

选取不同高度的通道应用于上述模型,计算闪电电流辐射产生的磁场。磁场计算结果如图 3.10 所示。由于电磁波在传输过程中随距离而减小,观测点的磁场主要来自距离较近的辐射源的贡献,距离较远的辐射源的贡献较小。从图3.10(a)

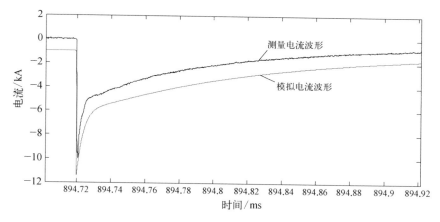

图 3.9　F201906061414 事件第二次回击的电流波形

的结果可以看出,当考虑 500 m 以上的闪电通道高度时,增加通道长度对 130 m 处的磁场变化影响很小。因此,我们设置闪电通道高度为 500 m,计算 130 m 处磁场的感应场分量和辐射场分量,如图 3.10(b)所示。在回击时间尺度上,闪电电流产生的磁场感应场分量占主导地位,辐射场分量可以忽略不计。由于磁场的辐射场分量与电流元随时间的变化率有关,可以推断出时间尺度较长的 M 分量也符合这一结论。

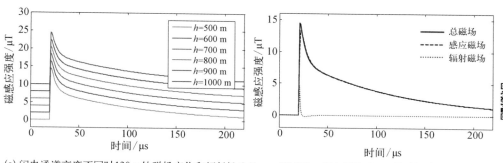

(a) 闪电通道高度不同时130 m处磁场变化和辐射场分量　　(b) 500 m闪电通道130 m处磁场的感应场分量

图 3.10　回击磁场波形的数值计算

实验中使用的低频磁传感器相当于一个 dB/dt 传感器,对测量信号的时间积分即可得到磁场。磁传感器在数据采集过程中不可避免地会引入测量白噪声(记为 B_n)。由于回程相位磁场的辐射场分量可以忽略不计,因此低频磁传感器测量的信号由感应场分量和白噪声组成。考虑到白噪声是随机的,其时间积分结果趋于零:

$$\int_{t'=t_0}^{t} \frac{\mathrm{d}B_\mathrm{n}}{\mathrm{d}t'}\mathrm{d}t' \approx 0 \tag{3.3}$$

感应场分量满足静磁学中的毕奥-萨伐尔定律:

$$B_\mathrm{i}(t) = \int_{t'=t_0}^{t} \frac{\mathrm{d}B_\mathrm{i}}{\mathrm{d}t'}\mathrm{d}t' = \alpha \cdot h(t) \cdot I(t) \tag{3.4}$$

其中,$h(t)$ 是作为时间的函数的闪电通道的高度。前面已证明,通道高度的变化对磁场的影响很小,因此 $h(t)$ 可视为常数,α 为尺度系数,反演系数设为

$$\beta = \frac{1}{\alpha \cdot h(t)} \tag{3.5}$$

式(3.4)可以被改写为

$$I(t) = \beta \int_{t'=t_0}^{t} \frac{\mathrm{d}B_\mathrm{i}}{\mathrm{d}t'}\mathrm{d}t' \tag{3.6}$$

其中,β 系数的取值与磁场传感器到闪电通道底部的距离有关。由式(3.6)可知,对磁场传感器测量的磁信号进行时间积分即可得到回击电流。

由同轴分流器测得的雷电流值和磁场波形的积分值计算出 8 次触发闪电的反演系数 β。结果表明,当磁场测量点与闪电通道的距离固定不变,反演系数 β 为常量。经计算,在 130 m 距离上的反演系数 β 为 0.001 2~0.001 3。在 Lu 等[95]研究中,78 m 处的反演系数 β 为 0.001 9~0.002。为了进一步了解闪电通道到磁场传感器的距离与反演系数之间的关系,在传输线模型的基础上,用闪电通道基电流来模拟近距离磁场。磁场峰值与距离的关系如图 3.11 所示。随着距离的增加,磁场变得越来越小,这种关系是成反比的。

将上述方法应用于磁场传感器反演回击电流波形和 M 分量电流波形,分析两种脉冲对应的电流波形特征参数。图 3.12 给出了 2019 年 6 月 5 日 16:20:28 触发闪电的四次回击的雷电流波形和 130 m 磁场传感器反演得到的电流波形(磁场传感器反演电流波形向下移位 5 kA)。近距离磁场传感器反演得到的电流波形与同轴分流器测得的电流波形非常吻合,能反映回击电流波形的大部分特征,包括较弱的 M 分量过程。

两种脉冲对应的电流波形统计特征参数如表 3.8 所示,包括 48 个回击、40 个 M 分量。计算的统计参数为:算术平均值、中位数、几何平均值和标准差。括号内数字为磁场传感器的反演结果。同轴分流器测得的回击峰值电流算术平均值为 17.6 kA,几何平均值为 16.3 kA。从磁场传感器反演的结果来看,算术平均值为

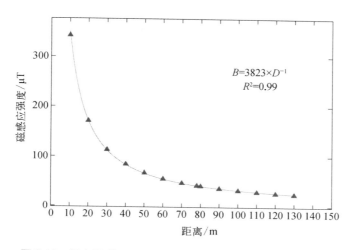

图 3.11　闪电通道到磁场传感器的距离与磁感应强度的关系

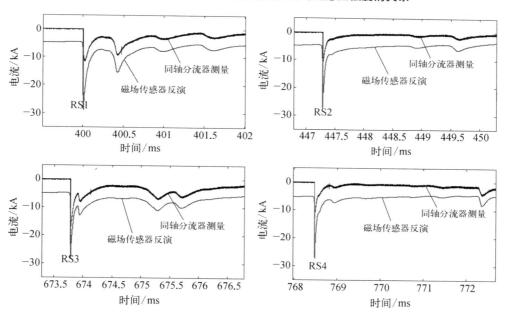

图 3.12　F201906051620 四次回击的同轴分流器测量与磁场传感器反演的电流波形

16.6 kA，几何平均值为 15.4 kA。基本上同轴分流器测量与磁场传感器反演的回击电流幅值误差小于 1 kA。同轴分流器测量回击 30%～90% 上升时间的算术平均值为 0.5 μs，几何平均值为 0.4 μs。磁场传感器反演结果的误差一般在几微秒以内。同轴分流器测量回击半峰值宽度的算术平均值和几何平均值分别为 12.8 μs 和 9.8 μs。磁场传感器反演的相应半峰值宽度的算术平均值为 13.9 μs，几何平均值为 10.6 μs。误差约为 1 μs。同轴分流器测得 0.1 ms 内电荷转移的算术平均值和几何平均值分别为 573 mC 和 475 mC。一般情况下,回击 0.1 ms 内的电荷转移误差小于 0.1 C。

表 3.8　轴分流器测量与磁场传感器反演对应的电流波形特征参数比较

脉冲类型	统计量	电流峰值/kA	30%~90% 上升时间/μs	半峰值 宽度/μs	0.1 ms 转移 电荷量/C
中位数	几何平均值	16.3(15.4)	0.4(0.5)	9.8(10.6)	475(569)
	算术平均值	17.6(16.6)	0.5(0.6)	12.8(13.9)	573(605)
	中位数	17.0(16.0)	0.4(0.5)	13.8(11.9)	504(361)
	标准差	7.3(6.7)	0.3(0.6)	11.0(9.6)	384(421)
M 分量	几何平均值	1.0(1.1)	105.2(101.6)	358.3(353.6)	328(329)
	算术平均值	1.5(1.7)	156.7(159.4)	450.4(461.2)	403(401)
	中位数	1.0(1.3)	104.3(102.8)	339.7(332.5)	301(292)
	标准差	1.7(1.5)	162.6(143.7)	335.8(338.9)	245(263)

3.5　本章小结

本章使用磁场传感器研究了引雷至地面情况下和引雷到线路情况下不同距离处火箭触发闪电的磁场波形特征。本章对不同距离的磁场数据库进行了扩展,将给出的结果与以前关于人工触发闪电回击的报道进行了比较。

对比分析了两种引雷情况下三个观测点测得的回击磁场波形特征,引雷至线路情况下磁场幅值更低,约低 28%,引雷至线路情况下磁场 10%~90% 上升时间和半宽时间更大,分别约增加 60% 和 70%。引雷至地面情况下回击磁场峰值比引雷至线路情况下随距离增加衰减得更快,前者变化规律为 $r^{-1.26}$,后者为 $r^{-0.97}$。回击磁场 10%~90% 上升时间和半宽时间与距离没有明显关系。

通过对磁场传感器在 130 m 距离记录的磁场波形反演了火箭触发闪电的回击电流。这种方法的主要优点是它是对雷电电流的间接测量,不需要在雷击点安装电流测量装置。与同轴分流器测量相比,磁场传感器具有体积小、成本低、操作简单等优点。该磁敏元件可用于测量尖塔等高度较高的物体引发的上行闪电和"空中法"触发闪电的回击电流,以及近距离自然云对地闪电的回击电流。

同时,对 48 个回击和 40 个 M 分量的磁场测量结果进行了检验。由闭合磁场测得的电流波形与同轴分流器测量结果吻合得较好。对于相同距离内的雷电情况,换算系数几乎相同。通过对近距离磁场的模拟,闪电通道到磁传感器的距离与反演系数成反比。因此,本章所做的工作可以为不同距离的换算系数提供参考。

对于回击,同轴分流器测量与磁场传感器反演结果之间峰值电流的幅度误差小于 1 kA。30%~90% 上升时间的误差一般在几微秒。半峰宽度误差为 1 μs 左右。回程 0.1 ms 内电荷转移误差小于 0.1 C。对于 M 分量,峰值电流的幅值误差小于 0.3 kA。30%~90% 上升时间的误差一般小于 4%。半峰宽度误差为 3% 左右。M 分量 0.1 ms 内电荷转移误差小于 0.02 C。

第 4 章　　　火箭引雷的电场特征

4.1　电场传感器与电场波形的定义

在广州从化的引雷现场布置了类似于 Crawford 等[96]的电场传感器,用于分析闪电触发的电场波形,布置位置与磁场传感器相同[97]。该传感器能有效检测电场变化,衰减时间常数为 1 ms。平板天线的等效电路如图 4.1 所示。

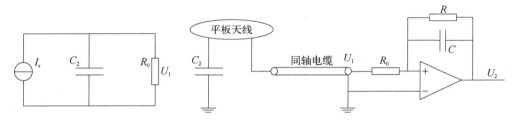

图 4.1　平板天线的等效电路图

平板天线的等效电路电流 I_s 由平板天线等效面积 A 和电位移矢量的变化率 $\mathrm{d}D(t)/\mathrm{d}t$ 决定:

$$I_s(t) = A\frac{\mathrm{d}D(t)}{\mathrm{d}t} = A\varepsilon\frac{\mathrm{d}E(t)}{\mathrm{d}t} \tag{4.1}$$

其中,ε 为介电常数;C_2 为天线电路板对地等效电容;R_0 为同轴电缆终端电阻,一般为 50 Ω。由式(4.1)可推导出:

$$\frac{\mathrm{d}E(t)}{\mathrm{d}t} = \frac{C_2}{A\varepsilon}\frac{\mathrm{d}u_1(t)}{\mathrm{d}t} + \frac{u_1(t)}{R_0 A\varepsilon} \tag{4.2}$$

$$E(t) = \frac{C_2}{A\varepsilon}u_1(t) + \frac{1}{R_0 A\varepsilon}\int u_1(t)\,\mathrm{d}t \tag{4.3}$$

当 $1/\omega C_2 \gg R_0$:

$$E(t) = \frac{1}{R_0 A \varepsilon} \int u_1(t) \, \mathrm{d}t \tag{4.4}$$

如果时间常数 RC 大于被测时间,则 R 对测量的影响可以忽略不计。因此,输出电压 U_2 可由下式获得:

$$U_2(t) = -\frac{1}{R_0 C} \int U_1(t) \, \mathrm{d}t \tag{4.5}$$

$$U_2(t) = -\frac{A\varepsilon}{C} E(t) \tag{4.6}$$

由式(4.6)可知,电场天线输出电压与天线等效面积成正比,其中增加天线等效面积是提高传感器灵敏度的有效方法。电场天线安装在建筑物顶部,传感器头固定在离地面约 1 m 的位置。

在 100 Hz~1 MHz 范围内,通过方波发生器的上升沿测试传感器的频率响应,传感器输出 1 V 对应的电场强度为 120 V/m 左右。幅频响应特性如图 4.2 所示,显示 200 Hz~500 kHz 范围内工作频带较好。

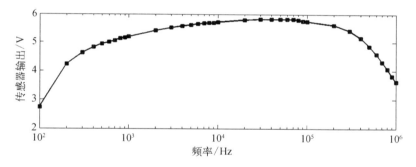

图 4.2　传感器频率响应曲线(测试频率范围为 100 Hz~1 MHz)

两种引雷情况下 3 个观测点测得的典型回击电场见图 4.3,左边 3 幅为引雷至地面的情况,右边 3 幅为引雷至线路的情况。近距离回击电场可以分为两个部分:先导部分和回击部分。先导部分对应着闪电通道从云层始发,这部分称为下行先导,广州从化的引雷试验中下行先导都携带负电荷。当下行先导接近地面时,地面会形成上行先导,最后下行先导会与上行先导连接,连接后地面的正电荷会迅速中和下行先导中的负电荷,形成快速向云层传播的电流波,这部分称为回击。近距离回击电场波形一般呈 V 字形,V 的前沿即对应先导部分,此时,先导携带大量的负电荷向下发展,所以地面测得的电场呈负值并负向增长,见图 4.3(a)中绿色线条所示部分。V 的后沿对应于回击部分,此时地面的正电荷中和了先导通道中的负电荷,所以电场正向增加,见图 4.3(a)中黄色线条所示部分。图 4.3(e)、(f)中先导

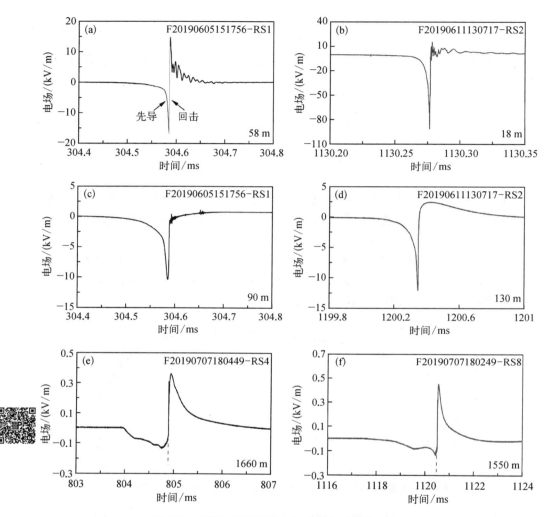

图 4.3　两种引雷情况下 3 个观测点测得的回击电场

和回击部分的分界点位于绿色虚线处。

　　针对近距离回击电场波形定义了 6 个波形参数,定义方法见图 4.4。分别是:先导电场峰值 E_L,指初始背景电场和先导结束点之间的电场差(取绝对值);回击电场峰值 E_{RS},指紧随先导之后从负峰到正峰之间的峰值差;10% ~ 90% 上升时间 T_{10-90},指电场从 10% E_L 负向上升到 90% E_L 所需时间,这个参数通常用来表征先导电场上升的快慢;半宽时间 T_{HPW},指电场从上升沿的 50% E_L 上升到先导电场峰值 E_L 然后再下降到下降沿的 50% E_L 所需的时间,通常用这个参数来表征电场脉冲的宽度;过零时间 T_{ZC},是指电场从初始背景电场上升到先导电场峰值,然后再回到初始背景电场的时间;反峰比 E_{OS}/E_L,是一个衡量反峰相对幅度的参数,本试验测得的所有波形都存在这样一个反峰,它的幅值比上先导峰值即为反峰比。

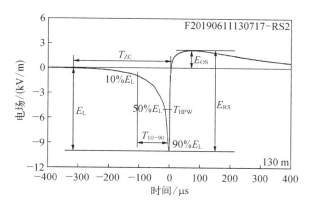

图 4.4　近距离回击电场波形参数定义

除了测量近距离电磁场之外,试验中还测量了雷电产生的远距离电场波形。本章分析的远电场波形数据来自 2013 年开始运行的佛山全闪电定位系统(Foshan Total Lightning Location System,FTLLS)。FTLLS 距离引雷试验点 68～126 km,由九个探测子站组成,即 CCJ(86.5 km)、LPZ(72.5 km)、MCZ(125.7 km)、DTZ(74.3 km)、JAZ(112.4 km)、BNZ(99.8 km)、LSZ(68.5 km)、LJZ(100.8 km)和 CCZ(84.5 km),它们的地理位置以及与引雷点的距离见图 4.5。FTLLS 能够提供回击的电场波形、回击发生的位置和时间,以及估算回击的电流峰值。每个探测子站都有一个电场传感器,测量的数据由数据采集卡进行采集,采样率为 10 MHz,数据记

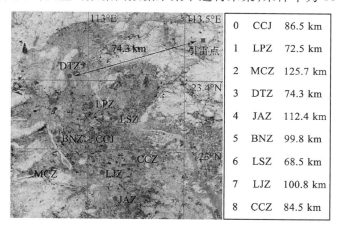

0	CCJ	86.5 km
1	LPZ	72.5 km
2	MCZ	125.7 km
3	DTZ	74.3 km
4	JAZ	112.4 km
5	BNZ	99.8 km
6	LSZ	68.5 km
7	LJZ	100.8 km
8	CCZ	84.5 km

图 4.5　佛山全闪电定位系统子站分布及与引雷点距离

录长度为 500 μs。每个子站都有一块 GPS 卡,用于各个子站之间的时间同步和确定站点的经纬度坐标。

本试验测量的典型波形见图 4.6。图 4.6 给出了两种引雷情况下 DTZ、CCZ、LJZ 和 MCZ 这四个子站测得的回击电场波形,图 4.6(a)所示回击来自引雷至地面的闪电,图 4.6(b)所示回击来自引雷至线路的闪电。

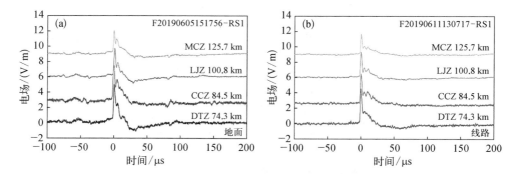

图 4.6   两种引雷情况下不同子站测得的远距离电场波形

针对回击远电场波形定义了 7 个波形参数,定义方法见图 4.7。分别是:折算电场峰值 E_P,回击远电场的峰值通常被认为与距离成反比,所以研究者们为了方便比较各个试验项目测得的不同距离的电场峰值,约定将回击远电场峰值都折算至 100 km;10% ~ 90% 上升时间 T_{10-90},是指 10% E_P 至 90% E_P 的时间间隔;半宽时间 T_{HPW},是指 50% E_P 上升至 E_P 再下降至 50% E_P 所需要的时间;回击远电场波形的下降沿往往不是光滑的,而是会出现次峰,次峰的数量往往不止一个[98],本书只研究第一个次峰,见图 4.7,次峰比 E_{SP}/E_P 被定义为第一个次峰的幅值比上电场峰

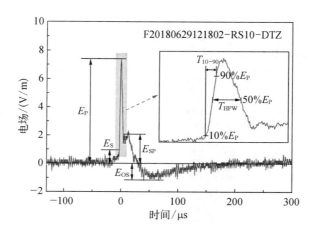

图 4.7   回击远距离电场波形参数定义

值;首次峰间隔 T_{IBP},是指电场峰值和第一个次峰的时间间隔;反峰比 $E_{OS}/E_P(\%)$,是指反峰幅值比上电场峰值;反峰持续时间 $T_{OS}(\mu s)$,是指整个反峰两次过零的时间差。

4.2　不同距离回击电场参数特征

4.2.1　引雷至地面不同距离处回击电场参数特征

引雷至地面情况下,观测点 1、2、3 离闪电通道的距离分别是 58 m、90 m、1 600 m,这三个观测点可供定量分析的样本数分别是 55、26、12。本节对观测点 1、2 的样本绘制直方图进行展示,观测点 3 由于样本数较少,只列表展示统计结果。表 4.1 列举了关于回击近电场波形参数的研究结果[55,56,81,99]。58 m 处样本分布和统计结果见图 4.8 及表 4.2,图中所示曲线为对数正态分布曲线,可见这些参数都符合对数正态分布,这是雷电参数的一个重要特点。

表 4.1　文献中回击近电场波形参数

位置/年份	距离	最大值	最小值	算术平均值	几何平均值
先导电场峰值/(kV/m)					
佛罗里达州,1986[81]	500 m	—	—	1.19	—
佛罗里达州,1993~1995[56]	30 m	—	—	25.3	—
佛罗里达州,1993~1995[56]	50 m	—	—	21.5	—
佛罗里达州,1993~1995[56]	110 m	—	—	16	—
山东,2005~2007[99]	60 m	—	—	18.5	—
山东,2005~2007[99]	550 m	—	—	1.24	—
回击电场峰值/(kV/m)					
上卢瓦尔,1990~1991[55]	50 m	41.9	14.5	26.0	—
上卢瓦尔,1990~1991[55]	77 m	25.2	11.4	17.5	—
佛罗里达州,1986[81]	500 m	—	—	1.4	—

续　表

位置/年份	距离	最大值	最小值	算术平均值	几何平均值
佛罗里达州,1999~2000[61]	15 m	197.2	30.2	104.6	96
佛罗里达州,1999~2000[61]	30 m	116.2	16.3	60.0	55.3
山东,2005~2007[99]	60 m	—	—	18.0	—
山东,2005~2007[99]	550 m	—	—	1.59	—
10%~90%上升时间/μs					
上卢瓦尔,1990~1991[55]	50 m	2.06	1.12	1.47	—
上卢瓦尔,1990~1991[55]	77 m	2.53	1.73	2.13	—
半宽时间/μs					
佛罗里达州,1986[81]	500 m	197.0	—	—	—
佛罗里达州,1993~1995[56]	30 m	21.6	—	—	3.2
佛罗里达州,1993~1995[56]	50 m	17.6	—	—	7.3
佛罗里达州,1993~1995[56]	110 m	64.3	—	—	13
佛罗里达州,1999~2000[61]	15 m	—	0.8	2.3	1.9
佛罗里达州,1999~2000[61]	30 m	—	1.4	4.2	3.5

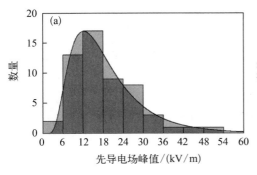
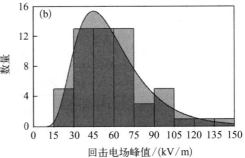

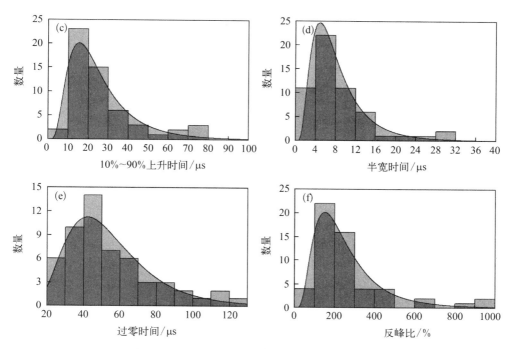

图 4.8　引雷至地面观测点 1(58 m) 回击电场波形参数分布直方图

表 4.2　引雷至地面观测点 1(58 m) 回击电场波形参数统计结果

参　　数	样本	算术平均值	几何平均值	标准差	最小值	最大值
先导电场峰值/(kV/m)	55	18.9	16.5	9.9	3.3	52.6
回击电场峰值/(kV/m)	55	59.2	54.0	25.3	21.7	135.6
10%~90%上升时间/μs	55	26.4	21.9	17.8	6.1	74.6
半宽时间/μs	55	8.6	7.0	6.3	2.7	30.7
过零时间/μs	55	56.1	50.7	28.1	22.2	178.7
反峰比/%	55	264.4	216.4	198.2	70.3	963.3

　　先导电场峰值一直是近距离回击电场的重要参数,因为变化较为缓慢,在远距离几乎测不到先导电场的变化。先导电场峰值主要由先导携带的电荷量决定,测量距离越近,电荷的电磁辐射越强,测得的电场峰值也就越大。58 m 处先导电场峰值的算术平均值和几何平均值分别是 18.9 kV/m 和 16.5 kV/m,主要分布在 6~

18 kV/m，占比 54.5%，见图 4.8(a)。Qie 等[99]报道 2005～2007 年发生在山东滨州的 10 个触发闪电回击 60 m 处先导电场峰值的算术平均值是 18.5 kV/m。

　　除了先导电场峰值，还有必要分析回击电场峰值，它也包含了关于闪电电场的重要信息。回击电场峰值的算术平均值和几何平均值分别是 59.2 kV/m 和 54.0 kV/m，远远大于先导电场峰值。这是因为 58 m 处的回击电场会有很大的反峰，见图 4.8(f)，反峰比主要分布在 100%～300%，算术平均值和几何平均值分别是 264.4% 和 216.4%。形成这样大的反峰主要原因是观测点 1 安装在架空线路下方，反峰下降沿受到了架空线路的影响，因此 58 m 处的回击电场峰值和反峰比都不能作为典型值进行参考。Depasse[55]对 1990 年和 1991 年在圣普里瓦-达利耶获得的 14 个触发闪电回击的电场波形参数进行统计，发现 50 m 处回击电场峰值的算术平均值为 26.0 kV/m。

　　58 m 处回击电场 10%～90% 上升时间的算术平均值和几何平均值分别是 26.4 μs 和 21.9 μs，主要分布在 10～30 μs，占比 69.1%。一些回击的先导电场上升非常快，最小值甚至不到 10 μs，在 58 m 处大多数都小于 50 μs。Depasse[55]报道 50 m 处 12 个触发闪电回击 10%～90% 上升时间的算术平均值为 1.47 μs，77 m 处（样本量为 9）为 2.13 μs，这意味着 Depasse[55]记录的先导电场波形上升得快很多。

　　58 m 处回击电场半宽时间的算术平均值和几何平均值分别是 8.6 μs 和 7.0 μs，变化范围为 2.7～30.7 μs。从图 4.8(d)可以看出，半宽时间的分散性很小，80% 的样本都小于 12 μs。Rubenstein 等[81]列出了 1986 年夏天在佛罗里达州记录的 40 个触发闪电回击电场波形的数据，指出 500 m 处半宽时间的中位数约为 100 μs。还列出了 1991 年记录的 30 m 处 2 个触发闪电回击电场波形半宽时间的算术平均值为 3.9 μs。Schoene 等[61]分析了 1999～2000 年夏天在布兰丁营地（Camp Blanding）测得的 84 个 30 m 处触发闪电回击电场波，结果显示半宽时间的算术平均值和几何平均值分别是 4.2 μs 和 3.5 μs，与本试验结果接近。

　　58 m 处回击电场过零时间的算术平均值和几何平均值分别是 56.1 μs 和 50.7 μs。相比于过零时间，半宽时间是一个更常用的参数，因为回击先导波形的起始点有时难以确定，加上先导起始部分变化缓慢，不同测量设备的灵敏度不一样，这会使得过零时间的统计误差远大于半宽时间的统计误差。

　　观测点 2 测得的 90 m 处的样本分布和统计结果见图 4.9 及表 4.3。90 m 处先导电场峰值的样本量为 26，统计结果为：算术平均值为 13.9 kV/m；几何平均值为 13.4 kV/m。Qie 等[99]于 2005～2007 年在山东滨州进行了触发闪电试验，在 60 m 和 550 m 处测得的先导电场峰值分别是 18.5 kV/m 和 1.24 kV/m。Rubenstein 等[81]在佛罗里达州测得的 30 m 处的两个回击电场波形，先导电场峰值分别是 81 kV/m 和 12 kV/m。90 m 处的先导电场峰值主要分布在 16～18 kV/m，占 53.8%。图 4.9(a)显示 90 m 处的先导电场峰值没有呈明显的对数正态分布，这可能是观测点 2 的样本数偏少造成的。观测点 2 与观测点 1 测量设备量程不同,观测点 2 有更多样本的峰值都超出了测量范围。图 4.9(b)显示回击电场峰值同样存在这样的现象。

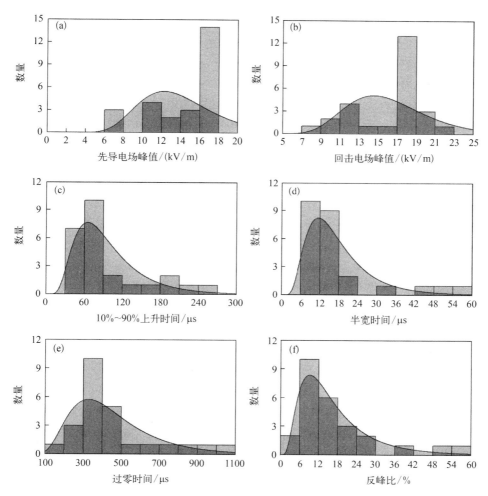

图 4.9　引雷至地面观测点 2(90 m)回击电场波形参数分布直方图

表 4.3　引雷至地面观测点 2(90 m)回击电场波形参数统计结果

参　　数	样本	算术平均值	几何平均值	标准差	最小值	最大值
先导电场峰值/(kV/m)	26	13.9	13.4	3.4	6.5	17.2
回击电场峰值/(kV/m)	26	16.2	15.7	3.7	7.6	22.7

续　表

参　　数	样本	算术平均值	几何平均值	标准差	最小值	最大值
10%~90%上升时间/μs	26	98.8	85.6	57.9	43.5	246.2
半宽时间/μs	26	18.4	15.5	13.2	7.7	58.0
过零时间/μs	26	456.9	409.6	227.9	116.7	1 099.1
反峰比/%	26	17.6	14.1	13.3	4.7	56.6

　　90 m 处回击电场峰值的算术平均值和几何平均值分别是 16.2 kV/m 和 15.7 kV/m，90 m 处反峰比的算术平均值和几何平均值分别是 17.6% 和 14.1%，最大不超过 56.6%。Rakov 等[100]指出，峰值电流越大，回击就越有可能出现残余电场，即回击电场峰值会小于先导电场峰值，但在三个观测点都没有观察到这种残余电场现象，而是所有的电场波形都有反峰，即回击电场峰值大于先导电场峰值，这与 Qie 等[99]观察到的一致。

　　90 m 处 10%~90%上升时间的算术平均值为 98.8 μs，几何平均值为 85.6 μs。本试验测量的结果比 Depasse[55]测量的结果大很多。具体来说，在 90 m 处的几何平均值为 85.6 μs，而 Depasse[55]在 77 m 处的结果只有 2.13 μs（算术平均值）。可能是因为电场测量设备更早地检测到了先导电场的变化，即检测到了更高位置先导电场的变化。如图 4.3（c）所示，在回击发生之前，电场已经开始变化了 200~300 μs，这段时间的缓慢变化会极大影响 10% E_L 的横轴坐标。

　　90 m 处半宽时间的算术平均值和几何平均值分别是 18.4 μs 和 15.5 μs，大约有 73.1% 的样本小于 18 μs，与 Rakov 等[56]在 110 m 处测得的结果（13 μs）非常接近。90 m 处过零时间的算术平均值和几何平均值分别是 456.9 μs 和 409.6 μs，主要分布在 300~500 μs，占比 57.7%。

　　观测点 3 测得的 1 600 m 处的统计结果见表 4.4，由于样本数较少，本节并未绘制分布图。观察图 4.3（e）可以发现，观测点 3 的回击电场波形与观测点 1、2 的有明显区别，最大不同就是先导电场变化更慢并且幅值显著减小。由于波形饱和，有些参数的样本数没有 12 个，例如回击电场峰值，过零时间的样本有 19 个是因为波形饱和并不会影响过零时间的统计。

　　1 600 m 处先导电场峰值显著下降，算术平均值和几何平均值分别是 0.4 kV/m 和 0.36 kV/m，最大值为 0.75 kV/m。回击电场峰值约为先导电场峰值的 2 倍，算术平均值和几何平均值分别是 0.87 kV/m 和 0.78 kV/m。反峰比约为 200%，反峰比这样大是因为先导电场在远处衰减得更快，比回击电场更不容易探测。

表 4.4　引雷至地面观测点 3(1 600 m)回击电场波形参数统计结果

参　　数	样本	算术平均值	几何平均值	标准差	最小值	最大值
先导电场峰值/(kV/m)	12	0.40	0.36	0.18	0.14	0.75
回击电场峰值/(kV/m)	5	0.87	0.78	0.36	0.41	1.35
10%~90%上升时间/μs	12	957.9	782.9	560.6	258.6	1 994.2
半宽时间/μs	12	576.9	477.0	344.0	165.6	1 361.0
过零时间/μs	19	1 698.3	1 491.4	840.4	625.4	3 575.2
反峰比/%	5	211.3	204.5	54.3	155.9	283.8

1 600 m 处 10%~90%上升时间已经接近毫秒量级,算术平均值和几何平均值分别是 957.9 μs 和 782.9 μs,最小值达到了 258.6 μs,最大值则接近 2 000 μs。半宽时间也非常长,算术平均值和几何平均值分别是 576.9 μs 和 477.0 μs。过零时间则已经达到了毫秒量级,算术平均值和几何平均值分别是 1 698.3 μs 和 1 491.4 μs。

4.2.2　引雷至线路不同距离处回击电场参数特征

引雷至线路时,观测点 1、2、3 分别距离闪电通道 18 m、130 m、1 500 m,可供定量分析的样本数分别是 7、36、12。同样,对于样本较多的观测点 2 的数据,本节将绘制直方图进行展示,对于样本较少的观测点 1,3 的数据,只列表展示统计结果。

观测点 1 测得的 18 m 处的统计结果见表 4.5。18 m 处的先导电场峰值是最大的,算术平均值和几何平均值分别达到了 37.7 kV/m 和 30.0 kV/m,最大值可达 88.6 kV/m,在雷电防护中尤其值得注意。回击电场峰值的算术平均值和几何平均值分别是 52.3 kV/m 和 46.0 kV/m,最大值超过了 100 kV/m。反峰比的算术平均值和几何平均值分别是 58.7%和 42.4%,最大值为 138.2%。Schoene 等[61]在 15 m 处测得的 86 个触发闪电的回击电场峰值的算术平均值和几何平均值分别是 104.6 kV/m 和 96 kV/m,在 30 m 处测得的 86 个触发闪电的回击电场峰值的算术平均值和几何平均值分别是 60 kV/m 和 55.3 kV/m。

18 m 处电场波形的 10%~90%上升时间、半宽时间、过零时间都很短,总体上这个距离下的电场波形脉冲宽度非常窄,是一种"高而窄"的波形。10%~90%上升时间的算术平均值和几何平均值分别是 16.0 μs 和 9.9 μs,最小值只有 2.4 μs,变化这样快的电场会在闪电通道附近的物体上(例如架空线路)感应出强烈的过电压,这在雷电防护中值得注意。半宽时间的算术平均值和几何平均值分别是

表 4.5　引雷至线路观测点 1(18 m)回击电场波形参数统计结果

参　数	样本	算术平均值	几何平均值	标准差	最小值	最大值
先导电场峰值/(kV/m)	7	37.7	30.0	24.7	8.6	88.6
回击电场峰值/(kV/m)	7	52.3	46.0	26.5	20.4	106.0
10%~90%上升时间/μs	7	16.0	9.9	14.5	2.4	45.2
半宽时间/μs	7	4.5	1.7	6.8	0.3	20.5
过零时间/μs	40	39.1	33.7	23.8	13.8	133.6
反峰比/%	7	58.7	42.4	43.1	10.9	138.2

4.5 μs 和 1.7 μs,过零时间远远大于这个值,算术平均值和几何平均值分别是 39.1 μs 和 33.7 μs,这说明先导电场越靠近峰值变化越快,至少在 50% E_L 处是这样的。Schoene 等[61]在 15 m 处测得的 87 个触发闪电回击电场波形半宽时间的算术平均值和几何平均值分别是 2.3 μs 和 1.9 μs,与本试验结果很接近。在 30 m 处测得的 84 个触发闪电回击电场波形半宽时间的算术平均值和几何平均值分别是 4.2 μs 和 3.5 μs。

　　观测点 2 测得的 130 m 处的样本分布和统计结果见图 4.10 及表 4.6。观察图 4.10(a)、(b),发现和 90 m 处的结果类似,即先导电场峰值和回击电场峰值呈现的对数正态分布不明显,尤其是先导电场峰值分布得比较均匀。造成这种现象的可能原因是测量设备的量程偏小,加上绘制直方图的区间划分得太细(2 kV/m)。先导电场峰值的算术平均值和几何平均值分别是 9.1 kV/m 和 8.2 kV/m,回击电场峰值的则相应为 11.4 kV/m 和 10.4 kV/m。反峰比的算术平均值和几何平均值分别是 29.6%和 24.4%。

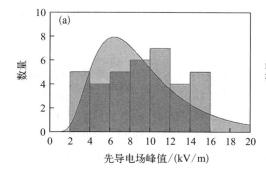
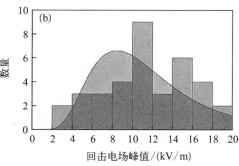

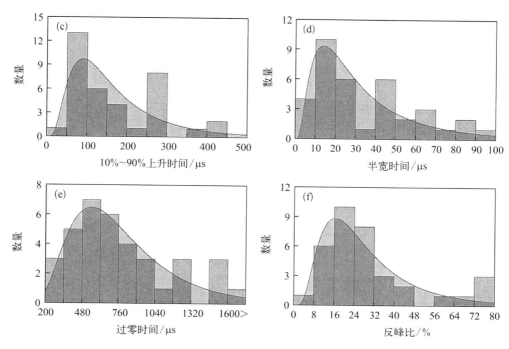

图 4.10　引雷至线路观测点 2(130 m)回击电场波形参数分布直方图

表 4.6　引雷至线路观测点 2(130 m)回击电场波形参数统计结果

参　　　数	样本	算术平均值	几何平均值	标准差	最小值	最大值
先导电场峰值/(kV/m)	36	9.1	8.2	3.8	2.8	16.0
回击电场峰值/(kV/m)	36	11.4	10.4	4.2	3.1	19.8
10%~90%上升时间/μs	36	169.9	138.6	107.0	30.3	433.6
半宽时间/μs	36	35.3	26.5	25.4	5.3	91.9
过零时间/μs	36	808.5	709.8	435.9	254.7	2 351.4
反峰比/%	36	29.6	24.4	19.3	5.9	78.6

　　130 m 处 10%~90%上升时间的算术平均值和几何平均值分别是 169.9 μs 和 138.6 μs,分布范围为 30.3~433.6 μs。值得注意的是图 4.10(c)显示 130 m 处

10%~90%上升时间的分布有两个峰,一个是50~100 μs,占比36.1%,一个是250~300 μs,占比22.2%,有两个峰的原因尚不清楚。对于近距离回击电场而言,上升时间一般大于半宽时间,半宽时间的算术平均值和几何平均值分别是35.3 μs 和26.5 μs。过零时间的算术平均值和几何平均值分别是808.5 μs 和709.8 μs,比半宽时间大10倍。

观测点3测得的1 550 m 处的统计结果见表4.7。1 550 m 处先导电场峰值算术平均值和几何平均值分别是0.4 kV/m 和0.31 kV/m,最大值为0.87 kV/m。回击电场峰值约为先导电场峰值的2倍,算术平均值和几何平均值分别是0.79 kV/m 和0.76 kV/m。反峰比约为250%。1 550 m 处10%~90%上升时间的算术平均值和几何平均值分别是979.7 μs 和759.7 μs,最小值为286.2 μs,最大值为2 399.4 μs。半宽时间的算术平均值和几何平均值分别是652.3 μs 和542.9 μs。过零时间已经达到毫秒量级,算术平均值和几何平均值分别是1 508.1 μs 和1 346.0 μs。

表 4.7   引雷至线路观测点 3(1 550 m)回击电场波形参数统计结果

参 数	样本	算术平均值	几何平均值	标准差	最小值	最大值
先导电场峰值/(kV/m)	12	0.40	0.31	0.27	0.08	0.87
回击电场峰值/(kV/m)	7	0.79	0.76	0.21	0.57	1.18
10%~90%上升时间/μs	12	979.7	759.7	731.0	286.2	2 399.4
半宽时间/μs	12	652.3	542.9	367.3	153.6	1 282.2
过零时间/μs	19	1 508.1	1 346.0	697.3	473.8	3 010.2
反峰比/%	7	294.4	233.0	248.5	131.2	884.7

4.3   传播距离对近距离回击电场特征参数的影响

图4.11 给出了不同距离下测得的回击电场波形参数,其中蓝色方块及误差棒代表引雷至地面情况下测得电场参数的均值±标准差,蓝色实线代表引雷至地面情况下的拟合曲线,红色圆点及误差棒、红色实线则代表引雷至线路情况下的,黑色

虚线代表所有点的拟合曲线,图中的拟合曲线都是最佳拟合曲线。需要注意的是,本书认为被击物体不同不会改变闪电电磁场波形参数随距离变化的整体规律,例如,引雷至地面时某个参数随距离增大呈衰减趋势,那么引雷至线路时这个参数随距离增大也应该是衰减趋势,只是衰减速度可能会有变化,并不会呈现随距离增大而增加的趋势。为了便于比较,表 4.8 给出了不同距离下测得的回击电场波形参数的算术平均值。

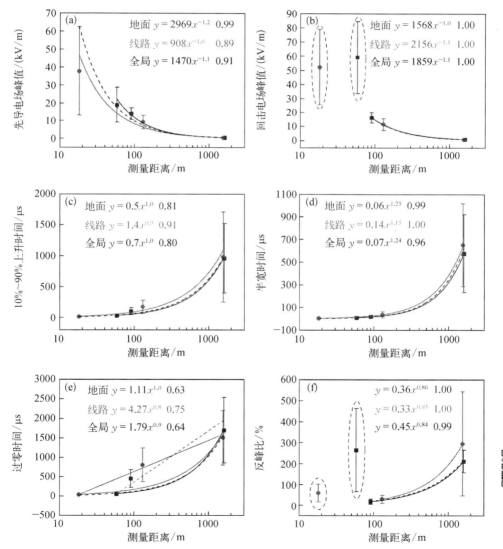

图 4.11　不同距离下测得的回击电场波形参数

表 4.8　不同距离回击电场波形参数算术平均值

参　　数	18 m	58 m	90 m	130 m	1 550 m	1 600 m
先导电场峰值/(kV/m)	37.7	18.9	13.9	9.1	0.40	0.40
回击电场峰值/(kV/m)	52.3	59.2	16.2	11.4	0.79	0.87
10%~90%上升时间/μs	16.0	26.4	98.8	169.9	979.7	957.9
半宽时间/μs	4.5	8.6	18.4	35.3	652.3	576.9
过零时间/μs	39.1	56.1	456.9	808.5	1 508.1	1 698.3
反峰比/%	58.7	264.4	17.6	29.6	294.4	211.3

　　不同距离测得的先导电场峰值见图 4.11(a)。先导电场峰值随距离增加呈明显的衰减趋势,无论是全局(引雷至地面+引雷至线路)拟合曲线还是两种引雷情况下各自的拟合曲线都呈现了很好的拟合效果。两种引雷情况下先导电场峰值的距离变化规律都呈幂函数衰减,幂函数指数都接近于−1,两种引雷情况下的差异不明显,注意横轴是用对数轴进行展示。Crawford 等[96] 于 1993 年在佛罗里达州和 1997~1999 年在亚拉巴马州进行了人工引雷试验。1993 年获得的电场数据显示,在 30 m、50 m、110 m 的距离上,先导电场峰值约正比于 $r^{-0.3}$($r^{-0.51}$~$r^{-0.25}$,r 指测量距离),1997~1999 年的数据显示先导电场峰值正比于 r^{-1}。Schoene 等[61] 1999~2000 年在佛罗里达州布兰丁营地测得的 15 m 处的先导电场峰值是 30 m 处先导电场峰值的 1.88 倍,即先导电场峰值正比于 $r^{-0.9}$。本书的统计结果是先导电场峰值正比于 $r^{-1.0}$~$r^{-1.2}$。按照源电荷闪电先导模型,近距离先导电场峰值与距离的关系应当是先导电场峰值正比于 r^{-1},文献结果表明先导电场峰值有时并不是正比于 r^{-1},说明闪电先导模型值得进一步优化。

　　回击电场峰值随距离变化规律见图 4.11(b),18 m 和 58 m 处的波形由于受到线路影响,这里不考虑,见图 4.11(b)中绿色虚线圆圈,可以看到 58 处测得的回击电场峰值比 18 m 处的还大。剩余两个观测点的数据表明回击电场峰值随距离增大而呈幂函数衰减,幂函数指数为−1.1。两种引雷情况下的衰减规律十分一致。

　　回击近距离电场先导电场峰值和回击电场峰值的大小通常被认为是非常接近的,但值得注意的是,在目前的研究中这两者的大小关系并没有固定的结论。表 4.9 列出了文献中测得的先导电场峰值和回击电场峰值[81,99,100]。在 Rakov 等[100] 的研究中,15 m 和 30 m 处先导电场峰值都大于回击电场峰值。在 Qie 等[99] 的研究中,60 m 处先导电场峰值约等于回击电场峰值,550 m 处先导电场峰值小于回击电场峰值。在 Rubenstein 等[81] 的研究中,500 m 处先导电场峰值小于回击电场峰值。在本书中,90 m、130 m、1 550 m、1 600 m 处先导电场峰值都小于回击电场峰值,观测点 1 数据由于反峰受到影响这里不考虑。由此可见距离对先导电场峰值和回击电场峰值之间的大小关系有很大影响。

表 4.9　火箭引雷的先导电场峰值 E_L 和回击电场峰值 E_{RS} 的统计汇总

位置/年份	距离/m	先导电场 峰值/(kV/m)	回击电场 峰值/(kV/m)	先导电场峰值- 回击电场峰值/(kV/m)
佛罗里达州,1999~2000[100]	15	—	—	20
佛罗里达州,1999~2000[100]	30	—	—	8.0
山东,2005~2007[99]	60	18.5	18.0	0.5
广东,2018~2019	90	13.9	16.2	—
广东,2018~2019	130	7.6	9.5	—
佛罗里达州,1986[81]	500	1.11	1.4	—
山东,2005~2007[99]	550	1.24	1.59	—
广东,2018~2019	1 550	0.40	0.79	—
广东,2018~2019	1 600	0.40	0.87	—

反峰比的统计结果可能证明了这一点,见图 4.11(f)。同样,这里不考虑观测点 1 数据。图 4.11(f) 显示反峰比随距离增加而变大,两种引雷情况下的变化规律差异不大,都是呈幂函数增加,幂函数指数约为 0.9。在 90 m 处反峰比的算术平均值是 17.6%,在 130 m 处是 29.6%,在观测点 3 则更大,超过 200%,见表 4.8。可以说反峰电场峰值对距离的敏感度低于先导电场峰值,也可以说回击电场峰值对距离的敏感度低于先导电场峰值。换句话说,距离越远,回击电场峰值大于先导电场峰值的可能性就越大。

Rakov 等[100] 的数据似乎也证实了这一点,见表 4.9。先导电场峰值与回击电场峰值的差值在 15 m 处的算术平均值是 20 kV/m,如果认为先导电场峰值正比于 r^{-1},那么只有在回击电场峰值随距离比先导电场峰值衰减得慢的情况下,30 m 处测量的先导电场峰值与回击电场峰值的差值才可能是 8 kV/m。Rakov 等[56] 研究中的图 3 和图 4 以及 Qie 等[99] 研究中的图 4 似乎也证实了这一点,这些图中的电场波形显示了这种趋势:距离越远,回击电场峰值比先导电场峰值越大。上述分析表明在分析回击近距离电场时分析反峰比的重要性。图4.11(a)、(b)显示回击电场峰值随距离衰减的速度并不总是慢于先导电场峰值的衰减速度,例如引雷至地面情况下,先导电场峰值衰减得更快,然而在全局拟合情况下,回击电场峰值衰减得更快。形成这种现象的可能原因有两个:第一是观测点1的回击电场峰值数据不可用,造成回击电场峰值的拟合样本较少。第二是先导电场峰值的拟合效果并没有回击电场峰值的拟合效果好,从图4.11(a)可以看出红色实线和黑色虚线主要经过18 m和130 m处数据的误差棒范围,而不是直接经过均值点。虽然从图4.11(a)、(b)看不出先导电场峰值和回击电场峰值衰减速度的明显差异,但从反峰比的统计数据推出的这个结论是可靠的。

　　从表4.8的数据来看,回击电场波形与时间有关的参数无一例外都呈现随距离增加而增加的趋势。两种引雷情况下10%~90%上升时间随距离变化规律很类似,拟合曲线很接近,变化规律是随距离几乎呈线性增加,即幂函数指数为1。两种引雷情况下半宽时间随距离变化规律也很类似,并且拟合效果非常好,都是呈幂函数增加,幂函数指数约为1.2。虽然统计数据显示测量距离越大过零时间越大,但图4.11(e)的拟合效果并不是很好,决定系数约为0.7,并且可以看出拟合曲线并不经过90 m和130 m处的数据。尝试使用对数拟合,见图中绿色线条,虽然两种引雷情况下各自的拟合效果较好,但全局拟合效果却很差,因此仍选用幂函数来拟合。拟合效果不佳很可能是因为过零时间统计误差较大,因为回击电场波形的起始点有时难以确认。

4.4　人工触发闪电与自然闪电回击远距离电场参数比较

　　基于许多研究,人们已经普遍接受人工触发闪电回击和自然闪电继后回击拥有相似的物理过程和参数[3,9,11]。然而,这些研究对比的数据大都来自不同的试验项目、不同地点、不同时间、不同测量设备,这无法排除地理环境、雷暴类型、云层高度、海拔、纬度等众多因素的影响,所以这些文献的对比结果只能停留在"相似"的阶段,无法给出定量的说明。由于金属导线(或者说金属蒸气通道)的存在以及人工引雷需要的环境电场条件与自然闪电的不同,人工触发闪电回击与自然闪电继后回击终究是不同的。有学者认为人工引雷回击更弱[85],但是没有文献给出定量的说明,所以有必要设计专门的试验来研究这两者的差别究竟有多大。弄清楚这些差别是有必要的,例如当利用人工触发闪电数据来验证雷电模型时就应当考虑到这种差别。

　　本节主要目的是比较人工触发闪电回击和自然闪电继后回击的远电场波形[101]。本节分析的人工引雷回击数据即来自武汉大学团队2018~2019年在广州从化开展的引雷试验,自然闪电回击数据来自佛山全闪电定位系统同期记录的数据。为了得到高质量对比结果,对数据进行了以下筛选。

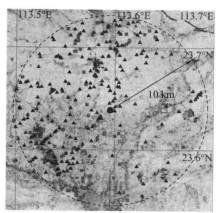

（1）选取与引雷点相距不到 10 km 的自然闪电回击,见图 4.12。图 4.12 展示了 2018~2019 年发生在距引雷点不到 10 km 的自然闪电回击,中间的黑点代表引雷点,红色方块为 2018 年的样本,蓝色三角形为 2019 年的样本,每个方块或三角形代表一次回击。地理环境是影响闪电参数的重要因素[102],本书设定 10 km 的距离限制是为了保证样本量的同时将地理环境的影响降到最低。

图 4.12　距引雷点 10 km 内的自然闪电回击位置分布图

（2）排除引雷至线路的样本,只选取引雷至地面的样本。这是因为两者的电场峰值会存在差别。2018~2019 年一共有九天成功引雷至地面,见图 4.13。注意 2018 年有一天(20180707)成功引雷至地面但是并未记录到 10 km 范围内的负地闪,因此排除这一天的引雷样本。

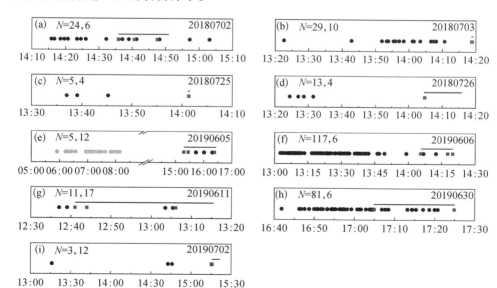

图 4.13　火箭引雷和自然闪电发生的时间分布图

（3）选取的自然闪电回击样本与触发闪电回击样本来自相同的雷暴。虽然大部分不同雷暴的闪电参数是类似的,但是雷暴种类仍是影响闪电参数的重要因素[103]。图 4.13 显示了这些雷暴中自然闪电和火箭引雷各自的发生时间。每个圆点代表一次自然闪电,绿色圆点代表被排除的样本,每个红色方块代表一次火箭引雷,蓝色实线代表某一天火箭引雷第一次成功到最后一次成功的时间区间(包含成功引雷至线路的时间)。N 的第一个数代表自然闪电包含的回击数,第二个数代表人工引雷包含的回击数。图 4.13(e)显示当日早上 5~8 时有一场雷暴,但在这场雷暴期间并未做火箭引雷试验,所以这一雷暴中的自然闪电样本被排除了。

(4)只选取了一个站点(DTZ)测量的电场波形,该站点距引雷点 74.3 km。这样做是为了消除不同站点校正过程带来的误差,同时也是为了排除距离的影响,火箭引雷点距最近的站点(LSZ)为 68.5 km,距最远的站点则有 125.7 km。

最终筛选出的样本量见表 4.10,注意图 4.12 和图 4.13 展示的都是筛选后的样本。一共有 118 次自然闪电首次回击(简称"首次回击")、170 次自然闪电继后回击(简称"继后回击")、77 次引雷回击,所有回击都是负极性的。在 118 次首次回击中,有一次回击的估算电流非常大,因此估算电流的样本数为 117。77 次引雷回击中,有 3 次回击的估算电流非常大,因此估算电流的样本数为 74,77 次引雷回击中记录到 60 次回击的电流数据。接下来将对比分析这三种回击的远电场波形参数以及佛山全闪电定位系统提供的估算电流峰值。

表 4.10　筛选后的自然闪电回击和人工引雷回击样本量

回击类型	2018 年	2019 年	总计	估算电流样本数	直接测量电流样本数
首次回击	28	90	118	117	—
继后回击	43	127	170	170	—
引雷回击	24	53	77	74	60
总　　计	95	270	365	—	—

图 4.14 给出了 DTZ 测得的典型首次回击、继后回击和引雷回击的远电场波形。为了定量对比电场波形,分析了 7 个波形参数,分别是:折算电场峰值 E_P(V/m)、10% ~ 90% 上升时间 T_{10-90}(μs)、半宽时间 T_{HPW}(μs)、反峰比 E_{OS}/E_P(%)、反峰持续时间 T_{OS}(μs)、次峰比 E_{SP}/E_P(%)、首次峰间隔 T_{IBP}(μs),定义方法见 4.1 节。图 4.15 显示了这些参数的差异显著性检验和累积分布曲线图的比较,这些参数的统计结果见表 4.11。

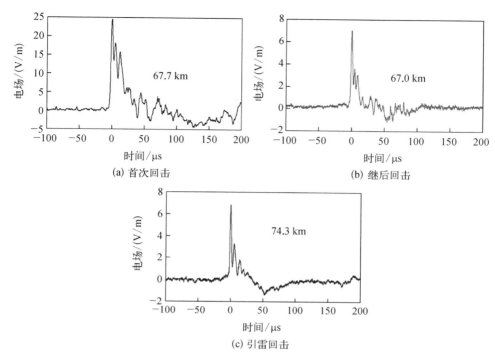

图 4.14　首次回击、继后回击和引雷回击的典型电场波形

表 4.11　三种回击远距离电场波形参数统计结果

回击类型	样本	算术平均值	几何平均值	标准差	最小值	最大值
折算电场峰值 $E_\mathrm{p}/(\mathrm{V/m})$						
首次回击	118	7.1	6.1	4.0	1.1	20.3
继后回击	170	4.7	4.2	2.4	1.1	14.0
引雷回击	77	3.5	3.1	1.9	1.2	10.6
$10\%\sim90\%$ 上升时间 $T_{10-90}/\mathrm{\mu s}$						
首次回击	118	2.9	2.8	0.8	1.7	6.8
继后回击	170	2.5	2.4	0.7	1.0	4.6
引雷回击	77	1.6	1.5	0.6	1.0	5.7

回击类型	样本	算术平均值	几何平均值	标准差	最小值	最大值
半宽时间 $T_{HPW}/\mu s$						
首次回击	118	6.5	6.1	2.4	3.1	14.4
继后回击	170	5.7	5.4	1.9	1.5	11.5
引雷回击	77	3.3	3.2	0.5	2.1	5.3
反峰比 $(E_{OS}/E_P)/\%$						
首次回击	107	20.8	19.7	6.6	5.3	40.2
继后回击	149	17.6	16.3	7.0	6.2	39.5
引雷回击	65	15.1	14.3	4.7	5.4	26.6
反峰持续时间 $T_{OS}/\mu s$						
首次回击	107	58.7	49.0	35.3	10.1	182.8
继后回击	149	64.6	56.8	32.1	10.9	213.4
引雷回击	65	77.1	68.6	36.9	14.3	195.5
次峰比 $(E_{SP}/E_P)/\%$						
首次回击	109	51.1	46.1	20.7	5.4	97.5
继后回击	98	34.7	29.6	18.1	5.4	88.8
引雷回击	75	33.0	31.1	11.6	14.7	67.6
首次峰间隔 $T_{IBP}/\mu s$						
首次回击	109	9.8	8.9	4.4	2.9	22.8
继后回击	98	11.8	10.4	6.1	3.0	31.2
引雷回击	75	6.6	6.4	1.8	3.4	12.7

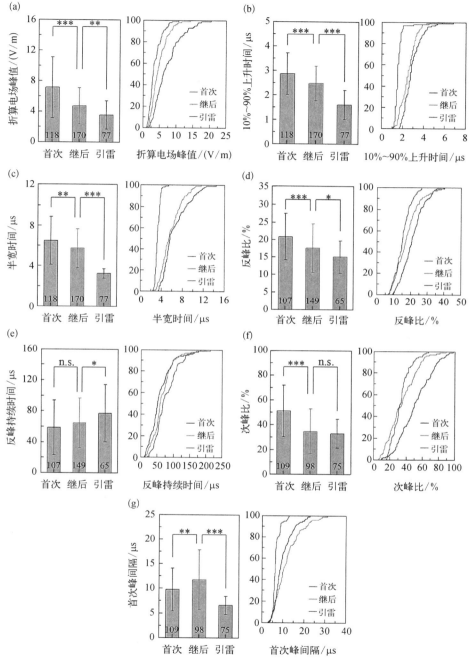

图 4.15　三种类型回击远电场波形参数差异显著性检验和累积分布曲线

图中柱状图数据为平均数±标准差；＊＊＊代表显著性 $p<0.001$；＊＊代表 $p<0.01$；＊代表 $p<0.05$；n.s.代表 $p>0.05$。累积分布曲线图中的纵轴单位是%，表示某参数的值小于或等于横轴值回击数的占比

由于自然闪电回击击中点与 DTZ 的距离不同,这里将电场峰值都折算至 100 km。首次回击的电场峰值通常明显大于继后回击的电场峰值。值得关注的是,无论从算术平均值、几何平均值还是它们的数据分布情况来看,本书中继后回击的电场峰值明显大于引雷回击的,见图 4.15(a)。继后回击折算电场峰值的几何平均值为 4.2 V/m,而引雷回击的则为 3.1 V/m,后者比前者低 26%。

Leal 等[104]的结果显示,通常情况下首次回击远电场波形的 10%～90%上升时间大于继后回击的,本书也得到同样的结论,见图 4.15(b)。此外,继后回击的 10%～90%上升时间明显大于引雷回击的,这两者之间的差异甚至比首次回击和继后回击之间的差异更明显。首次回击 10%～90%上升时间的几何平均值为 2.8 μs,继后回击为 2.4 μs,而引雷回击为 1.5 μs。

半宽时间表现出与 10%～90%上升时间相同的规律:首次回击的半宽时间大于继后回击的,继后回击的半宽时间明显大于引雷回击的。从图 4.15(c)可以看出,引雷回击半宽时间的分布曲线与首次回击、继后回击的分布曲线明显分开。首次回击半宽时间的几何平均值为 6.1 μs,继后回击为 5.4 μs,引雷回击为 3.2 μs,这表明引雷回击远电场波形的脉冲宽度比继后回击的小。

Lin 等[66]的研究表明,当测量距离较大时(>50 km),回击电场波形会出现反峰,本书也观察到了这种现象。从图 4.15(d)看,首次回击的反峰比明显大于继后回击的,而继后回击的反峰比则大于引雷回击的。就几何平均值而言,三类回击的反峰比分别是 19.7%、16.3%和 14.3%,依次递减。图 4.15(d)显示继后回击和引雷回击的反峰比相差不大,可以发现,这可能是两类回击 0～30%样本的分布非常相似造成的。与反峰比相比,三者的反峰持续时间呈现相反的模式,即依次增加,几何平均值分别是 49.0 μs、56.8 μs 和 68.6 μs。图 4.15(e)显示首次回击和继后回击之间的反峰持续时间没有明显差异,这可能是由于两者 80%～100%样本的分布非常相似。整体来看,继后回击和引雷回击的反峰有差异,但这种差异并不明显。

远电场波形的下降沿不像上升沿那样平滑,会出现一些次峰,见图 4.14。次峰形成的物理机制还不清楚,一些研究者认为它们是由于通道的分支造成的[98]。从图 4.15(f)来看,首次回击的次峰比明显大于继后回击的,两者的分布曲线也明显不同。图 4.15(g)显示,首次回击的首次峰值间隔明显小于继后回击的,这说明首次回击的次峰更接近初始峰。图 4.15(f)显示继后回击和引雷回击的次峰比没有区别,但图 4.15(g)显示继后回击的首次峰间隔比引雷回击的大得多,这实际上是合理的,因为继后回击和引雷回击电场波形宽度是不同的。

除了电场波形以外,本章比较了佛山全闪电定位系统对三种回击电流峰值电流的估算情况。首先,引雷回击数据被用来评估佛山全闪电定位系统估算电流的误差。图 4.16(a)给出了直接测量的电流峰值和估算电流峰值的散点图。对于大多数回击,佛山全闪电定位系统的估算误差不超过±2.5 kA。

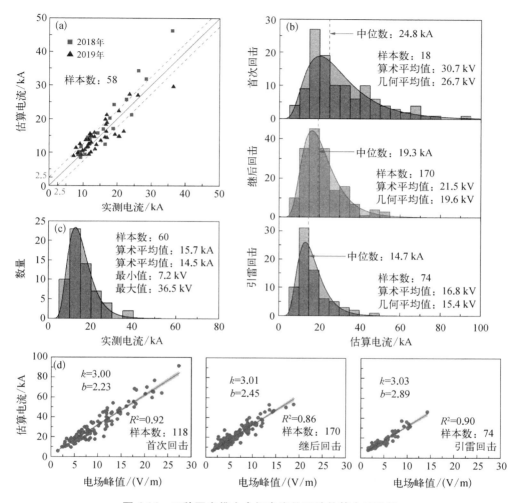

图 4.16　三种回击佛山全闪电定位系统估算电流比较

图 4.16(b)是三种回击估算峰值电流的直方图,纵轴代表数量,曲线为对数正态分布曲线,样本数来自表 4.10 第五列,表 4.12 给出了相应的统计值。无论是从直方图分布还是从统计结果来看,三种回击的估算电流峰值有着显著的差别。首次回击的估算电流峰值大于继后回击的,继后回击的大于引雷回击的,几何平均值分别是 26.7 kA、19.6 kA、15.4 kA。引雷回击的估算电流比继后回击的低 21.4%,这样的结果是合理的,因为这两者的折算电场峰值存在差别。图 4.16(c)显示了引雷回击实测电流峰值直方图,几何平均值为 14.5 kA。

表 4.12　筛选后的自然闪电回击和人工引雷回击样本量(单位：kA)

回击类型	样本	算术平均值	几何平均值	标准差	最小值	最大值
首次回击	117	30.7	26.7	16.9	5.8	91.6
继后回击	170	21.5	19.6	9.7	6.5	53.5
引雷回击	74	16.8	15.4	7.7	7.6	46.3

　　值得注意的是,引雷回击的折算电场峰值比继后回击的低 26%,而估算电流峰值只比继后回击的低 21.4%。根据电场峰值与电流峰值线性相关,看起来继后回击和引雷回击的差别体现在了电场峰值与电流峰值的线性相关性上。接下来将分析这个猜想是否正确,弄清楚这一点是重要的,因为人工引雷数据是校正闪电定位系统估算电流的重要数据。

　　图 4.16(d)给出了首次回击、继后回击和引雷回击估算电流峰值与折算电场峰值的带 95% 置信区间最佳拟合曲线,这里电场峰值都被折算至 74.3 km(引雷点到 DTZ 的距离),"k"是拟合曲线的斜率,"b"是截距,"R^2"是决定系数。可以看到估算电流峰值与折算电场峰值之间存在良好的线性关系,三条拟合曲线的差异非常小(<95% 置信区间),当估算电流峰值小于 46.3 kA(本节中引雷回击估算电流峰值最大值)时,差异几乎可以忽略。所以刚才的猜想并不成立,引雷回击估算估算电流峰值比继后回击的没有低 26% 更可能是因为正常的系统误差。也就是说,继后回击和引雷回击的差别并不会体现在电场峰值与电流峰值的线性相关性上,这些差别不会影响利用人工引雷数据来校正闪电定位系统估算电流的正确性。

　　本章明确了继后回击和引雷回击的远电场波形存在差异。引雷回击的电场峰值、10%~90% 上升时间和半宽时间更小,这些参数的差异是明显的。在反峰方面,本节的数据表明继后回击和引雷回击之间存在细微的差异。本节还表明继后回击和引雷回击的次峰比没有明显差异,但由于两者的电场波形宽度不同,首次峰间隔有明显差异。

　　引雷回击比继后回击弱并不反常,因为引雷回击发生时,云层和地面之间的电场一般达不到自然闪电回击发生所需要的强度。许多研究者都认同这个观点,本章用试验数据对此进行了量化。根据本书试验情况,在雷暴初期或自然闪电频繁发生时,很难成功进行触发闪电试验,因为自然闪电放电会引起云层电荷分布和环境电场的强烈变化。一般来说,当雷暴电场处于稳定期时(如末期),更容易成功引雷。

　　尽管上述原因可以解释引雷回击具有较小的折算电场峰值或估算电流峰值,但它不能解释引雷回击具有较小的 10%~90% 上升时间和半宽时间。因为电场峰值与 10% ~ 90% 上升时间或半宽时间不相关。本章分析了引雷回击电流的峰值、10% ~ 90% 上升时间和半宽时间这三个参数与相应的电场波形参数之间的相关性。结果表明,除了电场峰值和电流峰值之间有明显的相关性外 [皮尔逊（Pearson）相关系数>0.8],还可以认为电场的 10% ~ 90% 上升时间和半宽时间也有相关性（Pearson 相关系数 = 0.77）,其他参数之间则没有明显的相关性。

本节中引雷回击电流平均上升速率的算术平均值和几何平均值分别是 56.3 kA/μs 和 50.5 kA/μs,最大上升速率的算术平均值和几何平均值分别是 68.8 kA/μs 和 62.7 kA/μs。Zheng 等[25]的研究中引雷回击电流平均上升速率的算术平均值和几何平均值分别是 44.6 kA/μs 和 37.0 kA/μs,最大上升速率的算术平均值和几何平均值分别是 71.6 kA/μs 和 61.7 kA/μs。Anderson 和 Eriksson[105]的研究中继后回击电流平均上升速率的中位数是 15.4 kA/μs,最大上升速率的中位数是 39.9 kA/μs。CIGRE 技术手册 839 规定的继后回击电流的最大上升速率为 35.1 kA/μs。可以看出,引雷回击的平均上升速率和最大上升速率都比继后回击的大。

引雷回击电流具有更大上升速率可能是它的远电场具有较短上升时间的原因。在图 4.17（a）中,使用 Heidler 函数[86]模拟了继后回击和引雷回击的电流波形,Heidler 函数见式（2.1）、式（2.2）。对于引雷回击,模拟电流波形的参数是电流峰值为 16 kA,平均上升速率是 55.4 kA/μs,这个结果与本节中直接测量的数据非常接近。对于继后回击,使用 Anderson 和 Eriksson[105]测量的参数（被 CIGRE 技术手册 549 采用,2013 年）进行了模拟,模拟电流波形的参数是电流峰值为 18.9 kA,平均上升速率是 15.8 kA/μs。

根据图 4.17（a）中的电流波形,使用 Uman 提出的传输线（transmission line,TL）模型[106]计算引雷回击和继后回击的远电场,计算公式见式（4.7）,这里回击速度取典型值 $1.2×10^8$ m/s[107],计算结果见图 4.17（b）。

$$E_z^{rad}(r,\ t) = -\frac{v}{2\pi\varepsilon_0 c^2 r}I(0,\ t) \tag{4.7}$$

由于 TL 模型不能很好地解释远电场的下降沿,这里的重点是上升沿。可以看出,引雷回击的电场峰值为 5.2 V/m,折算至 100 km 为 3.9 V/m,继后回击的电场峰值为 6.1 V/m,折算至 100 km 为 4.5 V/m,这与本节的结果接近。此外,引雷回击远电场的上升时间明显小于继后回击的,这也与本节结果一致,即印证了引雷回击电流具有更大上升速率可能是其远电场具有较短上升时间的原因。

值得注意的是引雷回击通道的下半部分导电性更强。引雷回击有几百米长的由熔化导线形成的通道,通道中残留的金属蒸气使这部分通道比自然雷电通道更具导电性。此外,引雷回击通道的下部分更短。与自然雷电的弯曲通道相比,引雷回击通道的下部往往非常直,这不仅会使两者通道电荷分布产生差异,而且可能会

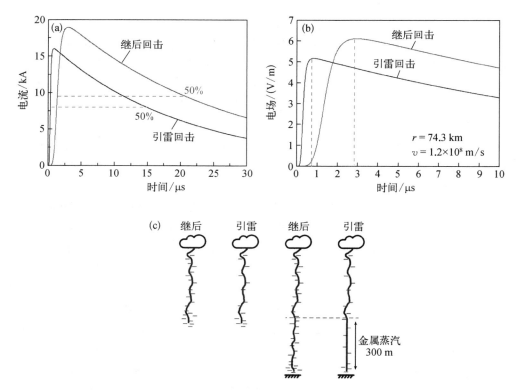

图 4.17　基于 Heidler 函数模拟的电流波形以及 TL 模型模拟的电场波形

影响电荷转移的时间。

上述原因将导致继后回击和引雷回击先导通道中的电荷分布不同,见图 4.17(c)。首先,引雷回击先导通道上部的电荷密度小于继后回击的,因为引雷回击发生时雷暴电场较弱。其次,引雷回击先导通道下部的电荷密度比继后回击的更小,第一个原因也是雷暴电场较弱,第二个原因是引雷回击先导通道下部的导电性较好,所以维持先导通道发展需要的电荷更少。Schoene 等[59]表明,先导通道下部的电荷决定了回击的电流峰值。引雷回击的估算电流峰值比继后回击的要小,这也印证了两者先导通道电荷分布的不同。基于上述分析可以假设引雷回击与继后回击相比,在更短、更直、更导电的通道中转移的回击电荷(接近先导电荷)更少,这会导致引雷回击电流有更大的上升速率。

4.5　本章小结

本章依据试验现场三个观测点的实验数据,对比分析了引雷至地面情况下三个观测点在 58 m、90 m、1 600 m 处及引雷至线路情况下三个观测点在 18 m、130 m、1 550 m 处测得的回击电场波形特征。研究发现两种引雷情况下回击电场波形具有类似特征。

　　两种引雷情况下回击电场波形参数随距离(r)变化规律类似,先导电场峰值随距离增加呈幂函数衰减趋势,变化规律约为 r^{-1},10% ~ 90% 上升时间、半宽时间、反峰比随距离的增加呈幂函数增加趋势,变化规律分别约为 r^1、$r^{1.2}$、$r^{0.9}$。

　　自然闪电继后回击和引雷回击的远电场波形存在明显差异。继后回击的电场峰值、10% ~ 90% 上升时间、半宽时间的几何平均值分别是 4.2 V/m、2.4 μs、5.4 μs,引雷回击的则分别是 3.1 V/m、1.5 μs、3.2 μs。继后回击和引雷回击的差别不会体现在电场峰值与电流峰值的线性相关性上,即不会影响利用人工引雷数据来校正闪电定位系统电流估算功能的正确性。引雷回击电流波形比继后回击电流波形具有更大上升速率可能是其远电场具有较短上升时间的原因。

第 5 章

火箭引雷至架空线路与地面雷电参数差异

5.1 引雷至架空线路与引雷至地面电流特征差异

5.1.1 初始阶段电流参数对比

目前积累的雷电观测数据绝大部分都来自直击地面的闪电,也就是说目前电力系统雷电防护测试数据主要参考的是闪电直击地面的情况。许多研究已经表明被击物体的属性会影响雷电的参数,例如当闪电击中数百米的高塔时,雷电流会在高塔的阻抗不连续处发生折反射,这会增强高塔内部的雷电流,增强的雷电流会辐射出更强的电磁场[108-110],从而导致闪电定位系统高估击中高塔闪电的电流峰值。对电力系统而言,雷电防护的对象主要是架空输配电线路,架空线路是否会影响雷电的参数是一个值得关注的问题。进行引雷至架空线路和引雷至地面两种引雷试验并分析两种情况下雷电参数的异同,既可以积累真实的雷击线路的雷电观测数据,又可以明晰架空线路对雷电参数的影响,这对电力系统雷电防护有重要意义。

除此之外,针对两种引雷试验中雷电流泄流路径非常不同的情形可以进行建模分析。引雷至地面情况下,雷电流直接进入土壤。引雷至架空线路情况下,雷电流进入土壤之前需要经过线路的一相导线以及线路杆塔。根据模型来分析或解释架空线路对雷电不同阶段电流波形影响的差异,以此反映雷电的物理特性,例如雷电不同阶段闪电通道等效阻抗的大小,这对雷电物理研究很有意义。

可供定量分析的初始阶段电流波形样本为 30 个,其中 15 个为击中线路的情况,15 个为击中地面的情况。这 30 个初始阶段电流波形参数的分布见图 5.1。横轴坐标"地面"指引雷至地面的情况,"线路"指引雷至架空线路的情况,"有回击"指该闪电的初始阶段后面至少有一个回击。

在图 5.1 中,将后续有回击和无回击的初始阶段分开分析。与 2.1 节的结论一致,无论是引雷至地面还是引雷至架空线路,有无回击对初始阶段电流波形参数都有很大影响。在图 5.1(a)中,没有回击的初始阶段的最大电流比有回击的大,这一发现与 Zheng 等[25]的结果一致。出现这种现象是因为当初始阶段后续没有回击时,初始阶段中的初始电流变化过程往往更强烈,但必须指出这不是绝对的,图

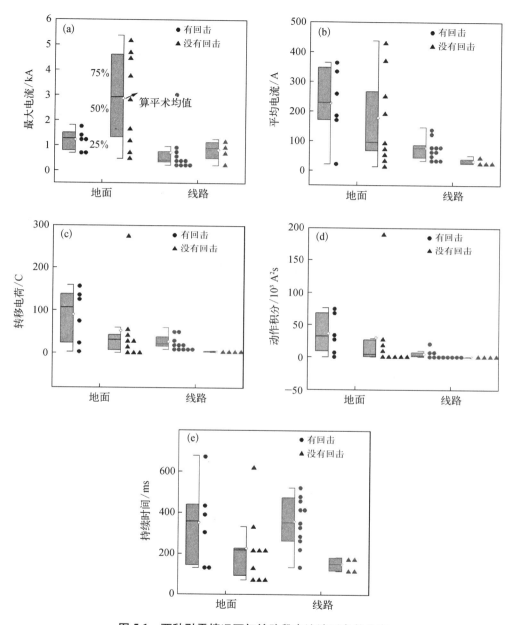

图 5.1　两种引雷情况下初始阶段电流波形参数分布

5.1(a)中的一些后续没有回击的初始阶段的最大电流并不是很大,并未达到千安量级。

图 5.1(b)显示,后续有回击的初始阶段平均电流大于没有回击的,后续有回

击的初始阶段转移电荷和动作积分也大于没有回击的,见图 5.1(c)、(d)。这说明对于有回击的触发闪电来说,它的初始阶段的放电会更充分,这可能与云层中含有更多的电荷有关,因为能够产生回击的闪电往往能向地面转移更多的电荷。以上结论与 Wang 等[22]的结果一致,与 Zheng 等[25]的结果相反,所以需要用更多数据进行验证。在图 5.1(e)中,当触发闪电有回击时,初始阶段的持续时间比没有回击的更长,这与 Zheng 等[25]的结果一致,与 Wang 等[22]的结果相反,同样需要用更多数据进行验证。

虽然后续是否有回击对初始阶段的电流参数有很大影响,但图 5.1 显示无论触发闪电是否含有回击,架空线路的存在对初始阶段电流参数的影响都很大。当引雷至地面时,初始阶段的最大电流、平均电流、转移电荷和动作积分的几何平均值分别是 1.7 kA、133.9 A、29.5 C 和 8.0×10^3 A^2s。当引雷至线路时,初始阶段的最大电流、平均电流、转移电荷和动作积分的几何平均值分别是 0.6 kA、56.2 A、15.0 C 和 1.5×10^3 A^2s。这意味着架空线路的存在大大降低了初始阶段的最大电流、平均电流、转移电荷和动作积分。在两种引雷情况下,初始阶段的持续时间没有明显差异,引雷至地面时,初始阶段持续时间的算术平均值和几何平均值分别是 275.7 ms 和 220.2 ms,引雷至线路时,初始阶段持续时间的算术平均值和几何平均值分别是 300.7 ms 和 267.1 ms。

在 Zheng 等[25]的研究中,初始阶段最大电流、平均电流、转移电荷、动作积分和持续时间的几何平均值分别是 1.3 kA、132.5 A、45.1 C、10.0×10^3 A^2s 和 347.9 ms。在 Miki 等[23]的研究中,初始阶段最大电流、平均电流、转移电荷、动作积分和持续时间的几何平均值分别是 99.6 A、30.4 C、8.5×10^3 A^2s 和 305 ms。在 Wang 等[22]的研究中,初始阶段平均电流、转移电荷和持续时间的几何平均值分别是 96 A、27 C 和 279 ms。

值得注意的是,Zheng 等[25]的试验地点与本书的试验地点相同,该研究的试验情况是引雷至地面。Zheng 等[25]的结果与本书中引雷至地面的结果相似,但与引雷至线路的结果有很大不同。此外,引雷至线路情况下测得的平均电流、转移电荷和动作积分的几何平均值明显小于 Miki 等[23]和 Wang 等[22]的结果,后者的试验都是引雷至地面,这更加表明架空线路的存在确实对初始阶段的电流参数有很大影响。引雷至地面时初始阶段的持续时间与 Miki 等[23]和 Wang 等[22]的结果相似,这可能说明架空线路的存在并不影响初始阶段的持续时间。

由于初始连续电流波形较为复杂,本书中满足以下三个条件的脉冲才被认为是初始连续电流脉冲(ICCP):① ICCP 出现位置的背景电流变化要平缓;② ICCP 的上升沿和下降沿都是光滑的;③ 相对于背景电流的噪声,ICCP 必须是明显的。经过筛选,可供定量分析的 ICCP 样本一共有 52 个,其中引雷至地面有 31 个,引雷至线路有 21 个。

为了定量分析 ICCP 电流波形,按照图 5.2 定义了 8 个波形参数,分别是：电流峰值 I_P、10% ~ 90% 上升时间 T_{10-90}、半宽时间 T_{HPW}、持续时间 T_D、转移电荷 Q、连续电流水平 I_{CC}、脉冲间隔时间 T_{CC}、脉冲出现时间 T_{IC}。连续电流水平是指 ICCP 发生时背景电流的大小；脉冲间隔时间是指两个相邻 ICCP 峰值点的间隔时间；脉冲出现时间是指 ICCP 起始时刻与初始阶段起始时刻的时间间隔。

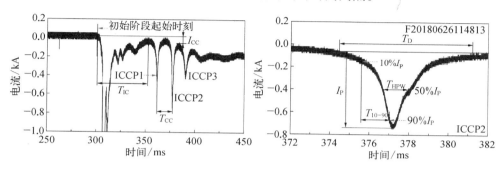

图 5.2　初始连续电流脉冲波形参数定义

两种引雷情况下 ICCP 波形参数的分布见图 5.3。ICCP 的波形参数差异较大,这可能是样本量太少导致的,也可能是 ICCP 的固定特征,这里采用小提琴图来展示数据的分布,因为这样更能方便地观察数据的密度分布。例如,从图 5.3(c)、(h) 可以看出,ICCP 的半宽时间和脉冲出现时间的数据分布都存在两个明显的峰值。除此之外,图 5.3 还给出了所有数据点的值以及数据的均值±1 SD,SD 为标准差,为了方便对比还将两种引雷情况数据的均值用虚线进行连接。

引雷至地面情况下,ICCP 电流峰值的算术平均值和几何平均值分别是 444.1 A 和 373.6 A,引雷至线路情况下则分别是 424.8 A 和 256.8 A。两种引雷情况的算术平均值很接近,几何平均值有明显差别,这是因为引雷至线路情况下有一个样本的值为 2 583.3 A,这个值明显影响了线路数据样本的算术平均值。如果排除掉这个异常样本或者对比几何平均值,可以认为引雷至线路情况下 ICCP 的电流峰值要小于引雷至地面情况下的,约小 31%。

从图 5.3(b) ~ (d) 中可以看出,两种引雷情况下 ICCP 的 10% ~ 90% 上升时间、半宽时间和持续时间的差别都是非常小的。引雷至地面情况下,ICCP 上升时间的算术平均值和几何平均值分别是 762.4 μs 和 553.9 μs,引雷至线路情况下分别是 659.4 μs 和 458.1 μs。引雷至地面情况下,ICCP 半宽时间的算术平均值和几何平均值分别是 984.5 μs 和 813.8 μs,引雷至线路情况下分别是 1 026.8 μs 和 733.9 μs。引雷至地面情况下,ICCP 持续时间的算术平均值和几何平均值分别是 3 494.4 μs 和 2 624.0 μs,引雷至线路情况下分别是 2 858.8 μs 和 2 124.2 μs,可以认为后者的持续时间略微小于前者。值得注意的是,图 5.3(c) 所示的引雷至地面情况下,半宽

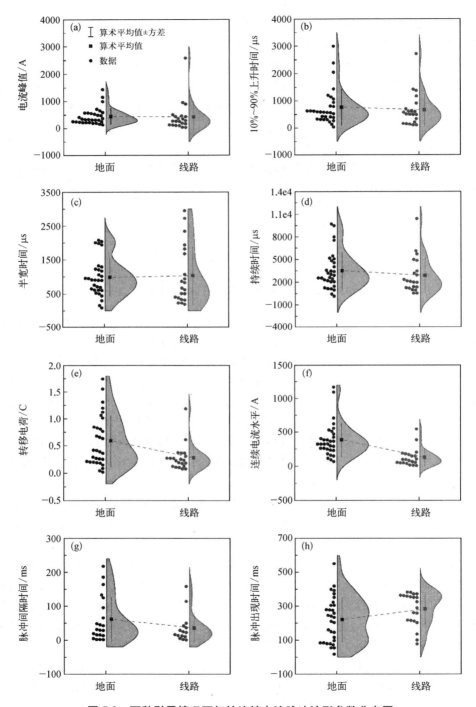

图 5.3　两种引雷情况下初始连续电流脉冲波形参数分布图

时间分布曲线出现两个峰值,有 5 个样本的值大于 1 500 μs,引雷至线路情况下也有 6 个样本的值大于 1 500 μs,这可能与电流峰值大的 ICCP 和电流峰值小的 ICCP 的物理机制不同有关。

引雷至地面情况下,ICCP 转移电荷的算术平均值和几何平均值分别是 0.59 C 和 0.40 C,引雷至线路情况下分别是 0.28 C 和 0.22 C,两者存在明显不同,后者明显小于前者。造成这种差别的具体原因并不明确,从转移电荷的定义式来看,这可能与引雷至地面情况下 ICCP 的电流峰值更小以及持续时间略微偏小有关。同时,这也可能与两种引雷情况下初始阶段的电流波形参数有明显差异有关。

引雷至地面情况下,ICCP 连续电流水平的算术平均值和几何平均值分别是 380.2 A 和 315.0 A,引雷至线路情况下分别是 126.8 A 和 78.8 A,后者明显小于前者。从图 5.3(f)可以看出,引雷至地面情况下 ICCP 连续电流水平的值主要分布在 250~500 A,而引雷至线路情况下则主要分布在 0~250 A。造成这种差别的原因明显与引雷至线路情况下初始阶段的平均电流明显低于引雷至地面情况下的有关,也就是说引雷至线路情况下 ICCP 发生时所处的背景电流水平更低。

ICCP 的脉冲间隔时间和脉冲出现时间都是分散性很大的参数。引雷至地面情况下脉冲间隔时间的最小值和最大值分别是 1.7 ms 和 217.7 ms,脉冲出现时间的最小值和最大值分别是 17.1 ms 和 550.9 ms。引雷至线路情况下,脉冲出现时间的最小值和最大值分别是 0.6 ms 和 158.7 ms,脉冲出现时间的最小值和最大值分别是 77.4 ms 和 382.4 ms,这足以说明 ICCP 的出现位置是非常随机的。虽然图 5.3(g)、(h)显示两种引雷情况下的这两个参数都有明显区别,但仍需要积累更多数据来验证或者否定这种差别,因为两种引雷情况下的数据仍处于同一数量级,考虑到 ICCP 出现的随机性,这种差别可能是样本量不足导致的。

5.1.2　回击阶段电流参数对比

可供定量分析的回击电流样本一共 157 个,其中击中地面的样本为 87 个,击中线路的样本为 70 个。7 个波形参数的定义与 2.2 节一致,即电流峰值 I_P、10%~90%上升时间 T_{10-90}、半宽时间 T_HPW、回击间隔时间 T_IN、1 ms 内转移电荷 $Q_{1\,\mathrm{ms}}$、1 ms 内动作积分 $AI_{1\,\mathrm{ms}}$、最大上升速率 S_max。这些参数的分布见图 5.4。根据图 5.4 所示的分布规律,可以得出与以往文献一致的结论,即大部分雷电回击的电流波形参数呈现对数正态分布[111]。

引雷至地面情况下,回击电流峰值的算术平均值和几何平均值分别是 14.6 kA 和 13.4 kA,而引雷至线路情况下则分别是 18.0 kA 和 16.4 kA。看起来架空线路的存在增加了测得的回击电流峰值,但基于以下文献中的研究结果,本书认为并不能得出这样的结论。Rakov[108] 比较了雷电击中不同高度物体(4.5~540 m)时测得的雷电回击电流峰值,发现测量的回击电流峰值不会受到物体本身的影响。Schoene

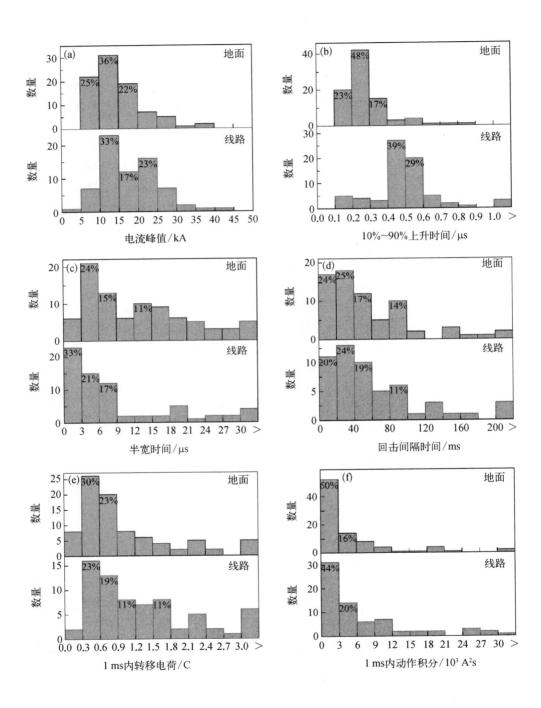

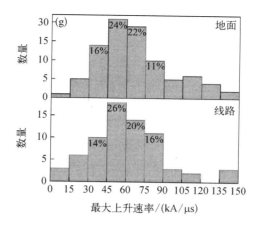

图 5.4　两种引雷情况下回击电流波形参数分布直方图

等[58]也认为被击物体的电气特性不会影响回击电流峰值,在他们的比较试验中,雷击架空线路的回击电流峰值和雷击地面的非常接近,几何平均值分别是 12.4 kA 和 11.1 kA。Zhang 等[112]的试验地点与本书相同,他们的试验工况是引雷至地面,测得的回击电流峰值的算术平均值和几何平均值分别是 17.7 kA 和 16.4 kA,与引雷至架空线路情况下测得的回击电流峰值比较一致。

此外,图 5.4(a)显示两种引雷情况下回击电流峰值的分布模式是相似的,两种引雷情况下样本最大分布区间均为 10~15 kA,均占 30%以上。因此可以认为两种引雷情况下的回击电流峰值差异不大,这种差异不能认定为是架空线路存在的影响。对比不同文献的结果,可以发现在不同地区测得的火箭触发闪电的回击电流峰值差别不大,几何平均值均在 10~20 kA。本书测得的回击电流峰值比其他地区的略大,这可能意味着广东地区的雷暴更加强烈。

回击电流峰值的累积概率分布曲线见图 5.5,曲线纵坐标的含义是回击电流峰值超过横坐标值的概率。蓝色圆圈和红色圆圈代表两种引雷情况下回击电流峰值的百分位数,蓝色实线和红色实线为相应的拟合曲线。绿色实线为 IEEE 推荐的继后回击电流峰值概率分布曲线,绿色虚线为我国电力行业推荐(DL/T)的回击电流峰值概率分布曲线。可以看到两种引雷情况下回击电流峰值的累积概率分布曲线很接近。在回击电流峰值小于 25 kA 时,两条曲线与 IEEE 推荐曲线很接近。两条曲线与我国电力行业推荐曲线差异较大,这是因为后者是针对所有回击而言的,并没有将首次回击和继后回击分开,而引雷回击的电流峰值是接近继后回击的。

Schoene 等[58]表明配电线路的存在增加了回击电流的 10%~90%上升时间,在他们的试验中,当引雷至地面时,回击电流 10%~90%上升时间的几何平均值为

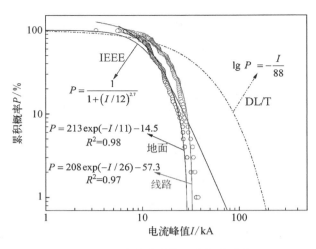

$$P = \dfrac{1}{1+(I/12)^{2.7}}$$

$$\lg P = -\dfrac{I}{88}$$

$$P = 213\exp(-I/11)-14.5$$
$$R^2 = 0.98$$

$$P = 208\exp(-I/26)-57.3$$
$$R^2 = 0.97$$

图 5.5　回击电流峰值累积概率分布

0.4 μs,引雷至配电线路时则为 1.2 μs。值得注意的是,本研究测得的数据也显示了这一现象,当引雷至架空线路时,回击电流 10%~90% 上升时间的几何平均值为 0.6 μs,是引雷至地面情况的(0.25 μs)2.4 倍。对于引雷至地面的情况,大多数回击的 10%~90% 上升时间都分布在 0.1~0.3 μs,占 71%。对于引雷至线路的情况,占比最大的范围是 0.4~0.6 μs,占 68%。回击电流上升时间的这种增加效应很可能是雷电流在架空线路的阻抗不连续处(如避雷器)发生的折反射以及引雷至线路时雷电流遇到的较大的线路特征阻抗(数百欧姆)造成的。

　　所有统计结果都显示回击电流的 10%~90% 上升时间很短,所以有必要关注最大上升速率,该参数对于雷电保护研究具有很大意义。引雷至地面情况下回击电流波形最大上升速率的几何平均值为 60.1 kA/μs,引雷至线路情况下为 55.3 kA/μs,两者之间的差异非常小,图 5.4(g)所示的两种引雷情况下的分布规律也非常相似,但是两种引雷情况下 10%~90% 上升时间却有明显不同,这是值得注意的。本节测得的最大上升速率与 Zheng 等[112]测得的结果接近。

　　在两种引雷情况下,回击电流波形半宽时间很接近。引雷至地面时,半宽时间的几何平均值为 9.9 μs,引雷至线路时,几何平均值为 6.8 μs。图 5.4(c)显示,引雷至线路时半宽时间的最大分布区间为 0~3 μs,占 33%,引雷至地面时半宽时间最大分布区间为 3~6 μs,占 24%。似乎架空线路的存在降低了回击电流的半宽时间,但这种差异是不够明显的,特别是从算术平均值来看,还需要更多数据来验证。与其他文献的结果相比,本试验测得的半宽时间总体上偏短。值得注意的是,回击电流峰值的大小和测量设备的频率响应范围等因素都会影响 10%~90% 上升时间和半宽时间的测量结果[11,25]。

本节测得的回击间隔时间与 Fisher 等[11]、Zheng 等[25] 测得的数据接近,几何平均值约为 40 ms,两种引雷情况之间没有明显差异。回击间隔时间的最小值为 2.4 ms,最大值达到 499.9 ms,这说明两次相邻回击可能接连发生,也可能相隔很久才发生,回击间隔时间的长短与雷暴云所含电荷量、电荷重聚时间、通道阻抗变化情况、连续电流的存在等众多因素有关。

回击 1 ms 内转移电荷的几何平均值在引雷至地面时为 0.8 C,在引雷至线路时为 1.1 C。动作积分表征了雷电流的电阻能量,回击 1 ms 内动作积分的几何平均值在引雷至地面时为 $2.6×10^3$ $A^2 s$,引雷至线路时为 $3.5×10^3$ $A^2 s$。引雷至线路情况下 1 ms 内转移电荷和 1 ms 内动作积分的平均值比引雷至地面情况下的要高,但这不是架空线路的存在造成的,而是引雷至线路情况下回击的电流峰值略微偏高造成的,有研究[25]表明电流峰值越大的回击转移的电荷也越多。

整体上架空线路的存在增加了回击电流的 10%~90% 上升时间,略微降低了回击电流的半宽时间,对其他参数影响不大。除 10%~90% 上升时间和半宽时间外,其余参数在两种引雷情况下的分布规律很相似。除了半宽时间偏短外,本节测得的回击电流参数与文献中的结果比较一致。

5.1.1 节的分析表明架空线路的存在极大地影响了雷电流初始阶段的电流参数,而本节分析表明除了上升时间外,架空线路的存在对回击阶段的电流参数影响很小。这表明架空线路的存在对雷电流不同阶段的影响不同,接下来将用一个简单的电路模型来解释可能的原因。

根据 Rakov[108] 的研究,图 5.6 所示的诺顿等效电路可用于研究各种物体对雷电流参数的影响,注意这个简化模型忽略了非线性过程。图中所示的闪电连接点在闪电通道底部,也就是引流杆的顶部,测量电流的位置在引流杆的下方。当引雷至地面时,地面发射系统的接地阻抗(Z_{gr})为 6.7 Ω,此时雷电流遇到的阻抗,即有效阻抗(Z_{ef})为 6.7 Ω。引雷至线路时,雷电流遇到的阻抗是架空线路的特征阻抗(Z_c)。这里采用 CIGRE 技术手册 549(2013)所提出的参数,即 400 Ω。当引雷至架空线路时,大部分雷电流从最接近雷击点的两基杆塔流入地面,所以图 5.6 中的

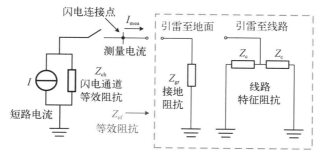

图 5.6 闪电击中不同物体诺顿等效图

模型只包含两基杆塔。因此在引雷至线路情况下,雷电流遇到的有效阻抗约为200 Ω,见表5.1。

表5.1　两种引雷情况下雷电不同阶段的 Z_{ch} 和 Z_{ef}

雷 电 阶 段	阻　　抗	地　　面	线　　路
初始阶段	闪电通道等效阻抗 Z_{ch}	约 145 Ω	约 145 Ω
	有效阻抗 Z_{ef}	6.7 Ω	200 Ω
回击阶段	闪电通道等效阻抗 Z_{ch}	> 2 000 Ω	> 2 000 Ω
	有效阻抗 Z_{ef}	6.7 Ω	200 Ω

Z_{ch} 指的是闪电通道的等效阻抗,在本模型中假定它是恒定的。I 指的是短路电流,也被称为"未受干扰"的电流,即当 $Z_{ch}=\infty$ 和 $Z_{gr}=0$ 时的电流。I_{mea} 指的是雷击点的实际测量电流,计算式为

$$I_{mea} = I \frac{Z_{ch}}{Z_{ch} + Z_{ef}} \tag{5.1}$$

对于回击电流,除了 10%~90% 上升时间增加为地面情况的 2.4 倍以外,架空线路的存在对回击电流峰值没有明显影响,或者说不会降低回击电流峰值。根据图 5.6 所示模型可以认为这种现象出现的关键原因是,无论是相对于引雷至地面情况下雷电流遇到的有效阻抗(6.7 Ω)还是引雷至线路情况下雷电流遇到的有效阻抗(200 Ω),回击阶段的闪电通道等效阻抗都非常大,即对回击而言,$Z_{ch} \gg Z_{ef}$。此时,可以把回击阶段的闪电通道视为一个理想的电流源。换言之,无论是引雷至地面情况下的有效阻抗还是引雷至线路情况下的有效阻抗,与回击阶段的闪电通道等效阻抗相比都是非常小的,这会使得两种引雷情况下的 I_{mea} 几乎相同,都约等于 I,见式(5.1),所以两种引雷情况下的回击电流峰值差异并不明显。回击阶段的闪电通道等效阻抗的准确值无法确定,本书认为它至少为 200 Ω 的 10 倍,见表 5.1。

对于初始阶段电流来说,架空线路的存在使初始阶段的最大电流、平均电流、转移电荷和动作积分分别降低至引雷至地面情况下的 35%、42%、51% 和 19%。相对于回击的电流参数,架空线路对初始阶段电流参数有很大影响。根据图 5.6 中的模型,只有当初始阶段的闪电通道等效阻抗比回击的小得多并且还要小于引雷至线路情况下雷电流遇到的有效阻抗(200 Ω)时,才会出现这种现象。根据平均电流的降低比例,初始阶段闪电通道等效阻抗的估算值为 145 Ω($\gg$ 6.7 Ω),见表 5.1。

对于初始阶段,根据式(5.1)和表 5.1 中的数据,可以看出两种引雷情况下的 I_{mea} 明显不同,所以两种引雷情况下初始阶段电流参数差异很大。

5.1.3　M 分量电流参数对比

可供定量分析的 M 分量电流波形样本为 147 个,其中引雷至地面的有 44 个,引雷至线路的有 103 个。M 分量电流波形参数的分布见图 5.7。

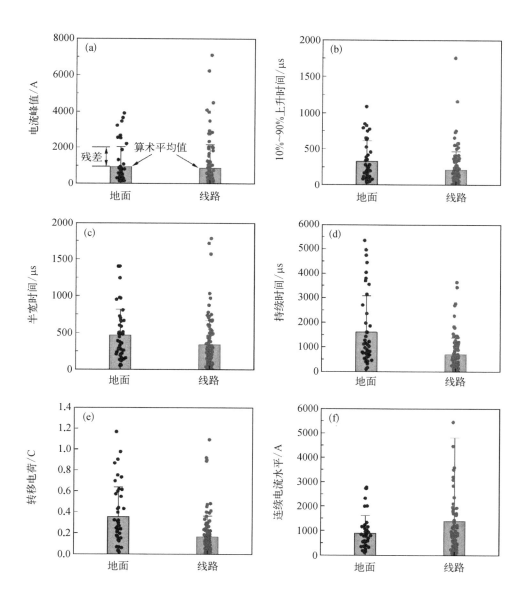

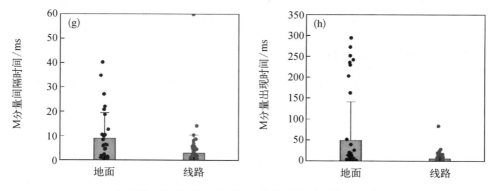

图 5.7　两种引雷情况下 M 分量电流波形参数分布

　　如图 5.7（a）所示，引雷至地面情况下，M 分量电流峰值的算术平均值和几何平均值分别是 952.9 A 和 553.1 A，引雷至线路情况下则分别是 877.9 A 和 398.4 A。两种情况下电流峰值的算术平均值很接近，几何平均值有明显差别，是因为引雷至线路情况下有两个样本的值大于 6 kA，明显偏大。如果排除掉这两个异常样本，对比几何平均值，可以认为引雷至线路情况下 M 分量的电流峰值要小于引雷至地面情况下的，约小 28%。

　　两种引雷情况下 M 分量的 10%～90% 上升时间、半宽时间、持续时间的大小规律是一致的，都是引雷至线路情况下的偏小，分别见图 5.7（b）～（d），引雷至线路情况下这三个参数分布得明显更紧密，更偏向 0 轴。引雷至地面情况下，M 分量10%～90% 上升时间的算术平均值和几何平均值分别是 326.7 μs 和 213.6 μs，引雷至线路情况下则分别是 216.1 μs 和 119.8 μs。引雷至地面情况下，M 分量半宽时间的算术平均值和几何平均值分别是 466.4 μs 和 348.2 μs，引雷至线路情况下则分别是 339.7 μs 和 204.2 μs。引雷至地面情况下，M 分量持续时间的算术平均值和几何平均值分别是 1 605.0 μs 和 1 052.3 μs，引雷至线路情况下则分别是 702.7 μs和 417.6 μs。两种引雷情况下这三个参数表现出一致的大小规律可能是因为 M分量的电流波形是近乎对称的，这样更小的上升时间意味着 M 分量的下降时间也会更小，从而会有更小的脉冲宽度和持续时间。有的 M 分量的上升时间很小，例如引雷至地面情况下的最小值只有 0.6 μs，这与典型的回击的上升时间接近。

　　如图 5.7（e）所示，引雷至线路情况下 M 分量的转移电荷明显低于引雷至地面情况下的，根据转移电荷的定义，这样的结果是合理的，因为引雷至线路情况下 M分量的电流峰值（几何平均值）、10%～90% 上升时间、半宽时间、持续时间均更小，所以转移的电荷会更少。注意有的 M 分量的转移电荷很多，引雷至地面情况下最大值可达 1.17 C，引雷至线路情况下最大值可达 1.09 C。可以看到有的 M 分量幅值大、上升时间小、转移电荷多,并且 M 分量的数量往往比回击的数量多,所以在雷电防护工作中除了回击外,M 分量也是一个需要考虑的因素。

图 5.7(f)展示了 M 分量连续电流水平的条形图以及数据点的分布,引雷至线路情况下有 3 个样本的值非常大,超过 15 kA,为了方便展示没有绘制在图中。这 3 个样本较大地影响了样本的算术平均值,这正是为什么引雷至线路情况下样本的标准差远远大于引雷至地面情况下的标准差。可以看到引雷至线路情况下样本主要集中在小于 1 000 A 的部分,但是算术平均值却大于引雷至地面的,所以本节只关注样本的几何平均值。引雷至地面情况下,M 分量连续电流水平的几何平均值是 674.0 A,引雷至线路情况下则为 471.7 A,后者小于前者。这意味引雷至线路下情况下 M 分量所处的背景电流水平更低,与 ICCP 的结论一致,这可能意味着架空线路的存在不仅会降低初始阶段的平均电流,也同样会降低回击之后连续电流阶段的平均电流。两种引雷情况下 M 分量连续电流水平的最大值都比较大,引雷至地面情况下为 2.8 kA,引雷至线路情况下为 27.0 kA,M 分量往往发生在回击下降沿靠前的位置才会有这样大的连续电流水平。回击下降沿靠前的位置如果叠加 M 分量,则往往会延长回击下降沿降为零水平所需要的时间,这意味着会有更多的电荷从云层转移至被击物体,会造成更大的破坏。

M 分量间隔时间和 M 分量出现时间都是分散性很大的参数,图 5.7(g)、(h)显示两种引雷情况下这两个参数都有明显的区别。引雷至地面情况下,M 分量间隔时间的算术平均值和几何平均值分别是 8.8 ms 和 4.3 ms,引雷至线路情况下则分别是 3.0 ms 和 1.2 ms。引雷至地面情况下,M 分量出现时间的算术平均值和几何平均值分别是 49.6 ms 和 7.5 ms,引雷至线路情况下则分别是 5.2 ms 和 1.7 ms。观察图 5.7(g)、(h)可以发现引雷至地面情况下有几个样本的值很大,这几个样本明显影响了引雷至地面样本的算术平均值和标准差,所以这两个参数在两种引雷情况下的差别是否是架空线路导致的仍需要进一步研究。出现这样几个值很大的样本是因为引雷至地面情况下有的回击后面的连续电流的持续时间很长以及 M 分量出现的随机性。相邻 M 分量的时间间隔为数毫秒,M 分量的发生时刻在回击发生数毫秒之后。

引雷至线路情况下 ICCP 的电流峰值是引雷至地面情况下的 69%,引雷至线路情况下 M 分量的电流峰值是引雷至地面情况下的 72%。根据图 5.6 所示的诺顿等效电路模型,如果 ICCP 和 M 分量发生时闪电通道的等效阻抗远大于 200 Ω,那么引雷至线路情况下这两个过程的电流幅值就不会减小,可是试验数据呈现的结果却相反,可以推断 ICCP 和 M 分量的闪电通道等效阻抗比回击阶段闪电通道等效阻抗要小,并且应该与 200 Ω 处于同一量级。实际上,这样的推论是符合目前雷电物理研究领域共同认知的,在首次回击之后作者认为当闪电通道导电情况较差时,闪电通道中更倾向于发生回击过程,当闪电通道导电情况良好时,闪电通道中更倾向于发生 M 分量过程。

基于引雷至线路情况下 ICCP 和 M 分量电流峰值的缩小比例(相对于引雷至地面情况而言),按照 5.1.2 节的方法,对 ICCP 和 M 分量对应的闪电通道等效阻抗进行估算,结果见表 5.2,为了方便对比,表 5.2 中还加入了表 5.1 的计算结果。计算结果显示 ICCP 闪电通道等效阻抗约为 445 Ω,M 分量闪电通道等效阻抗约为 514 Ω,两者很接近,并且都远小于回击阶段的闪电通道等效阻抗,这印证了目前雷电物理研究领域的共同认知,即 M 分量发生时闪电通道导电性更加良好。除此之外,一些研究将 ICCP 和 M 分量的电流波形参数进行对比,发现两者是相似的,所以大多数学者认为 ICCP 和 M 分量发生的物理机制是类似的,本节结果进一步印证了这样的看法。

表 5.2   两种引雷情况下雷电不同阶段的 Z_{ch} 和 Z_{ef}

雷电阶段	阻 抗	地 面	线 路
初始阶段	闪电通道等效阻抗 Z_{ch}	约 145 Ω	约 145 Ω
	有效阻抗 Z_{ef}	6.7 Ω	200 Ω
回击阶段	闪电通道等效阻抗 Z_{ch}	> 2 000 Ω	> 2 000 Ω
	有效阻抗 Z_{ef}	6.7 Ω	200 Ω
ICCP	闪电通道等效阻抗 Z_{ch}	约 445 Ω	约 445 Ω
	有效阻抗 Z_{ef}	6.7 Ω	200 Ω
M 分量	闪电通道等效阻抗 Z_{ch}	约 514 Ω	约 514 Ω
	有效阻抗 Z_{ef}	6.7 Ω	200 Ω

根据表 5.2,这四个雷电阶段闪电通道对应阻抗从大到小依次是回击、M 分量、ICCP、初始阶段,其中 M 分量与 ICCP 接近,四个阶段具体值分别是 >2 000 Ω、514 Ω、445 Ω、145 Ω。必须要说明的是这样的估算是非常粗糙的,首先是因为这是一个非常简单的模型,其次是因为本书使用了许多样本的平均值来进行估算,但实际上每次闪电都不一样。虽然只是粗略估算的值,但它们仍是合理的,它们之间定性的大小关系得到了数据的支撑,即这四个阶段对应闪电通道的导电性由好至坏依次是初始阶段、ICCP、M 分量、回击,这对相关雷电物理研究工作具有参考意义。

5.2　引雷至架空线路与引雷至地面近距离磁场特征差异

　　距离是影响近距离回击磁场的重要因素,所以不能利用观测点 1 和观测点 2 的数据来分析两种引雷情况下回击磁场波形参数的差别。例如,不能将观测点 1 测得的两种引雷情况的电场数据进行比较,因为观测点 1 离两种引雷情况的闪电通道的距离不同,分别为 58 m 和 18 m,这时回击电场波形的差别更多是因为测量距离不同,而不是击中目标的不同。观测点 3 的数据是可以用来比较的,因为相对于测量距离(约为 1.6 km)而言,距离差(50 m)是可以忽略的。因此本书将对比两种引雷情况下观测点 3 测得的数据,对于 5.3 节中介绍的近距离电场也是如此。

　　两种引雷情况下观测点 3 的回击磁场波形参数分布见图 5.8。引雷至地面情况下总磁场峰值的几何平均值是 1.85 μT,而引雷至线路情况下则是 1.63 μT,可见引雷至线路回击的总磁场峰值更小。除此之外,引雷至地面情况下先导磁场峰值的几何平均值是 0.14 μT,而引雷至线路情况下则是 0.07 μT,引雷至地面情况下回击磁场峰值的几何平均值是 1.73 μT,而引雷至线路情况下则是 1.53 μT。从图 5.8(a)~(c)中数据分布情况也可以看出,两种引雷情况下的磁场幅值略有区别,引雷至线路情况下的数据点分布更靠下,即引雷至线路情况下回击磁场的幅值比引雷至地面情况下的偏低。如果考虑引雷至线路情况下回击电流峰值略大于引雷至地面的(5.1.2 节),这种偏低的现象会更加明显。因为观测点 3 测量的磁场幅值与回击电流峰值成正比[92],引雷至地面情况下回击电流峰值的几何平均值为 13.4 kA,引雷至线路情况下为 16.4 kA,如果把磁场峰值都折算到 15 kA,那么引雷至地面情况下回击磁场峰值折算后从 1.73 μT 变为 1.94 μT,引雷至线路情况下则从 1.53 μT 变为 1.4 μT,即引雷至线路情况下回击电场幅值比引雷至地面情况下约低 27.8%。

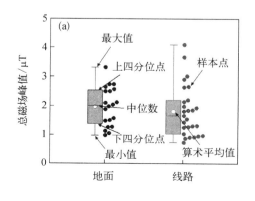
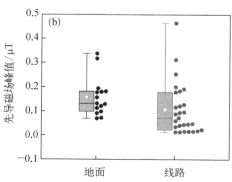

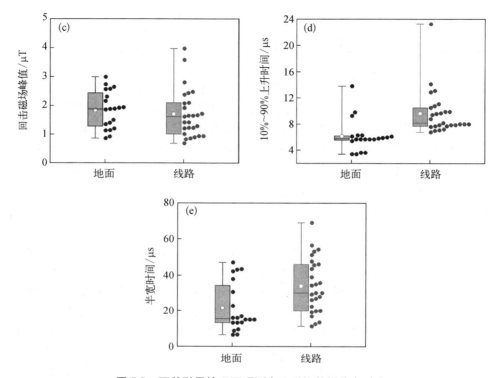

图 5.8　两种引雷情况下观测点 3 磁场数据分布对比

　　引雷至地面情况下回击磁场 10%~90% 上升时间的几何平均值为 5.8 μs,引雷至线路情况下为 9.1 μs,为前者的 1.6 倍,这很可能与引雷至线路情况下回击磁场幅值更低有关。引雷至地面情况下回击磁场半宽时间的几何平均值为 17.8 μs,引雷至线路情况下为 30.5 μs,为前者的 1.7 倍,这也可能与引雷至线路情况下回击磁场幅值更低有关。从图 5.8(d)、(e) 中可以明显看出这种区别。1 600 m 处测得的引雷至地面情况下的半宽时间与 Schoene 等[61] 在 15 m 处测得的结果接近,尽管两者距离相差很大。

5.3　引雷至架空线路与引雷至地面近距离电场特征差异

　　两种引雷情况下观测点 3 的回击电场波形参数分布见图 5.9。两种引雷情况下,先导电场峰值非常接近,引雷至地面时算术平均值和几何平均值分别是 0.40 kV/m 和 0.36 kV/m,引雷至线路分别是 0.40 kV/m 和 0.31 kV/m。除此之外,两者的分布范围也十分一致,引雷至地面为 0.14~0.75 kV/m,引雷至线路为 0.08～0.87 kV/m,见图 5.9(a)。两种引雷情况下的回击电场峰值也非常接近,尤其是几何平均值,引雷至地面时为 0.78 kV/m,引雷至线路时为 0.76 kV/m。这两个参数非常接近会导致两种引雷情况下的反峰比也会很接近,引雷至地面时反峰比的几何平均值为 204.5%,引雷至线路为 233.0%,后者略大是因为引雷至线路情况下有一个样本的反峰比达到了 884.7%,见图 5.9(f)。

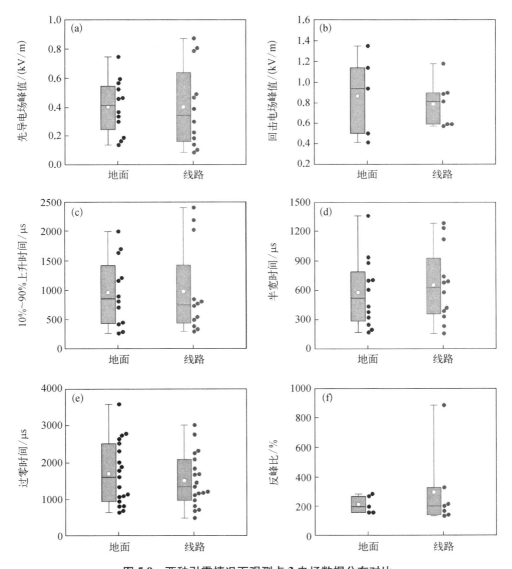

图 5.9　两种引雷情况下观测点 3 电场数据分布对比

关于 3 个时间相关的参数,10%~90%上升时间、半宽时间、过零时间,两种引雷情况下的差别也很小。引雷至地面时,这三个参数的算术平均值和几何平均值分别是 957.9 μs 和 782.9 μs、576.9 μs 和 477.0 μs、1 698.3 μs 和 1 491.1 μs,引雷至线路时分别是 979.7 μs 和 759.7 μs、652.3 μs 和 542.9 μs、1 508.1 μs 和 1 346.0 μs。引雷至线路情况下的半宽时间比引雷至地面的略微偏大,引雷至地面情况下的过零时间比引雷至线路的略微偏大。无论如何,这些差别是很小的,图(c)~(e)所示的数据分布情况也非常类似。

综上所述,根据观测点 3 的数据,两种引雷情况下的近距离回击电场波形是很相似的。虽然样本数量较少,但它们表现出的相似程度是很高的,不仅算术平均值和几何平均值相似,而且分布范围甚至标准差都是接近的,这使得本节的结论具有可信性。

5.4   引雷至架空线路与引雷至地面远距离电场特征差异

可供定量分析的样本共有 530 个,其中引雷至地面的情况有 270 个,引雷至线路的情况有 260 个。远距离电场共有 8 个波形参数,其中折算电场峰值 E_P、10%~90%上升时间 T_{10-90}、半宽时间 T_{HPW}、次峰比 E_{SP}/E_P、首次峰间隔 T_{IBP} 和反峰比 E_{OS}/E_P 定义方法与 4.1 节一致。回击远电场的上升沿按变换速率可以分成两部分:一部分称为慢前沿,即图 4.7 中所示背景电平到 E_S 的部分,慢前沿比 $E_S/E_P(\%)$ 被定义为慢前沿的幅值比上电场峰值;上升沿除去慢前沿剩下的部分称为快变换。T_{F10-90} 是指快变换部分 10%~90%的时间,定义这样一个参数是为了排除慢前沿对电场波形上升时间统计结果的影响。以上 8 个波形参数的分布直方图见图 5.10,统计结果见表 5.3 和表 5.4。

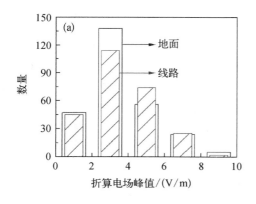

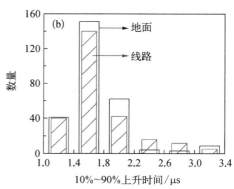

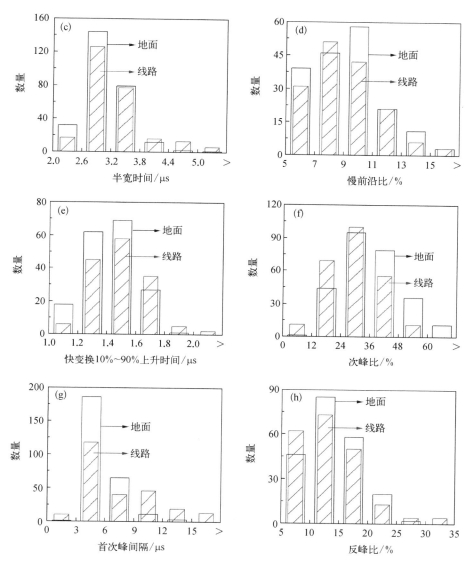

图5.10　两种引雷情况下回击远距离电场波形参数分布直方图

表5.3　两种引雷情况下回击与幅值相关的远距离电场波形参数统计结果

位置/年份	距离/km	算术平均值	几何平均值	最小值	最大值
折算电场峰值 E_p/（V/m）					
广东，2008~2016（地面）	74~126	3.5	3.2	1.1	9.9

续　表

位置/年份	距离/km	算术平均值	几何平均值	最小值	最大值
广东,2018~2019(线路)	74~126	3.7	3.4	1.1	8.1
佛罗里达州,1974~1976[66]	50	3.9	—	—	—
佛罗里达州,1974~1976[66]	200	3.7	—	—	—
佛罗里达州,1980~1981[113]	4~40	6.0	—	—	—
佛罗里达州,2009[114]	50~100	10.2	9.6	—	—
佛罗里达州,2009[114]	100~150	11.6	10.4	—	—
柔佛州,2015[115]	10~100	12.7	10.5	—	—
广东,2014[63]	68~126	4.7	4.1	1.0	10.5
慢前沿比(E_S/E_P)/%					
广东,2008~2016(地面)	74~126	9.2	8.9	5.2	18.0
广东,2018~2019(线路)	74~126	9.0	8.7	5.1	16.8
佛罗里达州,1976~1978[98]	50~200	20	—	—	—
佛罗里达州,1976~1978[98]	50~200	25	—	—	—
佛罗里达州,2012[116]	45	9.9	9.0	3.3	9.8
广东,2014[63]	68~126	9.3	7.7	0.1	34.4
次峰比(E_{SP}/E_P)/%					
广东,2008~2016(地面)	74~126	36.2	34.2	6.3	69.1
广东,2018~2019(线路)	74~126	29.3	27.1	6.2	58.3
佛罗里达州,1976~1978[98]	50~200	70	—	—	—
佛罗里达州,1976~1978[98]	50~200	80	—	—	—
反峰比(E_{OS}/E_P)/%					
广东,2008~2016(地面)	74~126	13.9	13.2	5.4	26.6
广东,2018~2019(线路)	74~126	13.3	12.4	5.1	34.5

续　表

位置/年份	距离/km	算术平均值	几何平均值	最小值	最大值
佛罗里达州,2009[114]	50~100	14.9	—	—	—
佛罗里达州,2009[114]	100~150	17.2	—	—	—
佛罗里达州,2012[116]	45	6.3	—	—	—
广东,2014[63]	68~126	13.9	—	—	—

表 5.4　两种引雷情况下回击与时间相关的远距离电场波形参数统计结果

位置/年份	距离/km	算术平均值	几何平均值	最小值	最大值
10%~90%上升时间 T_{10-90}/μs					
广东,2008~2016(地面)	74~126	1.7	1.6	1.0	5.8
广东,2018~2019(线路)	74~126	1.7	1.7	1.2	4.9
佛罗里达州,1975[117]	200	2.1	—	—	—
佛罗里达州,1979[118]	1~20	1.5	—	—	—
佛罗里达州,2012[116]	45	1.3	1.2	0.7	5.5
广东,2014[63]	68~126	1.8	1.6	0.6	13.8
半宽时间 T_{HPW}/μs					
广东,2008~2016(地面)	74~126	3.0	3.0	2.0	5.3
广东,2018~2019(线路)	74~126	3.2	3.2	2.3	5.8
佛罗里达州,2012[116]	45	2.3	2.2	1.6	5.8
广东,2014[63]	68~126	2.9	2.9	1.1	14.8
快变换10%~90%上升时间 T_{F10-90}/μs					
广东,2008~2016(地面)	74~126	1.4	1.4	1.0	2.5
广东,2018~2019(线路)	74~126	1.5	1.4	1.0	2.4

续　表

位置/年份	距离/km	算术平均值	几何平均值	最小值	最大值
佛罗里达州,1976~1978[98]	50~200	0.15	—	—	—
佛罗里达州,1976~1978[98]	50~200	0.2	—	—	—
佛罗里达州,1979[118]	1~20	0.61	—	—	—
佛罗里达州,2012[116]	45	0.99	0.98	0.74	1.56
广东,2014[63]	68~126	1.4	1.38	0.1	2.7
首次峰间隔 T_{IBP}/μs					
广东,2008~2016(地面)	74~126	5.7	5.5	2.9	12.7
广东,2018~2019(线路)	74~126	7.4	6.6	2.0	19.5
佛罗里达州,1976~1978[98]	50~200	14	—	—	—

需要说明的是:通过对 DTZ、CCZ、LJZ 和 MCZ 四个站的数据进行单站统计,发现除了电场峰值外其他参数并没有距离依赖性,Wang 等[63]报道的数据也可以证明这一点。这很可能是距离范围过小导致的,根据 Leal 和 Rakov[104]的统计结果可以知道只有在距离范围较大时(10~500 km)部分参数才会呈现出与距离的相关性。因此将四个站的回击波形放在一起统计,并且在计算样本量时将同一个回击在不同站的波形算作不同的样本。

折算电场峰值受许多因素影响,如电流峰值、测量距离、设备触发阈值、校正过程、回击速度、电流上升时间等。引雷至地面情况下,折算电场峰值的几何平均值为 3.5 V/m,引雷至线路情况下为 3.7 V/m。引雷至地面情况下,51%的样本分布在 2~4 V/m,引雷至线路情况下,44%的样本分布在这个范围,两种引雷情况下的折算电场峰值差别不大。本节的结果小于 Keider 和 Guo[113]、Haddad 等[114]、Wooi 等[115]的结果,与 Lin 等[66]和 Wang 等[63]的结果接近。

两种引雷情况下的 10%~90%上升时间、半宽时间没有明显差异,图 5.10(b)、(c)所示的两种引雷情况下的分布模式也非常相似。无论是从图 5.10 的分布直方图还是从表 5.4 的统计结果看,回击远电场波形 10%~90%上升时间的分散性很小,文献中的均值都在 1~2 μs,这说明地区的差异和小范围的距离差异(数十千米)对 10%~90%上升时间的影响并不明显[116-118]。引雷至地面情况下,测得的 10%~90%上升时间的几何平均值为 1.6 μs,和 Wang 等[63]测得的结果一致。两种引雷情况下半宽时间的差异也不明显,比 Mallick 和 Rakov[116] 的结果略大,和 Wang 等[63] 的结果很接近。

回击远电场波形的上升部分会有一个慢前沿,为了更精确地描述上升的特征,有必要分析慢前沿比和快变换 10%~90% 上升时间,注意部分回击没有明显的慢前沿。引雷至地面时,慢前沿比的几何平均值为 8.9%,引雷至线路时为 8.7%,与 Mallick 和 Rakov[116]、Wang 等[63] 的结果非常一致,但是明显小于 Weidman 等[98] 的结果,这很可能是自然闪电和人工引雷回击之间的差异,需要更多数据来验证这种差异是否真的存在。更大的慢前沿比对应着更小的快变换上升时间,Weidman 等[98] 测得的快变换 10%~90% 上升时间明显小于其他文献中的结果。Master 等[118] 并没有统计慢前沿比,他们的快变换 10%~90% 上升时间比其他人的结果略微偏小,这也说明人工引雷回击与自然闪电回击的慢前沿部分可能存在差异。两种引雷情况下的慢前沿比差异不大,分布规律也很相似,见图 5.10(d)。两种引雷情况下的快变换 10%~90% 上升时间也没有明显差别,分布规律见图 5.10(e)。

与自然闪电一样,人工触发闪电的回击远电场波形的下降沿会出现次峰,本书分析了关于第一个次峰的两个参数:次峰比和首次峰间隔。研究数据表明次峰出现在电场峰值之后约 6 μs,幅值约为峰值的 30%。这个结果和 Weidman 等[98] 的结果有较大差异,他们的结果表明次峰的幅度是峰值的 80% 并且出现在 14 μs 之后。同样,需要更多数据来验证这种差异是否是人工引雷回击和自然闪电回击之间的固有差异。引雷至地面时首次峰间隔的几何平均值为 5.5 μs,引雷至线路时为 6.6 μs。图 5.10(g) 显示在引雷至线路情况下,30% 以上的样本大于 9 μs,这表明击中线路回击的次峰发生得较晚,这将导致次峰比较小。图 5.10(f) 所示的分布规律验证了这一点,引雷至地面情况下次峰比主要分布在 24%~48%,而引雷至线路情况下则主要分布在 12%~36%。无论如何,这样的差异是细微的。

Lin 等[66] 指出当测量距离超过 50 km 时,回击远电场波形会出现反峰,本书也观察到了这种反峰,但值得注意的是约有 22% 的样本没有明显的反峰。两种引雷情况下反峰比的几何平均值并没有明显差异,分别是 13.2% 和 12.4%,与 Haddad 等[114] 和 Wang 等[63] 的结果很接近,约为 Mallick 和 Rakov[116] 和 Leal 和 Rakov[104] 结果的两倍,这可能是不同的地理环境导致的。

5.5　闪电定位系统回击电流峰值估算比较分析

由于闪电发生位置和时间的不确定性,测量雷电流并非易事。最开始,雷电流的测量是利用容易受到雷击的物体,如安装有测量设备的高塔。之后,随着人工引雷技术的出现,研究人员利用触发闪电来研究继后回击的电流。总的来说,这些方法是低效的。在研究了闪电电流峰值和远距离电磁场峰值之间的强关联性后,研究人员开始使用闪电定位系统来估算闪电电流峰值。这种方法的有效性已经在试验和理论上得到验证,根据麦克斯韦方程,垂直闪电通道在距离 r 处产生的垂直电场的计算公式见式(5.2)[119]。

$$E_z(r,\ t) = \frac{1}{2\pi\varepsilon_0}\left[\begin{array}{l}\displaystyle\int_{h_b}^{h_a} \frac{2h^2 - r^2}{R^5}\int_0^{\tau} i(h,\tau - R/c)\,\mathrm{d}\tau\mathrm{d}h \\[2mm] +\displaystyle\int_{h_b}^{h_a} \frac{2h^2 - r^2}{cR^4}i(h,\ t - R/c)\,\mathrm{d}h \\[2mm] -\displaystyle\int_{h_b}^{h_a} \frac{r^2}{c^2R^3}\frac{\partial i(h,t - R/c)}{\partial t}\mathrm{d}h\end{array}\right] \tag{5.2}$$

其中,h_b 和 h_a 为闪电通道底部和顶部的高度;R 为观测点到闪电通道一点的距离;i 为回击电流。当观测距离足够远,例如数十千米,即 r 远大于 h,并且假设回击速度 v 是恒定的,式(5.2)可以改写为式(5.3)[119],即可以根据远电场峰值估算电流峰值:

$$E_z(r,\ t) \approx \frac{\mu_0 v}{2\pi r}\left[i(h_a,\ t - r/c) - i(h_b,\ t - r/c)\right] \tag{5.3}$$

1989 年,Willett 等[120]根据触发闪电试验数据,得出了雷电流峰值和远电场峰值之间的经验方程,见式(5.4)。1992 年,Rakov 等[121]将式(5.4)改进为式(5.5)。

$$I = -\,3.9 \times 10^{-2}DE - 2.7 \times 10^{3} \tag{5.4}$$

$$I = 1.5 - 0.037DE \tag{5.5}$$

其中,I 为估算的电流峰值,在式(5.4)中单位为 A,在式(5.5)中单位为 kA;D 为观测点到闪电通道的距离,在式(5.4)中单位为 m,在式(5.5)中单位为 km;E 为电场峰值,单位为 V/m。Li 等[122]根据 2014 年佛山全闪电定位系统记录的触发闪电回击的远电场,推导出估算闪电电流峰值的经验方程,这些经验方程与文献中的结果有很好的一致性。佛山全闪电定位系统使用的回击电流峰值估算公式见式(5.6)[123]:

$$I = 0.185\mathrm{RNSS}$$

$$\mathrm{RNSS} = \mathrm{SS}\left(\frac{r}{R}\right)^{p}\exp\left(\frac{r - R}{A}\right) \tag{5.6}$$

其中,SS 为测量到的信号强度;r 为测量距离,单位为 km;R 设定为 100 km;p 为衰减系数,设定为 1.13;A 设定为 10^5 km。

当雷电击中高大物体时,这些方程往往会高估电流峰值,因为雷电流会在高大物体的顶部和底部发生反射,并且电流以光速沿物体传播,这种多次反射会增加高大物体下部的电流,增加的电流会产生更大的辐射场峰值。架空线路与高大物体的特征属性不同,接下来本节将分析闪电定位系统对击中架空线路闪电电流峰值的估算是否与击中地面的有差异。

对于某次回击,如果它的电流在试验现场被成功测量,并且被闪电定位系统成功记录,那么就可以通过比较试验现场的实测电流和闪电定位系统的估算电流来分析闪电定位系统估算电流峰值的误差。2018 年一共有 35 个这样的样本,引雷至地面情况下有 23 个,引雷至线路情况下有 12 个,2019 年一共有 75 个这样的样本,引雷至地面情况下有 42 个,引雷至线路情况下有 33 个,这些样本的值见图 5.11(a)、(b)。图 5.11 中实线代表 $y=x$,两条虚线代表 $y=x+2.5$,$y=x-2.5$。一个点越接近实线,表明这次回击的电流峰值估算越准确,只要一个点落在两条虚线之间,就意味着这次回击的估算电流误差(绝对值)不超过 2.5 kA。观察图 5.11(a)、(b),可以发现整体上圆点比方点更靠下,这种现象在 2019 年更为明显,大部分圆点都分布在 $y=x$ 直线下方,很多样本甚至在 $y=x-2.5$ 直线下方,这说明引雷至线路时佛山全闪电定位系统更容易低估回击的电流峰值。

图 5.11(c)、(d)同样能印证这个结论,可以看到无论是 2018 年还是 2019 年,与引雷至地面的情况相比,引雷至线路情况下回击电流峰值估算误差(注意不是绝对值)都整体偏向纵轴的负轴。如果假设佛山全闪电定位系统对引雷至地面情况下的雷电流估算是准确的,那么在引雷至线路时该闪电定位系统会低估回击的峰值电流。注意,这并不是说引雷至线路情况下回击电流峰值的估算误差更大,举例来说,假设有两次回击的实测电流一样,一次击中地面,一次击中线路,佛山全闪电定位系统对击中线路回击的估算电流峰值会低于击中地面的,但这并不能得出击中线路回击电流峰值的估算误差更大的结论,只有当该闪电定位系统对击中地面回击电流峰值估算是准确的才能得此结论。

图 5.11(e)、(f)给出了估算误差随峰值电流的变化情况,在 5~40 kA 范围,回击电流峰值的大小并不会显著影响估算误差。2018 年引雷至地面情况下估算误差绝对值的平均值是 17.0%,引雷至线路情况下是 9.6%,2019 年引雷至地面情况下估算误差绝对值的平均值是 16.5%,引雷至线路情况下是 15.7%。两种引雷情况下回击电流峰值估算误差的大小没有明显区别,绝大部分回击的估算误差都小于 20%。2018 年引雷至地面情况下回击电流估算误差(不是绝对值)的中位数是 13.3%,2019 年是 6.4%,这意味着佛山全闪电定位系统会高估引雷至地面回击的电流峰值。如果假设这种高估被修正了,那么图 5.11(c)、(d)中所有的点都应当向下移动,此时可以说佛山全闪电定位系统更容易低估引雷至线路回击的电流峰值。

值得注意的是,引雷至线路回击的电流峰值不仅被佛山全闪电定位系统相对

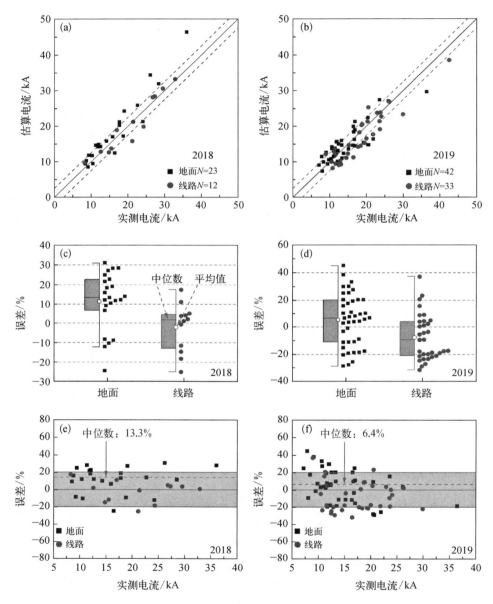

图 5.11　佛山全闪电定位系统估算电流误差评估

低估了("相对"是指相对于引雷至地面回击),也被广东电网闪电定位系统相对低
估了,这说明这种现象不是偶然的。广东电网闪电定位系统的探测范围覆盖整个
广东省,有 16 个探测站(截至 2012 年),关于该闪电定位系统的详细信息参见文献
[124]。获取了广东电网闪电定位系统 2018 年的部分数据,见图 5.12(a)~(c)。

图 5.12（a）所示分布模式与图 5.11（a）、（b）中呈现的一致,圆点普遍低于方点。图 5.12（b）所示分布模式与图 5.11（c）、（d）中呈现的一致,引雷至线路的数据更偏向纵轴的负轴。值得注意的是广东电网闪电定位系统对引雷至地面回击电流峰值估算误差的中位数是 −1.5%,即该闪电定位系统对引雷至地面回击电流峰值的估算是较为准确的,这时便可以直接说该闪电定位系统更容易低估引雷至线路回击的电流峰值,而不用再加“相对”。除此之外,这时可以说该闪电定位系统对击中线路回击电流峰值的估算误差更大,图 5.12（c）也印证了这一点,引雷至地面情况下估算误差绝对值的平均值是 15.6%,引雷至线路情况下则是 24.0%。

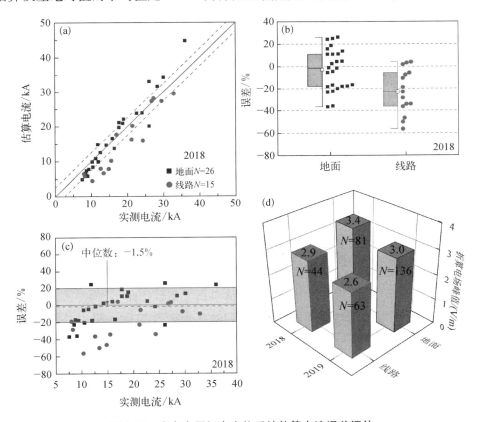

图 5.12　广东电网闪电定位系统估算电流误差评估

式（5.4）、式（5.5）和式（5.6）都表明闪电电流峰值的估算值与电场峰值有关,但是 5.4 节的统计结果却显示两种引雷情况下的电场峰值没有明显区别。造成这种现象的关键原因是 5.4 节在对比电场峰值时并没有考虑电流的影响,5.1.2 节表明引雷至线路情况下的电流峰值略微偏大。因此,将那些电流在试验现场被成功测量的回击单独进行统计（电场数据仍来自 DTZ、LJZ、CCZ、MCZ 四个站点）,并且将这些回击的电场峰值不仅折算到 100 km,还折算至 15 kA,统计结果见图 5.12(d),图中柱状图顶部数字代表几何平均值,N 代表样本数。可以发现,无论是 2018 年还是 2019 年,引雷至线路回击折算电场峰值的几何平均值都比引雷至地面的低,可见这不是偶然现象。2018 年低 0.5 V/m,低约 14.7%。2019 年低 0.4 V/m,低约 13.3%。这意味着在两种引雷情况下电流峰值相同回击产生的辐射电场峰值是不同的。回击电场峰值是影响闪电定位系统估算电流的关键因素,电场峰值越低,估算电流就越低,这解释了两种引雷情况下估算电流的差异。

高塔会增加回击远距离电磁场峰值,电磁场峰值的增加会导致闪电定位系统高估雷击高塔的电流。然而,本节表明这个结论不适用于架空线路,相对于引雷至地面的回击,闪电定位系统会低估引雷至架空线路回击的电流峰值。这一发现对架空线路的雷电防护是有益的,特别是对相关设备的耐雷水平设计。

引雷至线路回击的远电场峰值没有增强的原因可能是架空线路的存在增加了电流的上升时间(5.1.2 节)。在 Baba 和 Rakov[125] 提出的关于雷击高大物体的模型中,当 RT>$2h/c$ 时,电磁场增强的修正系数失效。RT 是回击电流上升时间,h 是雷电流在物体内发生反射前经过的距离,c 是真空中的光速。在本研究中,RT 的几何平均值为 0.6 μs,h 的最大值为 45 m,即塔距的一半(35 m)加杆塔高度(10 m),此时 $2h/c$ 的值为 0.3 μs,即 RT>$2h/c$。这解释了为什么雷击架空线路回击的电场峰值没有增强,并且它表明雷击高塔与雷击架空线路的瞬态过程不同。

从研究结果可以看出虽然架空线路不高,但架空线路中的雷电流仍然对远电场有贡献,而且这种贡献并不像高塔中的雷电流那样增强远场,相反,这种贡献会降低远电场的峰值。造成这种现象的原因可能有两点。第一,引雷至线路回击电流的上升时间较长。Rachidi 等[110] 指出,回击电流上升时间越长,该回击产生的远电场峰值可能越小。电流上升时间增加可能是由于架空线路中电流的反射或者雷电击中架空线路时遇到的大特征阻抗。第二,雷电流在架空线路中的水平分布。当引雷至线路时,有一段 70 m 长的水平分布的电流,这部分电流携带的电荷在空间中是水平分布的,这可能也是远电场峰值降低的原因。如果这个理由成立,那么在高电压等级线路上这种影响将更加明显,因为塔距更大。

5.6   本章小结

本章详细对比了引雷到线路与引雷到地面两种情况下电流、电场、磁场波形参数的异同,主要结论如下。

引雷至地面情况下初始阶段的最大电流、平均电流、转移电荷、动作积分是引雷至线路情况下的 2.8、2.4、2.0、5.3 倍。两种引雷情况下初始阶段的持续时间没有明显差异。后续有回击的初始阶段放电会更加充分。两种引雷情况下 ICCP 的上升时间、半宽时间、持续时间差异较小。引雷至地面情况下 ICCP 的电流峰值略大于引雷至线路时的。引雷至地面情况下 ICCP 的转移电荷和连续电流水平明显大于引雷至线路时的,前者的几何平均值分别是 0.40 C 和 315.0 A,后者则分别是 0.22 C 和 78.8 A。

两种引雷情况下回击电流波形上升时间存在明显差异,引雷至地面情况下几何平均值是 0.25 μs,引雷至线路情况下则为 0.60 μs。两种引雷情况下回击电流波形电流峰值、半宽时间、回击间隔时间、1 ms 内转移电荷、1 ms 内动作积分、最大上升速率差异不明显。

与 ICCP 类似的是,引雷至线路情况下 M 分量的电流峰值、转移电荷、连续电流水平小于引雷至地面情况下的。与 ICCP 不同的是,引雷至线路情况下 M 分量的上升时间、半宽时间、持续时间也小于引雷至地面情况下的,前者约为后者的 0.56、0.59、0.40 倍。

引雷至线路情况下初始阶段平均电流显著降低,但 ICCP 和 M 分量电流峰值却略微降低以及回击电流峰值不降低的原因在于这个几个阶段的闪电通道等效阻抗是不一样的,初始阶段约为 145 Ω,ICCP 约为 445 Ω,M 分量约为 514 Ω,回击阶段大于 2 000 Ω。

研究发现两种引雷情况下近距离回击电场波形具有类似特征。引雷至线路情况下近距离磁场幅值更低,约低 28%,引雷至线路情况下近距离磁场 10%~90%上升时间和半宽时间更大,分别增大约 60% 和 70%。

两种引雷情况下回击远电场波形参数很类似,波形参数包括折算电场峰值、10%~90%上升时间、半宽时间、慢前沿比、快变换 10%~90%上升时间、次峰比、首次峰间隔、反峰比。

佛山全闪电定位系统和广东电网闪电定位系统对大部分引雷回击的电流峰值估算误差不超过±2.5 kA,估算误差百分比不超过±20%。相对于引雷至地面的回击,佛山全闪电定位系统和广东电网闪电定位系统都更容易低估引雷至线路回击的电流峰值,这是因为两种引雷情况下电流峰值相同回击的电场峰值是不同的,引雷至线路的比引雷至地面的低约 15%。

第 6 章 火箭引雷中箭式先导的发展特性

6.1 企图先导的发展特性

6.1.1 企图先导的光学特征

引雷现场设置了远距离观测点,如图 6.1 所示。该观测点设置在距离引雷点 1.55 km 处的一个楼顶,距离地面约 15 m。该观测点设有以高速摄像为主、以单反相机和无反相机为辅的光学观测系统。高速摄像机的型号是 Phantom v2512 HS, 采用的是物理尺寸为 35.8 mm×22.4 mm 的 CMOS 传感器,最大像素数为 1 280× 800。高速摄像机采用的拍摄帧率是每秒 20 000 帧,图片的分辨率为 640×608(水平×垂直),每帧图片曝光时间约为 49 μs,对应死区时间约为 1 μs。高速摄像机安装于一栋五层建筑物屋顶的观测箱中。

图 6.1 距离试验基地 1.55 km 处的远距离观测点

高空间分辨率图像由一台单反相机和一台无反相机记录。单反相机采用佳能（Canon）公司生产的 Eos6DII 彩色数码相机，最大像素数为 6 240×4 160。搭配镜头为适马（Sigma）12~24 mm 变焦镜头，实际使用焦距为 16 mm。单反相机采用传统的长曝光法拍摄触发闪电的单帧静止图像，曝光时间为 6 s。无反相机采用松下（Panasonic）公司生产的 G9 彩色数码相机，搭配 12~60 mm 变焦镜头，实际使用焦距为 12 mm。无反相机采用高速连拍法拍摄多帧触发闪电的高清图像，其拍摄帧率为每秒 60 帧，快门每触发一次相机实际拍摄数量为 50 帧。拍摄图像像素数为 3 888×5 184，每帧图像曝光时间约为 16.67 ms。高清摄像机采用索尼（Sony）公司生产的 AX-700 彩色数码摄像机，试验期间采用 1 000 帧每秒的帧率记录触发闪电彩色视频数据。

本节所分析案例为闪电 F201907071802，触发于北京时间 2019 年 7 月 7 日 18 时 02 分，原定以"经典法"引雷技术触发，但由于火箭在上升过程中引线意外断裂导致最终产生的负极性闪电实际以"空中法"引雷技术触发。对闪电 F201907071802 的高速摄像观测记录中包含了多达 15 次企图先导过程。本节将以高速图像及无反相机拍摄结果为基础，分析闪电 F201907071802 中 15 次企图先导及 8 次回击先导发展过程的光学特征。图 6.2 展示了闪电 F201907071802 的通道

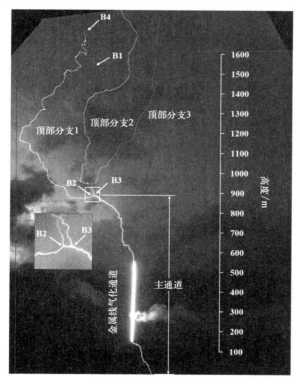

图 6.2　闪电 F201907071802 的通道结构

结构,图 6.3 展示了箭式先导/继后回击序列的相对积分亮度波形和快电场波形,这里的相对积分亮度是将每帧高速图像中所有像素的亮度值减去背景图像的亮度后进行求和的结果。

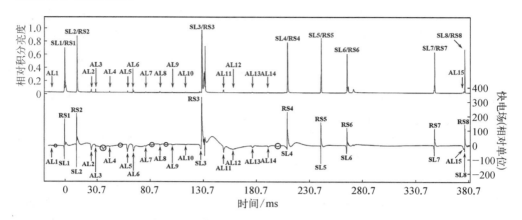

图 6.3　闪电 F201907071802 箭式先导/继后回击序列的相对积分亮度和快电场波形

通过对比相对积分亮度波形和快电场波形,可以发现闪电 F201907071802 在初始阶段结束后产生了 23 次先导过程,其中 8 次先导成功接地并引发了回击,另外 15 次先导则没能成功发展至接地而成为企图先导。除了观测到的 23 次先导过程外,快电场波形中还存在另外 6 次由圆圈标注的负峰,这可能是由高速摄像机视野外的 6 次企图先导过程引发的。

为了便于描述,将 8 次引发了回击的先导命名为 SL1－8,将 15 次企图先导命名为 AL1－15,将 8 次回击命名为 RS1－8。本节中的时间原点被指定为首次回击 RS1 出现的时间,同时记录 RS1 出现的高速图像编号为 0。需要指出的是,为了更好地展现先导发展的特征,本书中所呈现先导图像的亮度信息已被人为改变。

当引雷火箭上升到距地面约 400 m 高度处时,初始上行正梯级先导的稳定传播开始。在约 7.65 ms 后,下行负梯级先导开始出现于飘浮在空中的金属引线末端并向着地面传播。如图 6.4 所示,下行负先导在向地面传播过程中产生了丰富而明显的分叉,其中一个分支接地引发了“小回击”,但接地前高速摄像机并未记录到明显的上行连接先导。

图 6.4 中高速摄像机与无反相机对于下行负先导拍摄结果的差异来源于两者曝光时间不同和无反相机的“果冻效应”。“小回击”由连接点迅速向上传播,击穿照亮了金属线气化通道并抵达上行正先导的头部,加强了上行正先导的发展。上行正先导在随后的向上传播过程中产生了多达 7 个分支,其中有 3 个分支(命名为顶部分支 1~3)成功发展成为初始连续电流通道的一部分,最终构成了通道顶部有 3 个分支的闪电 F201907071802。3 个分支中的 2 个最终演变为箭式先导/继后回

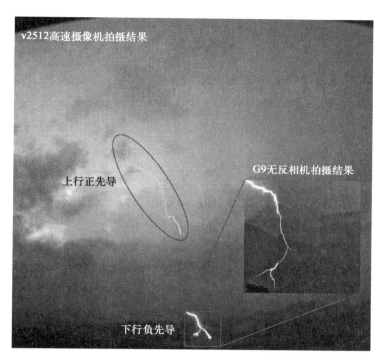

图 6.4　初始阶段中的上行正先导和下行负先导

击阶段中箭式先导所传播的 3 条路径。

　　图 6.2 展示了拍摄记录闪电 F201907071802 初始阶段的照片,矩形框展示了高速摄像机的视野范围,闪电 F201907071802 的初始阶段持续了约 340 ms。从图 6.2 及高速摄像结果中可以看出顶部分支 1 在首次发展超出高速摄像机视野后仍在继续传播并在 B4 点产生了一个向上发展的新分支——顶部分支 4。在产生顶部分支 4 后,顶部分支 1 转而向下发展并重新进入高速摄像机的视野范围,随后转而向右发展,在 B1 点分裂成两个分支。

　　闪电 F201907071802 中所有回击先导的传播过程中都出现了画面过曝的现象。以 SL1 的传播过程为例,当 SL1 的头部传播于 N4 点和 B2 点之间时,SL1 的通道开始在高速图像上表现出画面过曝,即大量像素点亮度值饱和的特征,如图 6.5 所示。图 6.5(a)展示了 1 例未表现出画面过曝的先导在相似空间位置的传播过程,图 6.5(b)展示了 1 帧 SL1 通道出现过曝现象时的高速图像。图中箭头指示了 SL1 先导头部的位置,SL1 头部下方,红色光晕圈出部分为尚未被 SL1 穿过的残余通道。图 6.5(c)仅保留了图(b)画面中所有亮度值已经饱和的像素,而将所有亮度值未饱和的像素亮度进行了归零。通过对比图 6.5 中的 3 张子图,可以发现画面过曝的面积似乎受高速摄像机观测箱前玻璃上残留的雨滴影响,但雨滴的存在并非画面过曝出现的根本原因。画面过曝通常出现于先导接地时的连接阶段及回击刚刚出现，或出现于回击后连续电流过程中出现的 M 分量过程中,这些过程通常都伴随着强烈的放电过程。SL1 在接地前的通道过曝现象或许意味着此时 SL1 的通道中已经存在足够强烈的放电过程。

图 6.5　先导通道的画面过曝现象

　　图 6.6 展示了 AL6、SL3、SL4、AL15 和 SL8 传播过程的高速图像记录,它们表现了先导在发展过程中表现出的一些特殊之处,其中画面大面积过曝的帧已被折叠。如图 6.6 中 AL6 的传播过程,除 AL15 之外的企图先导都有着类似的消亡特征：当它们将要消亡时,它们的发光长度及亮度会逐渐减小。SL3 在 B2 点处产生的分支与本节中讨论的其他瞬时分支不同,这个分支成功发展成为 SL3 引发的回击 RS3 及其后连续电流放电通道的一部分。在某些先导的传播过程中,它们曾一至两次地表现出了双向发展,即其尾部开始向后发展的特征,如图 6.6 中矩形框圈出部分所示。SL3 和 SL4 在发展过程中两次出现双向发展特征,即它们的发展方式为“单向-双向-单向-双向”式,且最终以双向先导的形式接地引发回击。AL15 在 SL8 的先导头部即将接近其尾部时也曾表现出双向发展的特征。AL15 是一次特殊的企图先导,它出现于 SL8 之前,与 SL8 沿着完全相同的路径进行发展。在 AL15 消亡之前,SL8 以相对更高的传播速度追上 AL15 并与之融合。虽然 AL15 的发展结局并不能被直接观测到,但依旧可以将其归为一次企图先导,因为 AL15 的通道在 SL8 足够接近它之前正变得越来越微弱。

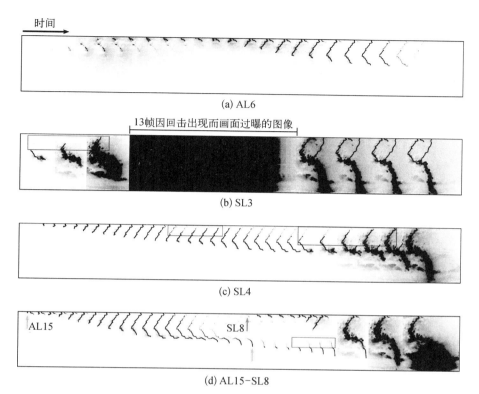

(a) AL6

13帧因回击出现而画面过曝的图像

(b) SL3

(c) SL4

AL15　　　　　　　SL8

(d) AL15-SL8

图 6.6　企图先导的典型发展过程和先导的双向发展特征

6.1.2　先导的发展路径

本节通过将闪电通道结构进行简化,分析多分支闪电的箭式先导/继后回击阶段中 15 次企图先导和 8 次回击先导的三条发展路径,研究 23 次先导在发展过程中的传播行为。三条发展路径的划分见图 6.7,23 次先导的总体特征见表 6.1,沿路径 1 和路径 2 发展的 4 次先导见图 6.8,沿路径 3 发展的 19 次先导见图 6.9。

本书中的"路径"指一条能够被回击先导完整地穿过至地面且不包含瞬时分支部分的残余通道。箭式先导/继后回击序列中的 23 次先导过程沿着三条路径进行发展,命名为路径 1~3,如图 6.7(a)所示。

为了便于区分,图 6.7(b)中标注了一些关键节点,节点 S 表示先导起点,节点 B 表示先导分叉点,节点 T 表示某瞬时分支发展最远所及点,节点 G 为接地点,节点 N 则是为便于描述通道走向的节点。从图 6.7 中可以看出路径 1 可用节点表示为 S1－N1－N3－N4－B2－B3－G,路径 2 为 S2－T2－B2－B3－G,路径 3 为 S3－N2－N1－N3－N4－B2－B3－G。路径 1 和路径 3 为顶部分支 1 在 B1 点产生分叉

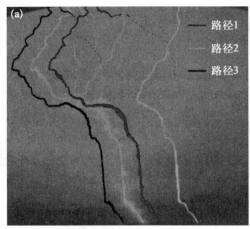

图 6.7　发展路径划分

的结果,路径 2 为顶部分支 3 的发展结果,而顶部分支 2 在继后先导/回击阶段并未被任何先导穿过,但其通道的"B3 - T3"部分曾被一些箭式先导在 B3 点产生的瞬时分支所穿过。需要指出的是在初始阶段末期,B1 点附近曾频繁出现短距离瞬时放电过程。SL1 和 AL3 沿着路径 1 发展,SL2 和 AL5 沿着路径 2 发展,AL1、AL2、AL4、AL6 - 10、SL3、AL11 - 14、SL4 - 7、AL15 和 SL8 沿着路径 3 发展。

　　23 次先导的特征被整理在表 6.1 中。表 6.1 中部分参数的定义如下:出现时间是指每个先导首次出现相对于前面所定义时间原点的时间;持续时间是指每个先导的发展持续时长,其中企图先导的持续时间始于先导出现止于先导消失,回击先导的持续时间始于先导出现止于回击产生;分叉点是指先导在发展过程中实际产生瞬时分支的分叉点;间隔时间是指两个相邻先导出现时间之差。

表 6.1　23 次先导过程的特征

先导	路径	出现时间/ms	持续时间/ms	分叉点[①]	间隔时间/ms
AL1	3	−12.75	1.05	B1[②]	—
SL1	1	−1.15	1.20	B1&B3	11.60
SL2	2	11.30	0.25	B2&B3	12.45
AL2	3	24.00	1.55	B1&B3[②]	12.70
AL3	1	28.90	1.35	B1	4.90

续 表

先导	路径	出现时间/ms	持续时间/ms	分叉点	间隔时间/ms
AL4	3	42.00	0.95	—	13.10
AL5	2	59.15	0.25	—	17.15
AL6	3	64.00	1.20	B1	4.85
AL7	3	76.00	0.50	—	12.00
AL8	3	89.40	0.40	—	13.40
AL9	3	101.10	0.55	—	11.70
AL10	3	113.55	0.70	—	12.45
SL3	3	126.70	2.35	B2	13.15
AL11	3	149.20	1.00	B3[②]	22.50
AL12	3	158.40	0.40	—	9.20
AL13	3	176.15	1.40	—	17.75
AL14	3	191.05	1.60	—	14.90
SL4	3	207.15	2.70	B2	16.10
SL5	3	240.85	0.70	—	33.70
SL6	3	264.60	1.30	—	23.75
SL7	3	347.45	1.20	—	82.85
AL15	3	374.20	2.60	—	26.75
SL8	3	376.15	0.75	—	1.95

注：① 只统计高速摄像机视野内产生的分支；② AL1、AL2 和 AL11 在此处不再沿着路径发展,转而沿着分支通道发展。

    图 6.8 展示了沿路径 1、路径 2 发展的各先导传播过程示意图。在图 6.8 中,三条路径用蓝色虚线表示,每个先导所穿过路径部分用红色实线表示,箭头指示了先导的传播方向,先导发展过程中产生的瞬时分支用绿色实线和箭头表示。因此,图 6.8 中的红色和绿色实线部分反映了该次先导发展过程中发亮的部分,而蓝色虚线部分在

此期间仅保持背景亮度或残余亮度而难以分辨。图中标注了高速摄像机(v2512)和无反相机(G9)的视野范围,其中超出高速摄像机视野部分的发展过程为推测结果。

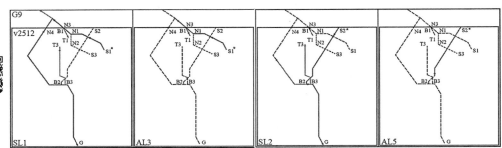

图6.8　沿路径1、路径2发展的各先导传播过程示意图

沿着路径1发展的先导中,SL1和AL3都在头部发展至B1点时产生了一道向着T1点发展的瞬时分支。AL3在头部发展超出高速摄像机视野后不久后便停止了发展,而SL1则在发展超出高速摄像机视野后仍继续发展,并可能在B4点产生了向上发展的分支。SL1最终重新向下发展进入高速摄像机视野内,在B3点产生了向着T3点发展的瞬时分支,随后接地引发了首次回击RS1。需要指出的是,本节提及的瞬时分支均沿着已击穿的残余通道进行发展。沿着路径2发展的先导中,SL2在B2点和B3点都产生了瞬时分支,而AL5并没能发展至任何潜在的分叉点。SL2是一道发展过程强烈的先导,其传播速度的算术平均值达到了 6.96×10^6 m/s,并且在途经每个潜在的分叉点时都产生了瞬时分支,其通道在头部发展至接地前也出现了画面过曝现象。

图6.9以和图6.8相同的方式展示了沿路径3发展的19次先导的传播过程。从图6.9和表6.1中可以看出自AL6消失后,其后先导在发展至B1点时都不再产生瞬时分支。在能发展至B2点的先导中,只有回击先导才在此处产生瞬时分支。AL2、AL11和AL15是企图先导中仅有的3个能发展至最后一个潜在分叉点——B3点的先导。其中,AL15并未在发展过程中产生任何分叉,AL2和AL11在B3处的行为较为特殊:它们并非在此处产生一个瞬时分支,而是放弃了继续沿着路径3进行发展,同时转向沿着瞬时分支所在的通道“B3-T3”进行发展。类似地,AL1在B1点处也转向而沿着瞬时分支所在的通道“B1-T1”进行发展。在高速摄像机的视野外可能有部分先导产生了其他分叉(如在B4点处)。

对于沿着路径3发展的13次企图先导,根据它们的消失点将它们归为三类:① AL1、AL4和AL12,它们都在先导头部首次发展超出高速摄像机视野前便已经消失;② AL7-10,它们都消失于高速摄像机视野外;③ AL2、AL6、AL11和AL13-15,它们的先导头部都再次发展进入高速摄像机视野范围内,但最终没能成功接地。

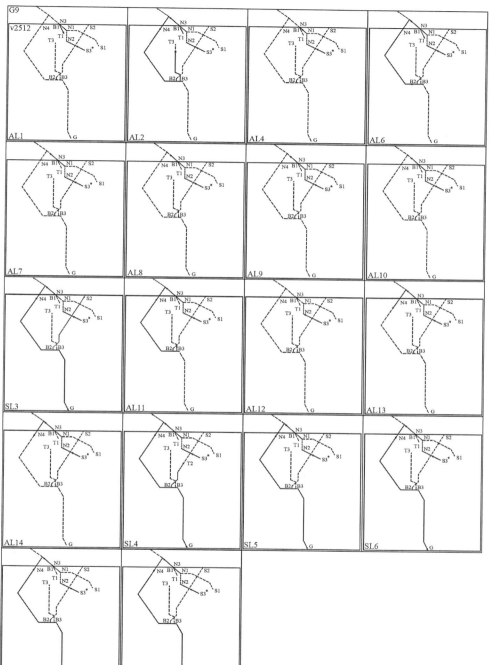

图 6.9　沿路径 3 发展的先导传播过程示意图

6.1.3 先导的速度变化

本节通过计算 23 次先导的头部传播速度,将先导的传播速度按发展路径进行分段平均以对比沿相同路径发展的多次先导的传播速度。23 次先导的速度总体特征见表 6.2,路径的分段图见图 6.10,沿路径 1 和路径 2 发展的先导速度变化见图 6.11 和表 6.3,沿路径 3 发展的先导速度变化见图 6.12 和表 6.4。

表 6.2 23 次先导过程的速度特征

| 先导 | 路径 | 速度/(10^5m/s) | | | 发展程度[①] | 终止高度/m[②] |
		最小值	最大值	平均值		
AL1	3	10.00	1.96	5.15	20%	1 501
SL1	1	96.56	8.01	29.05	100%	0
SL2	2	129.83	28.24	69.56	100%	0
AL2	3	34.29	5.84	14.13	63%	1 195
AL3	1	27.78	1.21	9.29	27%	>1 626
AL4	3	6.62	0.77	3.80	21%	1 612
AL5	2	52.75	3.47	29.43	41%	965
AL6	3	29.50	1.63	14.91	61%	875
AL7	3	12.29	1.96	7.07	22%	>1 626
AL8	3	15.00	4.37	9.42	22%	>1 626
AL9	3	11.94	2.77	6.21	22%	>1 626
AL10	3	11.60	1.96	5.66	22%	>1 626
SL3	3	76.15	4.24	14.49	100%	0
AL11	3	37.52	4.47	14.67	63%	959
AL12	3	N/A	N/A	N/A	13%	1 398
AL13	3	14.23	1.96	5.47	32%	1 406
AL14	3	15.64	0.77	4.83	31%	1 447

先导	路径	速度/(10^5m/s)			发展程度	终止高度/m
		最小值	最大值	平均值		
SL4	3	57.49	3.91	12.64	100%	0
SL5	3	119.83	7.71	46.13	100%	0
SL6	3	59.18	4.60	27.03	100%	0
SL7	3	60.92	4.24	26.12	100%	0
AL15	3	38.81	3.83	11.74	N/A	N/A
SL8	3	144.33	5.66	52.67	100%	0

注：① 将先导发展的最大二维长度除以相应路径的二维长度即为发展程度，超出高速摄像机视野的部分并未纳入计算；② 回击先导的终止高度均被记录为 0，因为未记录到上行连接先导。

　　表 6.2 统计了 23 次先导 2‑D 传播速度的最大值、最小值和算术平均值，以及发展程度和终止高度。发展程度是通过将每个先导发展的最大二维长度除以相应的路径二维长度计算得到，各路径中超出高速摄像机视野的部分并未纳入计算；终止高度是指先导消散或接地时，先导头部相对于地面的高度，由于并未观测到明显的上行连接先导，所有回击先导的终止高度均被记录为 0 m。

　　为了对不同次先导在传播至相同位置时的速度进行对比，3 条路径按二维长度（不考虑超出高速摄像机视野的部分）被分为 10 个等长区间，如图 6.10 所示。图 6.10 中的虚线部分为路径被云层遮挡的部分，虚线形状根据此部分在出现强烈

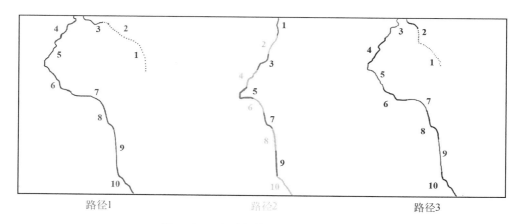

图 6.10　3 条路径按二维长度的十等分

放电过程时的形状进行绘制。

图 6.11 和表 6.3 给出了沿路径 1、路径 2 发展的 4 个先导在上述 10 个等长部分处的平均速度变化趋势。对于沿着路径 1 发展的两个先导,由于 AL3 在区间 1 被云层遮挡且未能发展至区间 4,因此数据量较小,难以将其与 SL1 进行比较。在沿着路径 2 发展的两个先导中,可以发现 SL2 在穿过大部分区间时的平均速度都比 AL3 至少大 2×10^6 m/s。两例企图先导虽然发展路径不同,但展现出了相似的特点,即它们的分段平均速度始终呈减小趋势。两例沿不同路径发展的回击先导,它们虽然在位置 3~8 展现出了相反的速度变化趋势,但它们都在快要接地时经历了大幅度的加速过程。

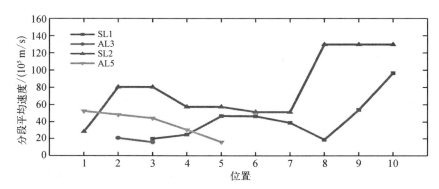

图 6.11　沿路径 1 和路径 2 发展的先导传播速度分段平均值变化趋势

表 6.3　沿路径 1 和路径 2 发展的先导传播速度分段平均值($\times 10^5$ m/s)

	位置 1	位置 2	位置 3	位置 4	位置 5	位置 6	位置 7	位置 8	位置 9	位置 10
SL1	—	—	19.8	24.8	47.0	46.8	39.2	18.8	54.1	96.6
AL3	—	20.6	15.7							
SL2	28.2	80.5	80.5	57.6	57.6	51.7	51.7	129.8	129.8	129.8
AL5	52.8	48.6	44.5	30.5	16.0					

图 6.12(a)~(c) 以与图 6.11 相似的方式展示了沿路径 3 传播的先导的分段平均速度变化趋势,其中 AL12 由于发展过程较短且亮度低,难以计算其发展速度。图 6.12(d) 将那些先导头部再次发展进入高速摄像机视野内的企图先导再次展示了一次,图 6.12 中的数据见表 6.4。需要指出的是,由于图 6.12 中的数据仅统计了先导沿着路径的十等分进行传播时的平均速度而 AL1、AL2 和 AL11 并非消亡于路

径 3 中,因此这 3 次先导曲线的最后一个速度值反映的并不是它们即将消亡的过程。从图 6.12(a)、(b)中可以看出在企图先导中,只有 AL4、AL7、AL9、AL10 和 AL14 的平均速度值连续下降,而其余企图先导的平均速度变化曲线并不单调。AL11 在区间 1 的速度超过了 2.5×10^6 m/s,这大于所有能统计到的回击先导在此处的速度。

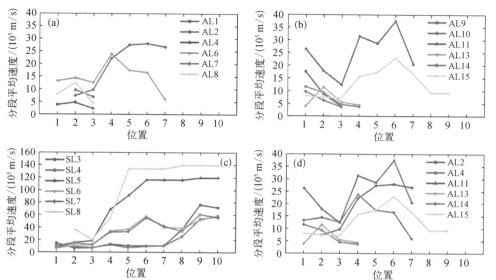

图 6.12　沿路径 3 发展的先导传播速度分段平均值变化趋势

表 6.4　沿路径 3 发展的先导传播速度分段平均值($\times 10^5$ m/s)

	位置 1	位置 2	位置 3	位置 4	位置 5	位置 6	位置 7	位置 8	位置 9	位置 10
AL1	3.8	4.8	—	—	—	—	—	—	—	—
AL2	—	7.4	9.7	22.2	27.5	28.1	26.7			
AL4	—	4.6	2.3	—	—	—	—	—	—	—
AL6	13.2	14.4	12.6	23.9	17.5	16.6	6.0			
AL7	—	9.7	6.9	—	—	—	—	—	—	—
AL8	8.1	12.6	4.4	—	—	—	—	—	—	—
AL9	17.5	8.7	3.9	—	—	—	—	—	—	—
AL10	9.7	6.2	3.6	—	—	—	—	—	—	—

	位置1	位置2	位置3	位置4	位置5	位置6	位置7	位置8	位置9	位置10
SL3	14.8	6.5	7.1	13.0	10.6	10.4	10.7	36.8	76.1	71.6
AL11	26.4	17.8	12.4	31.5	28.7	37.5	20.5	—	—	—
AL13	3.9	11.5	5.5	4.4	—	—	—	—	—	—
AL14	11.6	9.4	4.6	3.8	—	—	—	—	—	—
SL4	10.6	8.9	7.2	12.3	7.5	9.8	10.7	25.6	53.5	57.5
SL5	9.7	15.8	18.5	68.4	91.2	116.3	116.3	116.3	119.8	119.8
SL6	6.2	10.8	11.5	33.9	37.1	57.7	40.2	38.9	52.0	59.2
SL7	6.7	14.6	12.4	32.3	33.2	55.2	41.9	34.1	60.9	55.9
AL15	8.1	7.5	7.3	15.6	17.4	22.8	16.6	9.2	9.2	—
SL8		36.7	20.5	55.1	133.9	133.9	133.9	139.7	139.7	139.7

对于图 6.12 中展示的回击先导,可以发现它们中的部分先导有着相似的速度变化趋势。SL3 与 SL4、SL6 与 SL7、SL5 和 SL8 的变化趋势相似,这其中只有 SL6 和 SL7 是连续出现,SL3 和 SL4 之间还有 4 次企图先导存在。SL8 是一次更为强烈的回击先导,它的速度上升过程更加快且最终速度最高,这可能是由于 AL15 的存在为 SL8 提供了更好的通道条件(更高的通道温度、更低的环境气压、更好的通道导电性等)[126]。本书中的回击先导以及先前报道过的回击先导,大多在即将接地时传播速度会越来越快,但 SL3 和 SL7 却在即将接地时经历了一个减速过程。这一减小了的曲线终值并非是曲线采用速度的分段平均值造成的,而是因为 SL3 和 SL7 在经过位置 10 时仅产生了一个速度值。

6.1.4　企图先导的不同消亡方式

本节通过对比 15 次企图先导的消亡方式并结合现有文献中对企图先导消亡过程的描述,总结企图先导的 4 种消亡方式,分析 4 种消亡方式中企图先导消亡的原因。企图先导的 3 种消亡方式见图 6.13,企图先导和回击先导在分叉点处的不同表现见图 6.14,Kotovsky 等[127]报道的企图先导消亡方式见图 6.15,先导在分叉点前后的发展速度变化见图 6.16。

对比闪电 F201907071802 中的 15 次企图先导,可以发现它们的发展程度在总体上并没有递进关系,即部分企图先导并没有前面几次企图先导传播得那么远,这与 Campos 等[128] 所报道的案例一致。这 15 次企图先导的消亡方式可以被总结出 3 种,如图 6.13 所示。

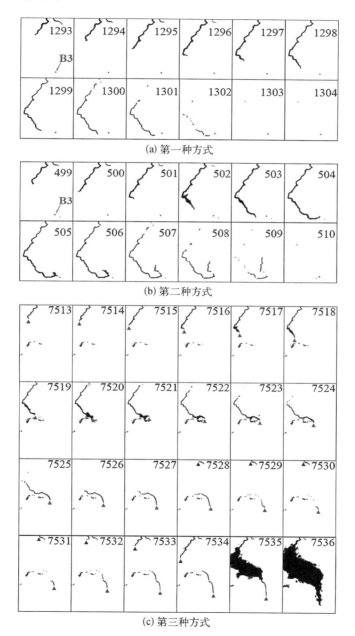

(a) 第一种方式

(b) 第二种方式

(c) 第三种方式

图 6.13　闪电 F201907071802 中企图先导的 3 种消亡方式

第一种是最常见的一种方式,企图先导的传播速度逐渐下降,通道亮度也逐渐减小,最终消失在路径中,如图6.13(a)所示。AL3至AL10、AL12至AL14以第一种方式消亡。第二种方式是企图先导在发展至分叉点时不再沿着原路径进行发展,而是转向沿着本该成为瞬时分支的通道进行发展,如图6.13(b)所示。换言之,不同于其他先导在产生瞬时分支的同时仍在沿着原路径发展,即在分叉点进行"分叉",以第二种方式消亡的先导在分支通道与路径之间作出了选择,即在分叉点进行"转向",如图6.14所示。AL1、AL2和AL11以第二种方式消亡。第三种是最罕见的方式,企图先导在接地前被沿着同通道发展的另一道先导所追上并被吞没,如图6.13(c)所示。本次闪电中只有AL15以第三种方式消亡。

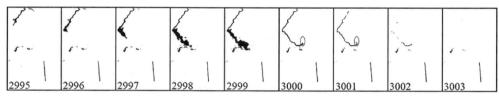

(a) 转向(企图先导)

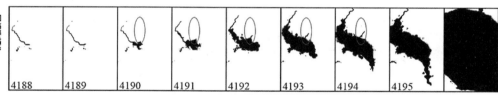

(b) 分叉(回击先导)

图6.14   企图先导与回击先导在分叉点处的不同表现

此前对于企图先导的少数报道中,根据其光学记录和描述可以看出大部分企图先导的消亡与分叉点或像SL8这样的"追逐先导"的存在无关,因此这些先导可以被推测为以第一种方式消亡。Kotovsky等[127]曾报道了两例企图先导,这两例企图先导也是出现于一次"空中法"人工触发闪电的箭式先导/继后回击序列中。这两例企图先导在发展至分叉点处时传播方向发生调转,如图6.15所示。此种消亡方式似乎是一种介于第一种和第二种消亡方式之间的方式,即企图先导的第四种消亡方式。

第一种消亡方式与其他三种消亡方式不同,因为在这种消亡方式中并不存在视觉可见的直接阻止企图先导继续发展的因素。如前所述,过去的研究曾对此种消亡方式出现的原因提出一种假说,即此类企图先导的能量不足以维持其继续将残余通道重新激活以发展至地面。对于以第一种方式消亡的企图先导,如果假设这些企图先导的能量与传播速度呈正相关,那么这一假说对这些企图先导就同样

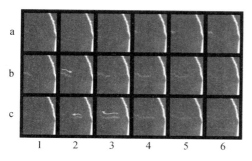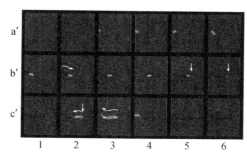

图 6.15　Kotovsky 等报道的两例以第四种消亡方式消亡的企图先导[127]

适用,因为绝大多数此类先导在即将消亡时的发展速度是逐渐下降的。

以第二种和第四种方式消亡的企图先导,在消亡过程中都受到了分叉点的影响。AL1 在发展到 B1 点的时候放弃了继续沿着路径 3 进行发展,而是转向沿着通道"B1 - T1"进行发展。与其他分叉点不同的是,B1 点在闪电 F201907071802 的初始上行正先导发展过程中并没有任何分叉在此处产生。通道"B1 - T1"是由 6.1.2节提到的初始阶段末期频繁出现的短距离瞬时放电过程击穿的。也就是说,B1 点在 AL1 出现的时候并不是一个所谓的"分叉点",正是 AL1 的传播过程将通道"B1 - T1"与路径 3 相连,使 B1 点成为一个分叉点。AL1 在 B1 点处转向沿着通道"B1 - T1"进行发展的原因可能是通道"B1 - T1"有更好的通道条件,而这一更好的通道条件是由产生它的瞬时放电过程导致的。相对路径 3 而言,产生通道"B1 - T1"的放电过程距离 AL1 的出现在时间上更接近,因此通道"B1 - T1"在温度、气压、电阻率等方面的特征更有利于先导进行传播[128]。从图 6.12 中可以看出 AL2和 AL11 的传播速度要高于以第一种方式消亡的企图先导,同时 AL2 和 AL11 在到达 B3 点,即它们的转向点前,它们的速度甚至高于某些回击先导(如 SL3 和 SL4)。同样地,Kotovsky 等[127] 报道的两例以第四种方式消亡的企图先导也是在分叉点处"突然停止"。在抵达分叉点处时,这些先导的速度并不是持续下降到某一较低数值。因此相比较于第一种消亡方式的先导能量不足,分叉点的存在对于第二种和第四种消亡方式而言似乎是一个更为关键的因素。

为了更好地研究第二种消亡方式所涉及的分叉点处先导行为,计算了先导在各分叉点处前后各 5 个速度值,如图 6.16 所示。图 6.16(a)展示了点 B1 处的先导行为,而图 6.16(b)展示了点 B2 处的先导行为,图 6.16(a)的右半部分只展示了瞬时分支的速度,因为 B1 点位于高速摄像机视野的边缘,先导沿着路径发展的速度无法被计算。当 AL2 和 AL11 传播至 B3 点时,它们将要在图 6.2 所示的顶部分支2(B3 - T3)和主通道(B3 - G)之间进行选择。从图 6.16(b)中可以发现 AL2 和AL11 在转向顶部分支 2 的通道发展后,它们的速度并没有增加或维持原状,这意

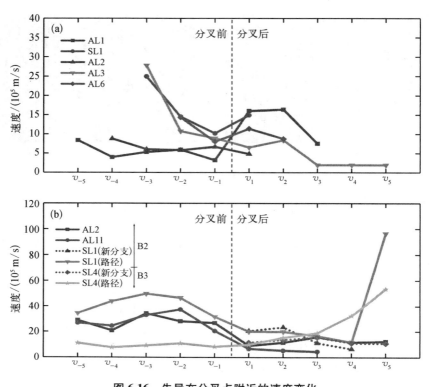

图 6.16   先导在分叉点附近的速度变化

味着分支通道的通道条件并没有明显优于分叉点之前的通道。

事实上,顶部分支 2 的通道条件在 AL2 和 AL11 出现的时候应该是各通道中最差的,即距上一次放电过程的间隔时间最久。从图 6.8 和图 6.9 中可以看出 AL2 出现于由 SL2 引发的回击 RS2 之后,RS2 及其后连续电流的放电通道为路径 2; AL11 出现于由 SL3 引发的回击 RS3 之后,RS3 及其后连续电流的放电通道为路径 2 与路径 3 的并集。而顶部分支 2 仅仅只是被 SL2 在传播过程中产生的一个瞬时分支照亮了极短时间。也就是说,顶部分支 3 和主通道作为回击及连续电流通道的一部分,它们在 AL2 和 AL11 出现时的通道条件理应优于顶部分支 2。然而, AL2 和 AL11 既没有在 B2 点处选择顶部分支 3,也没有在 B3 点处选择主通道,反而在 B3 点处选择了通道条件最差的顶部分支 2。这似乎表明存在着其他因素迫使这两个先导沿着顶部分支 2 进行发展。对于第四种消亡方式,Kotovsky 等[127] 提出分叉点处的通道电阻率发生了改变,这可能影响了先导的传播。

第三次消亡方式中,AL15 成功穿过了最后一个分叉点并以逐渐减小的发光长度向着地面发展,成为所有企图先导中传播距离最长的一个。当 SL8 逐渐接近它的时候,AL15 的尾部开始向后发展,这与实验室长间隙放电实验[129,130] 观测到的空间先导正极性端向着负极性梯级先导头部发展的过程相似。AL15 的消亡与传播速度更快的 SL8 出现直接相关,关于 AL15 和 SL8 的详细研究将在 6.2 节展开。

6.2　先导追逐现象及发展特性

6.2.1　闪电 F201907071802 中的先导追逐现象

本节分析的案例分别来自闪电 F201907071802 和闪电 F201907021520,2 个案例中均记录了一个全新的先导传播现象——先导追逐现象。先导追逐现象,即在箭式先导 A 传播的过程中,出现另一箭式先导 B 沿着与 A 完全相同或部分相同的通道进行传播,且箭式先导 B 的传播速度远高于 A,以致箭式先导 A 的尾部在其头部接地或整体消亡之前便已与箭式先导 B 的头部相接。在箭式先导 A 和箭式先导 B 相接后,两者形成了一个箭式先导 C。本节将此处的箭式先导 A 命名为信使先导,将箭式先导 B 命名为追猎先导,由于箭式先导 C 最后都引发了回击,便不再对箭式先导 C 进行重复命名,仍称其为回击先导,并根据其具体引发的回击序号对其进行编号。

案例 1 即为 6.1 节所介绍的闪电 F201907071802 中 AL15 和 SL8 之间出现的先导追逐现象,在本节中为了便于对比将 AL15 称为信使先导 1,SL8 称为追猎先导 1,最终引发了第八次回击的先导称为回击先导 8。案例 1 的光学和电场记录见图 6.17,各先导的速度变化见图 6.18。

图 6.17 展示了先导追逐案例 1 的光学和电场记录,其中图 6.17(a)展示了信使先导 1 和追猎先导 1 的传播路径。在图 6.17(a)中,紫色实线指示了高速摄像机视野的上边界,紫色虚线部分则是根据无反相机拍摄结果对视野外或受云层遮挡的部分传播路径进行的简化补充。图 6.17(b)展示了案例 1 中先导追逐过程的高速图像。信使先导、追猎先导和回击先导的头部位置分别由蓝色、红色和绿色箭头进行指示。由于追猎先导 1 刚刚出现在视野内时的亮度非常微弱,相应高速图像的局部进行了按亮度差异化处理以更好地观测追猎先导 1 的头部发展。

从图 6.17(b)中可以看出,信使先导 1 的头部于第-38 帧发展至视野上界处,即距地面约 1 600 m 高度处。在第-39~-27 帧之间,信使先导 1 的头部在视野外传播,并在第-28 帧重新进入视野内,向着地面传播。当信使先导 1 传播至第-13 帧时,追猎先导 1 开始以很微弱的光亮出现于视野内受云层遮挡的部分。在第-13~-5 帧之间,可以看出在追猎先导 1 出现和发展的期间,信使先导 1 的发展过程正变得越来越微弱。信使先导 1 的通道变得越来越短,亮度也逐渐变得暗淡。在第-4 帧中,信使先导 1 的尾部开始向后传播,此时信使先导 1 的头部仍然在向

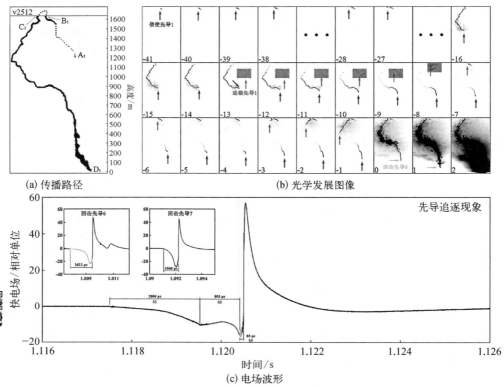

(a) 传播路径　　　　　　　(b) 光学发展图像

(c) 电场波形

图 6.17　先导追逐案例 1 的光学和电场记录

前发展,即信使先导 1 开始双向发展。在此期间,追猎先导 1 以更快的速度进行发展并在第 0 帧中与信使先导 1 相遇。两个先导相遇的位置区间为距地面 800～1 200 m 处,回击先导 8 在第 2 帧中接地引发了回击 RS8。

图 6.17(c)展示了先导追逐过程的电场变化,其中两个子图展示了在先导追逐现象出现前 100 ms 内进行传播的两次回击先导及其引发回击的电场波形。这两次回击先导分别引发了回击 RS6 和 RS7。电场波形中对应图 6.17(b)中第 -41 ～ -14 帧的部分被表示为蓝色,对应第 -13 ～ 0 帧的部分被表示为红色,对应第 1 帧的部分被表示为绿色。信使先导 1 和追猎先导 1 相遇的第 0 帧和回击发生的第 2 帧所对应部分单独以黄色阴影区域再次表示。根据电场波形的变化特点,图 6.17(c)将 RS8 出现之前的电场波形分为三部分: S1、S2 和 S3。

通过比对 S1～S3 和高速图像所对应的颜色区域,考虑到高速图像往往难以记录到先导传播的起始阶段,可以认为 S1 部分是由信使先导 1 的传播引起,而 S2 部分的电场波形改变由追猎先导 1 的出现引起,S3 部分则是由回击先导 8 的传播引起。同时通过比对先导追逐过程的电场变化与回击先导 6 和回击先导 7 引起的电场变化,可以看出先导追逐过程与它们之间的明显区别正是 S2 部分。S1、S2 和 S3 分别持续了 2 006 μs、893 μs 和 83 μs,总时长为 2 982 μs,远大于回击先导 6 的 1 612 μs 和回击先导 7 的 1 068 μs。

图 6.18 展示了案例 1 中各先导及回击先导 6 和回击先导 7 的速度变化。图 6.18(a) 和图 6.18(b) 将图 6.17(b) 中各帧记录的信使先导 1、追猎先导 1 和回击先导 8 的通道从背景中分离并按其传播速度的大小进行上色。此处的传播速度指先导头部的速度,图 6.18(a)、(b) 中的速度-颜色对应关系有所不同。图 6.18(a)、(b) 可以直观地反映先导头部速度大小与其所处空间位置之间的对应关系,图 6.18(a) 数据取自信使先导 1 的发展过程,图 6.18(b) 数据取自追猎先导 1 和回击先导 8。图 6.18(a) 中最后一个通道的后半部分为黑色,这是因为在这一帧信使先导 1 与追猎先导 1 已经相遇,黑色与青色交界处为假设的先导相遇点,所以黑色部分被假定为不属于信使先导 1,图 6.18(b) 中第一个通道的前半部分为黑色也是出于同样的原因。从图 6.18(a) 中可以看出信使先导的速度整体上先增后减,并且其速度在先导大致沿着垂直方向向下传播时达到峰值。

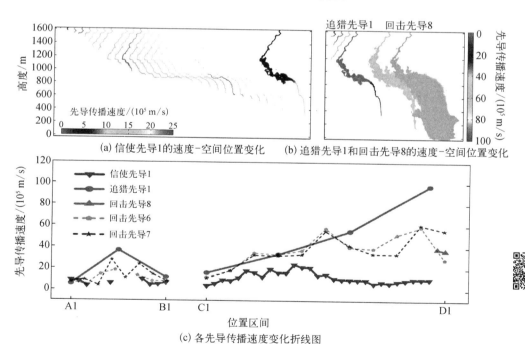

图 6.18　案例 1 中各先导的传播速度变化

图 6.18(c) 展示了各先导传播速度变化的折线图,此处的横坐标为以图 6.17(a) 中各节点为起止点的位置区间,各折线按位置区间被缩放至相同长度以便进行

相互比较。回击先导 8 只能计算出两个速度值,且其第二个速度值为下限值,因为回击先导在接地或与上行连接先导相遇时便停止了发展,其发展时间小于等于单帧曝光时间。

从图 6.18(c)中可以看出信使先导 1 在发展初期与对照组(回击先导 6 和回击先导 7)相比并未有较为明显的差异,但当信使先导 1 的头部重新发展进入高速摄像机的视野内时,它的传播速度相对对照组而言就显得较低,始终未超过 2.5×10^6 m/s。与之相反,追猎先导 1 的传播速度自始至终都相对较大。追猎先导 1 的最后一个速度值为 9.75×10^6 m/s,该值的计算同样基于前面所假设的相遇点位置。虽然回击先导 8 只有两个速度值,但可以清楚地看出回击先导 8 的发展速度介于信使先导 1 和追猎先导 1 的发展速度之间,似乎意味着回击先导 8 是信使先导 1 和追猎先导 1 相融合的产物。信使先导 1 的传播速度为 $3.83 \times 10^5 \sim 2.40 \times 10^6$ m/s,算术平均值为 1.10×10^6 m/s。追猎先导 1 的传播速度为 $5.66 \times 10^5 \sim 9.75 \times 10^6$ m/s,算术平均值为 3.66×10^6 m/s。回击先导 8 仅有的两个速度值为 3.88×10^6 m/s 和 3.70×10^6 m/s。

6.2.2　闪电 F201907021520 中的先导追逐现象

案例 2 中的先导追逐现象出现于闪电 F201907021520 的回击 RS4 之前,闪电 F201907021520 总共含 11 次回击。追猎先导 2 与信使先导 2 的传播路径见图 6.19 和图 6.20,案例 2 的光学和电场记录见图 6.21,各先导的速度变化见图 6.22,闪电 F201907021520 的通道基底电流波形见图 6.19,11 次回击电流特征参数见表 6.5。

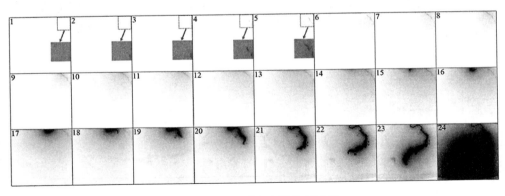

图 6.19　回击先导 8 的传播路径

与案例 1 稍有不同的是,案例 2 中的信使先导 2 和追猎先导 2 并非沿着完全一样的路径进行传播,但两者在高速摄像机视野内的通道存在重合部分。追猎先导 2 沿着与回击先导 8(本节中的回击先导 8 指闪电 F201907021520 的第 8 次回击先导,与 6.2.1 节中的回击先导 8 不同)完全相同的路径进行传播,如图 6.19 所示。

图 6.20 展示了闪电 F201907021520 的通道结构并标注了关键节点。

从图 6.19 和图 6.20 中可以看出,追猎先导 2 的发展路径为"A2 – B2 – C2 – D2"。在信使先导 2 的发展过程中,通道"A2 – B2"并未被照亮,且在信使先导 2 的头部首次从视野上界进入视野内前,视野上界处的亮度正变得越来越亮,这些都表明闪电 F201907021520 的通道在高速摄像机的视野外存在分支。图 6.20 给出的是闪电 F201907021520 通道结构的一种可能结果,视野外的分支被表示为通道"E2 – C2"。在图 6.20 中,信使先导 2 和追猎先导 2 的传播路径分别被橙色和紫色带箭头的折线表示。通道"C2 – D2"在视野上界附近有一处像素堆叠块,根据 6D Ⅱ 相机的拍摄结果,此像素堆叠块实际为一处闪电通道回弯,因此闪电通道在此处并未发展超出视野,也未与通道"B2 – C2"相连。

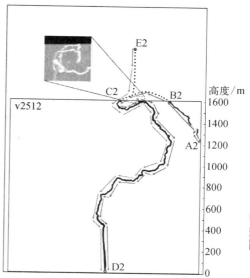

图 6.21 展示了案例 2 中先导追逐过程的高速图像记录及电场变化。从图 6.21(a)中可以看出通道"A2 – B2"

图 6.20　追猎先导 2 和信使先导 2 传播路径示意图

在信使先导 2 首次出现于视野上界处前并未被照亮,这表明信使先导沿着通道"E2 – C2"进入视野内。追猎先导 2 则在 -6 帧中首次出现于通道"A2 – B2"中,在 -5 帧中,追猎先导 2 的头部到达了视野上界。在 -4～-1 帧中,追猎先导 2 的头部在视野外发展,此时信使先导 2 的尾部清晰地出现于视野内,表明在此期间信使先导 2 与追猎先导 2 并未相遇。在 0 帧中,信使先导 2 曾经过的通道突然全部发亮,这一变化可以由 3 种可能的原因导致:① 追猎先导 2 在高速视野外消亡或转而沿着全新的路径进行发展,同时信使先导 2 变成一道双向先导,其尾部的向后发展导致了通道整体发亮;② 追猎先导 2 没有消亡并在 0 帧其头部发展进入视野内,同时追猎先导 2 与信使先导 2 相遇,追猎先导 2 与信使先导 2 在通道中的相遇导致了通道的整体发亮;③ 追猎先导 2 的头部在 0 帧发展进入视野内,同时信使先导 2 变为双向先导,追猎先导 2 头部的向前发展和信使先导 2 尾部的向后发展共同导致了它们的相遇并造成了通道的整体发亮。

本书倾向于将此处的通道整体变亮归因于第二种可能:首先,追猎先导 2 停止沿着原路径发展和信使先导 2 在无明显诱因时转变为双向先导,两者同时发生

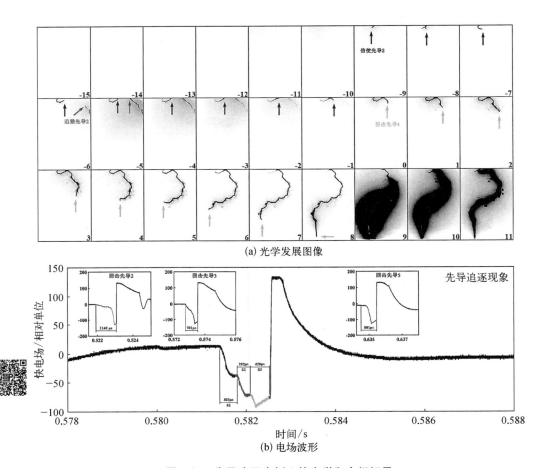

(a) 光学发展图像

(b) 电场波形

图 6.21　先导追逐案例 2 的光学和电场记录

的可能性较小;其次,在第三种可能中,情况与案例 1 中的信使先导 1 因追猎先导 1 的接近而变为双向先导相同,而在案例 1 中,信使先导 1 在两者相遇前约 150 μs 时变为双向先导,这比信使先导 2 可能的双向发展时间(不足 50 μs)要长得多。本节后续内容的分析均基于第二种可能进行,信使先导 2 与追猎先导相遇的高度超过 1 500 m,回击先导 4 在 9 帧中接地引发了回击 RS4。

图 6.21(b)展示了先导追逐过程以及其前后各约 50 ms 内出现的 3 次回击先导及相应回击的电场变化。从图 6.21(b)中可以看出部分回击发生时电场信号发生了饱和,但这并不影响对回击前的先导过程电场进行分析。与图 6.17(b)相似,图 6.21(b)将第−9~−7 帧对应的电场部分表示为蓝色,将第−6~0 帧对应的电场部分表示红色,将第 1~8 帧对应的电场部分表示为绿色。信使先导 2 与追猎先导 2 相遇的 0 帧与回击发生的 9 帧也被单独以黄色阴影再次表示。电场波形按

变化规律被分为三部分:S1、S2 和 S3,同样地,S1 和 S3 处电场变化分别由信使先导 2 和回击先导 4 引起,而 S2 处电场变化趋势的改变由追猎先导 2 的出现导致。

需要指出的是,回击先导 2 和回击先导 3 与信使先导 2 沿着相同的路径传播,而回击先导 5 则沿着与追猎先导 2 相同的路径传播,这可能是回击先导 2 和回击先导 3 的电场波形变化与回击先导 5 并不相似的原因。S1 和 S3 部分与回击先导 2 和回击先导 3 的对应部分相似,而 S2 部分与其对应部分则存在较大差异。从变化特征来看,S2 与 S1 更为相似,但其持续时间较短。S1、S2 和 S3 的持续时间分别为 393 μs、292 μs 和 429 μs,三者总持续时间为 1 114 μs,并未明显大于对照组先导的持续时间。

图 6.22 的绘制方法与图 6.18 相似,其中图 6.22(a)展示了信使先导 2 的速度-空间位置对应关系,图 6.22(b)展示了回击先导 4 的速度-空间位置对应关系。从图 6.22(a)中,可以看出信使先导 2 在其头部传播至回弯处时速度最低,这应该是由于高速摄像机像素分辨率较低,从高速图像中并不能准确地分辨先导头部的位置,同时由于二维图像的局限性,此处形状复杂的回弯通道在图像中堆叠在一起。图 6.22(c)展示了信使先导 2、追猎先导 2、回击先导 4 和三个用以对照的回击先导的传播速度变化趋势。追猎先导 2 仅能计算出三个速度值,其中最

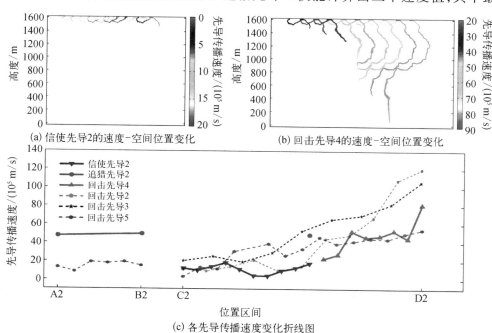

(a) 信使先导2的速度-空间位置变化

(b) 回击先导4的速度-空间位置变化

(c) 各先导传播速度变化折线图

图 6.22 案例 2 中各先导的传播速度变化

后一个速度值为下限值。在对此下限值的计算中,追猎先导 2 的头部在第 -1 帧中被假设位于 C2 点处,在第 0 帧中被假设位于信使先导尾部在第 -1 帧中所处的位置。

从图 6.22(c)中可以发现,信使先导 2 和回击先导 4 的速度变化范围相比较于对照组而言并未展现出明显的区别,而对于追猎先导 2,考虑到其最后一个速度值为下限值,它的传播速度相对较高。此外,回击先导 4 的速度折线变化趋势与信使先导 2 较为相似,两条折线在交界处吻合度较高。信使先导 2 的传播速度为 $4.13 \times 10^5 \sim 1.82 \times 10^6$ m/s,算术平均值为 1.14×10^6 m/s。回击先导 4 的传播速度为 $2.26 \times 10^6 \sim 8.12 \times 10^6$ m/s,算术平均值为 4.67×10^6 m/s。追猎先导 2 的前两个速度值为 4.73×10^6 m/s 和 4.95×10^6 m/s。

闪电 F201907021520 的通道基底电流波形如图 6.23 所示,案例 2 中回击先导 4 及对照组先导引发的回击电流波形如图 6.24 所示,11 次回击电流特征参数见表 6.5。从图 6.23 和表 6.5 中可以看出,先导追逐案例 2 中回击先导 4 所引发的回击 RS4,其峰值电流在总共 11 次回击中是最小的,也是唯一低于 10 kA 的回击。虽然 RS4 的持续时间并非最短,但 RS4 转移的电荷量最少,为 326.21 mC。从图 6.24 中可以看出,在先导追逐案例 2 出现之前,RS2 和 RS3 的放电过程中均出现了 M 分量过程,RS1 同样也包含了 M 分量过程。而在先导追逐现象出现后,RS4 ~ RS8 的放电过程中均无明显 M 分量过程,直至 RS9 出现,继后回击又重新都包含 M 分量过程。

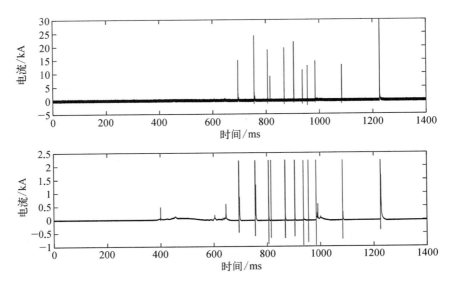

图 6.23   闪电 F201907021520 的通道基底电流波形

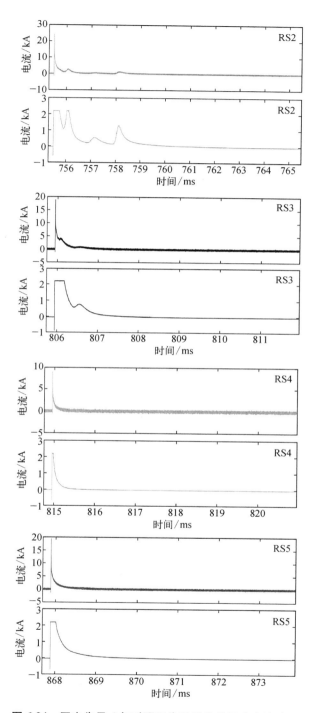

图 6.24　回击先导 4 与对照组先导引发的回击电流波形

表 6.5　闪电 F201907021520 中 11 次回击电流特征参数

回击	电流峰值/kA	10%~90%上升时间/μs	转移电荷量/mC	持续时间/ms
1	14.90	0.54	2 797.81	5.37
2	24.07	0.47	3 663.18	6.37
3	18.87	0.45	1 726.09	2.50
4	8.90	0.54	326.21	1.41
5	19.47	0.44	1 228.96	2.94
6	21.80	0.46	1 355.99	2.09
7	11.27	0.45	564.20	6.60
8	12.83	0.46	414.25	0.82
9	14.53	0.44	3 643.49	38.70
10	13.10	0.46	642.54	3.58
11	29.90	0.47	6 016.05	14.49

6.2.3　先导追逐现象分析

为了更好地理解先导追逐现象,本节将首先介绍两个相关现象,即 β_2 型梯级先导中出现的箭式流光的现象和企图先导、回击先导相继出现的现象。Schonland[53] 基于对闪电的条纹相机观测结果将负极性梯级先导分为两类:α 型梯级先导和 β 型梯级先导。α 型梯级先导在传播过程中速度有很好的一致性,为 10^5 m/s 量级,同时先导产生的各梯级在步长和亮度等特征上区别不大。α 型梯级先导是最常被观测到的梯级先导类型,在 Schonland[53] 观测到的所有梯级先导案例中,α 型梯级先导占 55%~90%。β 型梯级先导在传播过程中则表现出了非连续性:在云底周围的第一阶段中,β 型梯级先导相比较于 α 型梯级先导有着更亮和更长的梯级,同时发展速度也更快,为 10^6 m/s 量级;在接近地面的第二阶段中,β 型梯级先导开始表现得与 α 型梯级先导相似,速度和亮度都已减小且梯级步长也更短。

Schonland[53] 将 β 型梯级先导细分为了两种类型:β_1 型梯级先导和 β_2 型梯级先导。β_1 型梯级先导是最常见的 β 型梯级先导,它的发展过程与 β 型梯级先导发展过程基本一致。β_2 型梯级先导则是一类相当罕见的 β 型梯级先导,在 β_2 型梯级先导发展接近地面的第二阶段中会出现一道或多道快速发展的箭式流光,这些箭式流光沿着 β_2 型梯级先导刚刚形成的通道进行发展并在抵达 β_2 型梯级先导的头部时消失。

Schonland 等[53] 在 1938 年的报道中仅记录到了 4 例 β_2 型梯级先导,其中 2 例出现了 1 次箭式流光,1 例出现了 2 次箭式流光,还有 1 例无相关描述。在发展速度方面,有 2 例 β_2 型梯级先导在箭式流光出现后平均速度有所增加,1 例减小,还有 1 例未表现出任何明显的变化。仅有 1 例 β_2 型梯级先导中箭式流光的速度可以被估测,其速度大于 2.0×10^6 m/s。β_2 型梯级先导的首张图像记录很可能是由 Workman 等[131] 在 1936 年利用底片缓慢移动相机进行拍摄。

近年来鲜有关于 β_2 型梯级先导的报道及研究,Campos 等[132] 在 2014 年报道了 7 例 β_2 型梯级先导,并对 β_2 型梯级先导中箭式流光的出现原因提出了假设。这 7 例 β_2 型梯级先导均由高速摄像机以 4 000 帧/秒的帧率进行记录。通过计算,这些箭式流光的发展速度为 $10^6 \sim 10^7$ m/s,与先前报道的反冲先导速度相近。Campos 等[132] 提出这些箭式流光是一次或多次反冲先导于云内起始,在连接到另一道双向先导后向下传至 β_2 型梯级先导路径末端的视觉结果。

企图先导、回击先导相继出现的现象出现于某些回击之前,与大多数回击先导不同,这里的回击先导紧随一次企图先导的消亡而出现。如果将信使先导看作企图先导,将追猎先导看作回击先导,那么先导追逐现象就可以视作在企图先导、回击先导相继出现的现象中,两次先导出现时间间隔更短的结果。企图先导、回击先导相继出现的现象曾由 Lyu 等[44] 报道于一次自然地闪中,在该案例中,回击与企图先导之间的间隔时间为 3.6 ms,即企图先导与回击先导之间的间隔时间小于 3.6 ms。

虽然信使先导和 β_2 型梯级先导存在相似点,即在"追逐"过程中都是被追赶的目标,但信使先导与 β_2 型梯级先导存在着本质上的区别。信使先导是箭式先导,它沿着残余通道进行发展,传播速度更高,头部在发展过程中不存在停滞过程,发光通道的长度和发光亮度也更高。而 β_2 型梯级先导是梯级先导,它在新鲜空气中进行发展,传播速度较低,头部在发展过程中呈现"走走停停"的发展特征,发光区域多集中于头部。与大多数箭式先导不同的地方在于,此处的信使先导发展过程并不强烈:信使先导的发光长度较短以致高速摄像机能成功地在视野内记录到其尾部的空间位置。被追逐先导的尾部空间位置清晰可辨是 β_2 型梯级先导和信使先导的发展过程中的共同点,也是"追逐"过程得以被发现的关键因素。

同样在"追逐"过程中都是作为追赶者的追猎先导和箭式流光,它们之间也同样存在着一些区别。在 Campos 等[132] 的报道中,这些箭式流光大多突然出现在画面中,照亮 β_2 型梯级先导曾穿过的已经黯淡的通道,通常只被 1~2 帧的高速图像记录到,而追猎先导则有着较为清晰的从出现到逐渐提速、变亮的发展过程。对箭式流光的传播过程记录的缺失可能是由记录用的高速摄像机帧率较低(4 000 帧/秒)和视野相对较小导致的。

仅从高速图像中记录到的先导追逐现象来看,很难判断出回击先导是在信使先导和追猎先导的碰撞中幸存下来的一方,还是两者相融合而形成的新先导。在案例 1 中,自追猎先导 1 出现后,电场变化的趋势与信使先导 1 单独传播时相比差异明显。电场信号在追猎先导 1 出现时明显地偏向正极性端,出现了一段时长约 500 μs 的上升过程,这意味着追猎先导 1 很有可能是正极性先导。在追猎先导 1 出现期间的电场上升并非由先导在较为复杂的传播路径中多次改变前进方向所致,因为信使先导 1 和回击先导 6、7 均沿着完全相同的路径传播,而电场信号在它们的传播过程中始终保持下降趋势。

在追猎先导 1 和信使先导 1 相遇后,画面中仅剩的回击先导 8 的传播速度介于追猎先导 1 和信使先导 1 之间。而在 β_2 型梯级先导的传播过程中,β_2 型梯级先导的传播速度并没有明显地受到箭式流光的影响,因此回击先导 8 并不是“没有明显地受到‘追猎先导 1’的影响”而继续发展的信使先导 1,而更可能是正极性的追猎先导 1 和负极性的信使先导 1 相融合的产物。信使先导 1 尾部受追猎先导 1 头部引诱而向后发展的过程类似于实验室长间隙放电[129,130]中负极性先导头部前方的空间先导正极性端向着负极性先导头部发展,这是支撑追猎先导 1 和信使先导 1 极性相反更为有力的证据。偏向正极性的电场信号,回击先导 8 的传播速度和信使先导 1 的双向发展,都表明了追猎先导 1 是一次正极性的箭式先导。而回击先导 8 则是由信使先导 1 和追猎先导 1 相部中和后仍为负极性的箭式先导(如电场波形和速度变化所示)。因此在先导追逐案例 1 中,追猎先导 1 和信使先导 1 的性质和发展结果与 β_2 型梯级先导中各对应先导完全不同。

在案例 2 中,追猎先导 2 出现后电场信号仍在继续下降,同时电场变化趋势与信使先导 2 单独传播时相似。同时,如果将回击先导 4 看作信使先导 2 的延续,那么信使先导 2 就如同 β_2 型梯级先导一样,其传播速度并未明显地受到追猎先导 2 的影响。信使先导 2 在追猎先导 2 即将接近它的时候也并未展现出双向发展的特征。通过对比两类过程的特点,可以发现如果将追猎先导 2 看作箭式流光,将信使先导 2 和回击先导 4 看作 β_2 型梯级先导,那么案例 2 中的先导追逐现象就是 β_2 型梯级先导传播过程在箭式先导发展过程中的“重演”。因此,可以认为追猎先导 2 为类似于文献[132]中箭式流光的负极性反冲先导,那么回击先导 4 也就是信使先导 2 的延续。

如果追猎先导未能成功追上信使先导,或追猎先导未曾出现,那么信使先导是否能成功引发回击?这是一个有助于理解两例信使先导性质的关键问题。虽然信使先导的传播可能自追猎先导出现在其通道中时就已经受到了影响,但对上述问题的结果进行推演依然有助于加深对信使先导发展过程的理解。在案例 2 中,当追猎先导 2 出现时,信使先导 2 的发展态势依然良好。虽然信使先导 2 的尾部已经出现在高速摄像机的视野内,即其通道长度相对而言较小,但是信使先导 2 的通道长度在追猎先导 2 出现前后一直保持着增长趋势(考虑到回弯处的通道实际长度远远大于堆叠像素所代表的长度),且其通道亮度一直较高。同时,根据前面的分析,认为回击先导 4 即是信使先导 2 的延续,它(们)的传播速度并未明显地受到追猎先导 2 的影响,且与对照组相比也不落下风,综上所述,本研究认为信使先导 2 在追猎先导 2 未能追上或追猎先导 2 不存在时依然能成功接地引发回击。

在案例 1 中,从图 6.17(b)和图 6.18(a)中可以看出信使先导 1 在追猎先导 1 足够接近它之前正变得越来越微弱。信使先导 1 在这期间的发光长度和亮度逐渐减小,传播速度也下降并保持在一个相对较低的水平。对信使先导 1 在追猎先导 1 未能追上或追猎先导 1 不存在时的结局,可以做出三种预测:第一种发展结果是,信使先导 1 会继续传播并最终引发一次较为微弱的回击;第二种发展结果是,信使先导 1 很快黯淡消失而不能接地,但在信使先导 1 消失后极短时间内,在信使先导 1 最终消失的位置会出现一次双向先导,双向先导最终接地引发回击,如 Qie 等[51]所报道的双向先导案例;第三种发展结果是,信使先导 1 会很快黯淡消失。如果信使先导 1 在追猎先导 1 未能追上或不存在时有着第三种发展结果,那么案例 1 中的信使先导 1 和追猎先导 1 的性质就类似于企图先导、回击先导相继出现现象中的企图先导和回击先导。

6.3　箭式双向先导的发展特性

6.3.1　箭式先导双向发展的 8 个案例

本节分析了箭式先导从单向发展转为双向发展的过程,图 6.25 ~ 图 6.35 展示了 8 个箭式先导双向发展案例的高速图像和通道底部电流记录,高速图像均经过了背景亮度去除、反相和对比度提升等处理,部分图像的局部区域被重新着色以便于观察相应先导的发展过程。

案例 1 中的双向箭式先导出现于闪电 F201906051622 的第八次回击之前,其发展过程如图 6.25 所示。在第 1~5 帧中,箭式先导向下传播,但其发光长度正变得越来越短。在第 6~7 帧中,箭式先导开始表现出双向发展的特征,这从它尾部的向后延伸中可以看出。在第 7 帧之后的一帧图像中,双向发展的箭式先导引发了第八次回击。

案例 2 中的双向先导出现于闪电 F201906301715 的第四次回击之前,发展过程如图 6.26 所示。闪电 F201906301715 的通道底部电流及第四次回击的通道底部

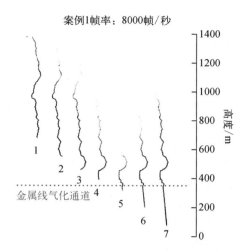

图 6.25　箭式先导双向发展案例 1 的高速图像记录

电流如图 6.27 所示。在第 1~10 帧中,箭式先导向下的传播过程和案例 1 中相似,也正在逐渐减弱。但在第 8~9 帧时,箭式先导曾短暂出现双向发展的特征,随后重新转为单向发展。箭式先导的头部在第 10 帧时传播至金属线气化通道的顶部,随后在第 11 帧中,箭式先导的发展程度明显增强并呈现双向发展的特征直至接地引发了第四次回击。

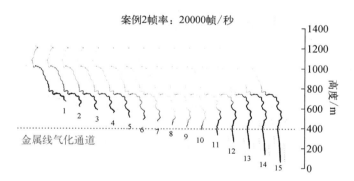

图 6.26　箭式先导双向发展案例 2 的高速图像记录

　　案例 3 记录了闪电 F201907021515 的第五次回击前的一次箭式先导双向发展过程,其高速图像如图 6.28 所示。案例 1 和案例 2 中箭式先导向下传播过程中发展程度逐渐减弱的现象在案例 3 同样存在,如第 1~7 帧所示。在第 8 帧中,箭式先导的头部开始进入金属线气化通道发展,同时先导的尾部开始向上发展,即箭式先导表现出了双向发展的特征。

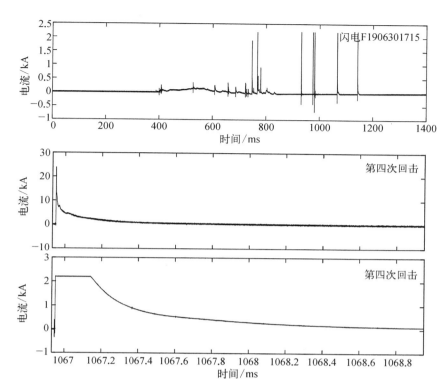

图 6.27　箭式先导双向发展案例 2 中闪电通道底部电流

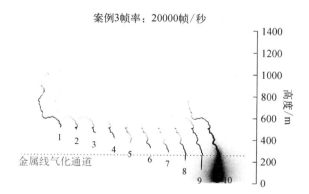

图 6.28　箭式先导双向发展案例 3 的高速图像记录

　　案例 4 和案例 5 中的箭式先导双向发展过程分别出现于闪电 F201907071802 的第三次回击和第四次回击之前,其高速图像如图 6.29 和图 6.30 所示。这两例箭式先导最初向着地面的单向传播过程也是逐渐减弱的,直至它们传播至各自的分

叉点。当两例箭式先导分别在各自的分叉点产生新分支的同时,箭式先导的尾部
也在向后发展,意味着两例箭式先导开始表示出双向发展特征。

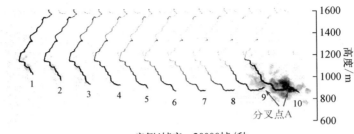

案例4帧率:20000帧/秒

图6.29　箭式先导双向发展案例4的高速图像记录

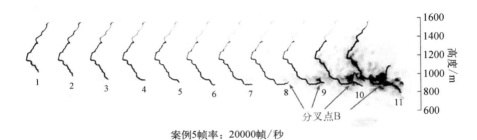

案例5帧率:20000帧/秒

图6.30　箭式先导双向发展案例5的高速图像记录

　　案例 6 中的箭式先导出现于闪电 F201906301712 的第四次回击之前,这例箭
式先导在传播过程中表现出了多重双向发展特征,其高速图像如图 6.31 所示。闪
电 F201906301712 的通道底部电流及第四次回击的通道底部电流如图 6.32 所示。
这里的多重双向发展特征是指在单次先导传播过程中,单向传播先导转变为双向
传播先导或单向传播先导消失后通道中很快出现一道双向传播先导的过程多次出
现。在案例 6 中,箭式先导在第 1 帧进入视野内,并在接下来的三帧中向下传播。
到了第 5~7 帧中时,箭式先导的通道黯淡消失于高速图像中,即使在对比进一步
增强的着色图中也很难分辨出箭式先导的通道。

　　箭式先导的尾部在第 1~7 帧中都没有出现,因此很难推测出在此期间箭式先
导是否以双向发展的方式进行传播。在第 8 帧中,一道双向先导起始出现在高速
图像中,称其为首次双向先导。如果首次双向先导起始于箭式先导在第 4 帧中消
失的高度处,那么在第 8 帧中,它向下发展的负极性端明显亮于向上发展的正极性
端。在第 8~14 帧中,首次双向先导的亮度主要集中于先导头部。在第 15、16 帧
中,首次双向先导的通道也变得不可见,但在对比度进一步增强的着色图中,可以
看出先导通道以相当低的亮度继续向下发展,其头部位置由红色三角形指示。

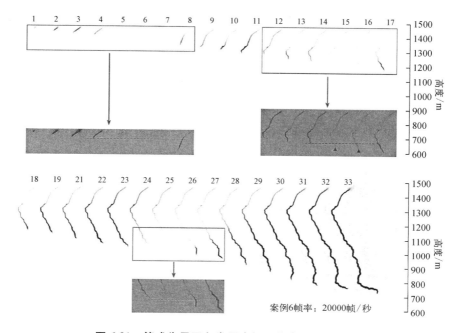

图 6.31　箭式先导双向发展案例 6 的高速图像记录

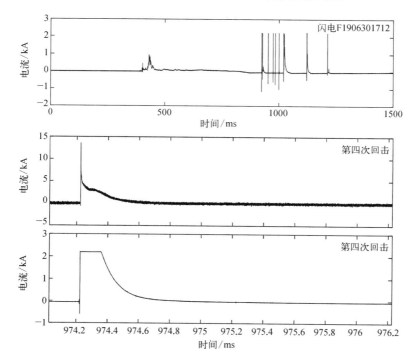

图 6.32　箭式先导双向发展案例 6 中闪电通道底部电流

如果认为首次双向先导在第 15 帧中亮度过低,已经消散,那么在第 17 帧中起始的就是第二次双向先导。当第二次双向先导刚出现于第 17~19 帧时,它却以双向发展形式传播。但在第 20 帧中,第二次双向先导的尾部一度变得黯淡并在下一帧中再次向上发展,这意味着第二次双向先导实际上以“双向-单向-双向”的方式进行发展。在第 24 帧中,第二次双向先导的头部开始黯淡,随后在第 26 帧中,第三次双向先导起始于距地面约 1 000 m 处。第三次双向先导的正极性端在 0.4 ms 内上升了约 500 m 的高度,而负极性端在此期间只下降了不足 300 m。第三次双向先导的负极性端最终成功接地引发了回击。首次双向先导和二次双向先导可以被归为两次双向企图先导。

在案例 6 中,即使假定箭式先导在出现于视野内时为单向传播,同时认为第二次双向先导实际上是首次双向先导的延续,那箭式先导的传播过程中依然表现出了多重双向发展特征,因为首次双向先导和第三次双向先导都是在前次先导黯淡之后重新起始的双向先导。

图 6.33 展示了案例 7 中一例具有多重双向发展特征的箭式先导传播过程,它出现于闪电 F201906051620 的第四次回击之前。箭式先导首先在第 1 帧中出现于视野内并很快在第 2 帧中黯淡消失。在第 3 帧,首次双向先导出现于图像中,其尾部高于刚刚黯淡消失的箭式先导的头部位置。首次双向先导的发展持续时间同样很短,在第 4 帧中便黯淡消失。第二次双向先导以十分微弱的亮度出现于第 5 帧中并持续发展至接地引发回击。

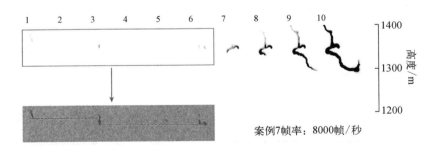

案例7帧率:8000帧/秒

图 6.33　箭式先导双向发展案例 7 的高速图像记录

案例 8 即为 6.2 节中介绍的信使先导 1 在追猎先导 1 行将接近时转变为双向发展模式,如图 6.34 所示。信使先导 1 比追猎先导 1 早 1.95 ms 进入高速摄像机的视野内,两先导沿着完全相同的路径进行发展。在第 1~4 帧中,信使先导 1 的通道的发光亮度和长度都在逐渐减小。从第 5 帧开始,信使先导 1 的尾部开始向后发展,这意味着信使先导 1 开始以双向发展的模式进行传播。最终双向发展的信使先导 1 和追猎先导 1 相融合形成一个通道长度更长的先导并最终接地引发了回击。

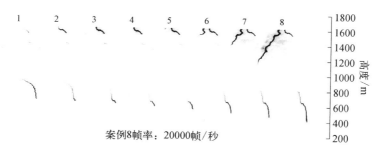

案例8帧率：20000帧/秒

图 6.34　箭式先导双向发展案例 8 的高速图像记录

6.3.2　箭式先导双向发展过程的电场变化

本节以多时间尺度展开并分析案例 3 和案例 8 中箭式先导双向发展过程中的电场变化波形,并与相关文献报道中的类似案例进行对比。案例 3 的电场变化波形见图 6.35,案例 8 的电场变化见图 6.36。

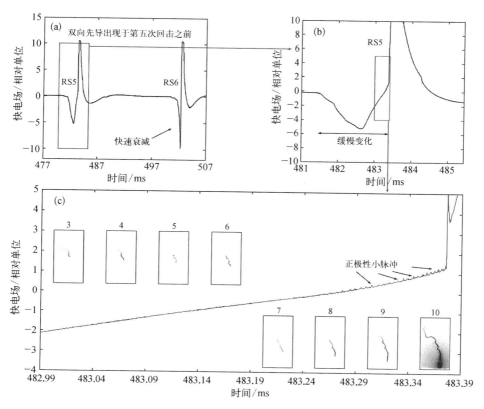

图 6.35　案例 3 中箭式先导双向发展过程的电场波形

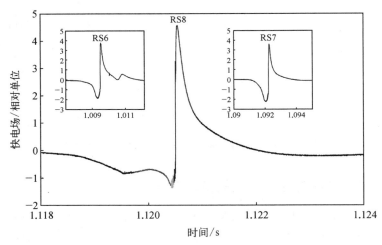

图 6.36   案例 8 中箭式先导双向发展过程的电场变化

图 6.35 以不同时间尺度展示了案例 3 中箭式先导双向发展过程的电场变化波形。从图 6.35（a）中可以看出第五次回击前伴有双向发展过程的箭式先导电场波形相比于第六次回击及其他回击之前的箭式先导变化波形，其持续时间较长，呈现"缓慢变化"的特征。图 6.35（b）展示了案例 3 中箭式先导发展过程电场变化的时间展开图，从图中可以看出箭式先导"缓慢变化"过程的持续时长约为第六次回击前的"快速衰减"过程的 2 倍，而其负峰值只有"快速衰减"过程的约 1/2。在图 6.35（c）中，"缓慢变化"过程的部分电场被进一步展开，并被着色以与图 6.28 中的高速图像相对应，未着色部分则对应高速摄像机拍摄过程中 1 μs 的死区时间。

图 6.28 中的先导通道也被着色并绘制于对应波形的两侧，光学图像和电场波形进行同步的时间误差为 4.9 μs。从图 6.35（c）中可以看出，在箭式先导于第 8 帧中开始双向发展之前，电场的缓慢增加的波形上鲜有正极性小脉冲出现，而箭式先导在开始双向发展之后，电场波形上叠加了较多正极性小脉冲。案例 3 中电场波形出现的"缓慢变化"特征与双向发展开始后电场波形上叠加较多正极性小脉冲的特征都与 Qie 等[51]报道的两例双向先导发展案例相吻合。

图 6.36 展示了案例 8 中信使先导 1 双向发展过程的电场波形及同次闪电中前两次回击前的先导发展过程的电场波形。在追猎先导 1 出现于高速摄像机视野前的电场波形部分用蓝色表示，追猎先导 1 发展过程中对应的电场波形部分用红色表示，追猎先导 1 与信使先导 1 相遇后的电场波形部分用绿色表示。通过对比案例 8 中的电场波形与图中另外回击前的电场波形，可以发现案例 8 中的电场波形最明显的特征是它快速下降的电场波形上叠加了一次正极性的电场上升过程。考虑到

只有当追猎先导 1 发展进入视野内且亮度达到一定程度时才会被高速摄像机记录，此处的正极性电场上升过程是与追猎先导 1 的出现和传播直接相关的。正极性电场上升过程意味着追猎先导 1 的极性为正极性，与信使先导 1 的极性相反，这也就解释了为何信使先导 1 会在追猎先导 1 足够接近它的时候转变为双向发展的先导。

6.3.3　箭式先导双向发展的 3 种模式

本节通过深入分析 8 个箭式先导双向发展案例中各先导发展过程的区别与联系，将箭式先导由单向发展转向双向发展的过程分为 3 种不同的模式。3 种模式的示意图见图 6.37。

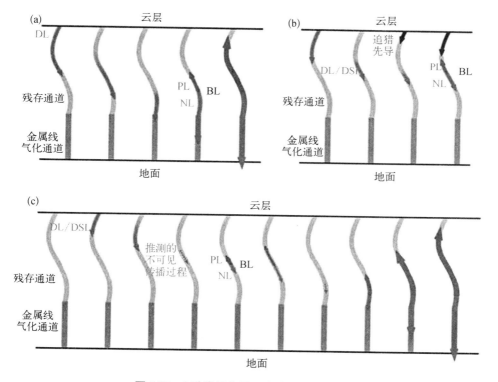

图 6.37　3 种类型先导双向发展过程示意图

在图 6.37 中，8 次箭式先导双向发展的案例根据它们的发展特点被分为了 3 种类型，图中 DL/DSL 表示箭式先导/箭式-梯级先导，BL 表示双向先导，PL 表示双向先导正极性端，NL 表示双向先导负极性端。图 6.37(a) 展示了反射型先导双向发展过程，代表了案例 1～案例 5 中的箭式先导双向发展过程。反射型先导双向发展过程中，箭式先导最初在高速图像中以单向传播的方式进行发展，其尾部的位置在视野内清晰可辨，在箭式先导头部传播至分叉点或自然通道与金属线气化通道交界处时,箭式先导的尾部开始向后发展,箭式先导呈现双向发展的特征。

在案例1~案例3中,最初单向发展的箭式先导在发展至金属线气化通道顶部,即自然通道与金属线气化通道交界处时,开始转变为双向发展的先导。在案例4和案例5中,最初单向发展的箭式先导在发展至分叉点,即主通道和分支通道交界处时,开始转变为双向发展的先导。反射型先导双向发展过程中,箭式先导都是在头部传播至两通道的临界点处时开始转为双向发展,这些临界点处往往也是通道阻抗发生变化的临界点,通道阻抗在此处发生变化,导致部分通道电流在此处发生反射从而在光学记录上使箭式先导表现出双向发展的特征。

图6.37(b)展示了非连续型先导双向发展过程,代表了案例6和案例7中的箭式先导双向发展过程。在非连续型先导双向发展过程中,箭式先导的传播过程存在通道黯淡期,即在高速图像中难以分辨出先导通道的亮度。在通道黯淡之后,在刚刚消亡的箭式先导头部所在位置或下方,首次双向先导会起始于此,以双向发展方式进行传播。首次双向先导有可能持续发展至接地引发回击,也有可能消亡成为企图先导。如果首次双向先导消亡,那么在其向下传播的头部消亡处,第二次双向先导可能会起始于此,以双向发展方式进行传播。

类似的过程可能会重复多次直至有先导成功接地引发回击,或不再有新的双向先导起始。需要指出的是,此处所说的消亡指的是先导通道在光学记录中变得难以分辨。在案例6中,在回击发生前一共出现了3次双向先导的起始过程,双向先导的起始与前次企图先导的消亡之间的间隔时间分别至少为149 μs、99 μs和49 μs。在案例7中,回击发生前一共出现了2次双向先导的起始过程,双向先导的起始与前次企图先导的消亡之间的间隔时间分别至少为120 μs和245 μs。Qie等[51]报道的两例箭式先导双向发展案例也属于非连续型先导双向发展过程,在两个案例中,双向先导的起始与前次企图先导的消亡之间的间隔时间分别为160 μs和300 μs。第6.3.2节对比了案例3与由Qie等[51]报道的双向先导案例,虽然它们分别属于反射型和非连续型先导双向发展过程,但它们的电场变化中都表现出了"缓慢变化"特征和电场波形上升过程中叠加有较大正极性小脉冲的特征。

图6.37(c)展示了诱导型先导双向发展过程,代表了此处报道的案例8。诱导型先导双向发展过程中,双向先导由正在逐渐黯淡中的单向先导演变而来。在这种类型的先导双向发展过程中,以相反极性、更快速度沿着相同通道传播的追猎先导的迫近是诱导正在黯淡中的单向先导转变为双向先导的关键因素。与非连续型先导双向发展过程不同的是,反射型和诱导型先导双向发展过程中的先导传播过程在高速图像中都是持续不断的。同时,反射型和诱导型先导双向发展过程中的双向先导都是由原本单向传播的先导其尾部向后延伸演变而来,非连续型先导双向发展过程中的双向先导则是从前次先导的消失点处或附近起始,以双向发展的形式进行传播。

6.4 包含 5 种先导的负极性人工触发闪电

闪电 F201907021515 是一次较为特殊的人工触发闪电案例,它在初始阶段中包含了一次由上行箭式先导所引发的连续电流过程。相对应于初始连续电流过程,将其称为二次连续电流过程,该二次连续电流过程中仅有一次连续电流脉冲出现。与传统上行闪电中的上行先导或人工触发闪电中的初始上行先导不同的是,此处的上行先导为箭式先导,它并非在未极化的空气中发展,而是沿着残余通道进行发展。相似的过程此前仅由 Li 等[133] 于 2018 年观测到,在该次闪电中,当所有回击结束后,曾出现一例由上行箭式先导引发的连续电流过程,且该连续电流过程也仅出现一次连续电流脉冲。闪电 F201907021515 中的这次上行箭式先导则出现于所有回击之前,可以认为其仍处于闪电的初始阶段。

闪电 F201907021515 除了在初始阶段出现了两次连续电流过程之外,还是一次发展过程中同时出现了上行梯级先导、上行箭式先导、下行箭式先导、下行梯级先导和双向先导的特殊案例。本节将以闪电 F201907021515 为例分析影响闪电先导传播速度的因素。闪电 F201907021515 中各类型先导的光学图像见图 6.38,共16 次先导的总体特征见表 6.6,16 次先导传播速度与通道空间位置之间的关系见图 6.39、图 6.41 和图 6.42,16 次先导对应的电场变化见图 6.40。

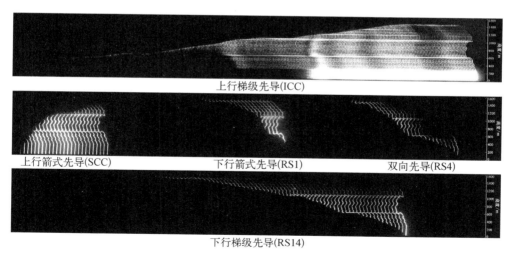

图 6.38 闪电 F201907021515 中各类型先导发展过程

图 6.38 展示了闪电 F201907021515 中五种类型闪电先导发展过程的高速图像记录,其中,上行箭式先导、下行箭式先导、双向先导和下行梯级先导发展过程的各

帧图像排列的间隔大小一致,上行梯级先导由于发展过程持续时间较长,各帧图像排列的间隔更加紧密。图 6.38 中的上行梯级先导出现于初始连续电流过程之前,上行箭式先导出现于二次连续电流(second continuous current, SCC)过程之前,下行箭式先导(dart leader, DL)出现于首次回击(RS1)之前,双向先导出现于第四次回击(RS4)之前,下行梯级先导出现于第 14 次回击(RS14)之前。从图 6.38 中可以看出与其他继后回击前出现的箭式先导不同,第 14 次回击前出现的先导发展持续时间显著变长,传播速度相对较低,具有梯级先导的特点。同时,RS4 前出现的双向先导,其下行头部呈现出箭式-梯级先导的发展特点。

表 6.6　闪电 F201907021515 中 16 次先导特征

先　导	出现时间/ms	持续时间/ms	速度/(10^5m/s)			间隔时间/ms
			最大值	最小值	平均值	
IUPL	−9.00	N/A	2.34	0.70	1.24	N/A
UPDL	344.45	N/A	27.22	5.14	13.98	353.45
DL1	392.15	1.30	38.02	3.83	16.28	47.70
DL2	398.40	0.30	108.11	58.83	73.01	6.25
DL3	438.90	0.50	96.54	20.61	46.57	40.50
DL4	482.00	1.40	26.27	6.80	16.80	43.10
DL5	502.05	0.45	85.55	22.60	51.46	20.05
DL6	519.75	1.40	41.76	1.96	16.82	17.70
DL7	548.80	0.40	104.13	31.26	67.88	29.05
DL8	601.75	1.00	35.25	13.83	24.51	52.95
DL9	653.45	0.50	102.09	20.31	57.13	51.70
DL10	712.10	1.20	28.81	8.01	20.33	58.65
DL11	783.40	0.50	67.38	28.94	50.34	71.30
DL12	816.50	1.25	34.18	10.10	19.74	33.10
DL13	836.55	0.75	53.35	10.91	30.86	20.05
DL14	975.10	3.85	16.27	0.54	6.30	138.55

表 6.6 统计了闪电 F201907021515 中 16 次先导传播过程的总体特征,其中时间零点为 1.5 km 处电场测量的触发时间。其中,出现时间是指每个先导首次出现相对于时间零点的时间;持续时间是指每个先导的发展持续时长,始于先导出现止于回击产生;速度为先导头部的 2－D 传播速度;间隔时间是指两个相邻先导出现时间之差。从表 6.6 中可以看出从初始上行梯级先导出现到最后一次先导 DL14 出现,期间间隔时间约为 984.1 ms。在所有的下行先导中,DL14 的发展持续时间显著地长于其他先导,达到了 3.85 ms。而发展时间第二长的下行先导,其发展持续时间为 1.40 ms。DL14 较长的发展持续时间可能是通道导电性的下降导致的,从表 6.6 中可以看出 DL14 与前一次先导之间的间隔时间也是所有下行先导中最长的,达到了 138.55 ms。

为了对比闪电 F201907021515 中共计 16 次先导传播过程中先导传播速度与空间位置之间的关系,图 6.39 将先导传播通道按各先导发展步长及对应传播速度进行着色。为了便于命名,箭式先导/继后回击序列中各次回击前出现的先导,不管是箭式先导还是梯级先导,均按照回击序号被命名为 DL1~DL14。如果先导的发展过程极为微弱,其头部位置难以分辨,则对应的先导通道部分并不进行着色,即为黑色。各下行先导接地前的最后一步,由于其发展速度难以较为准确地进行估算,因此也并未进行着色。对于曾出现双向发展特征的 DL4,图 6.39 中仅统计了其下行传播速度。

从图 6.39 中可以看出,各先导的传播过程中,先导传播速度的变化趋势较为复杂。即使是传播速度较快、传播时间较短的先导,其传播速度也并非持续增加。初始上行先导(initial upward positive leader, IUPL)的传播速度一直较低,始终低于 2.5×10^5 m/s,其传播速度的变化趋势十分波折,缺乏较为稳定的加速或减速过程。上行箭式先导(upward positive dart leader, UPDL)的传播速度变化相比之下更具规律性:其传播速度的极小值均出现于通道转弯处或通道的顶部。上行箭式先导在传播至通道顶部时发光较为微弱,因此它在此处相对较小的传播速度可能是其发光亮度较低、准确位置难以分辨造成的。

对于箭式先导/继后回击阶段出现的先导,从图 6.39 中可以看出,它们的速度变化过程可以分为两种类型:无序型和递进型。无序型先导的传播速度较慢,传播时间较长,步数较多且传播速度缺乏持续一致的增加或减小趋势。递进型先导的传播速度较快、传播时间较短、步长较大、步数少且传播速度整体上呈递进趋势。DL1、DL4、DL8、DL10、DL12 和 DL14 都属于无序型先导,DL2、DL3、DL5－9、DL9、DL11 和 DL13 都属于递进型先导。同时可以看出无序型先导和递进型先导在出现的时间顺序上也具有一定的规律,即每当一次无序型先导出现后,下一次先导必然是递进型先导。这有可能是由于无序型先导向通道中积累了较多的电荷,增强了通道的导电性。无序型先导在接地前的传播速度均小于 4×

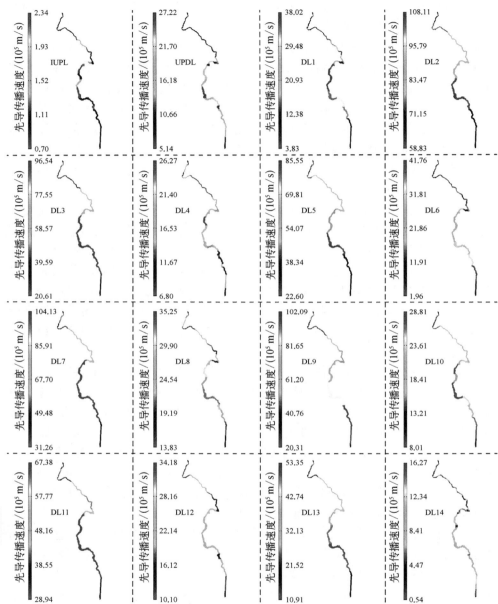

图 6.39　闪电 F201907021515 中各先导传播速度与空间位置的关系

10^6 m/s,而递进型先导在大部分空间位置上都以大于 4×10^6 m/s 的速度进行传播。从图 6.39 中可以清楚地看出,DL4 的下行传播过程中呈现箭式-梯级先导的传播特点,即 DL4 先逐渐加速并以较高的速度向下传播,但随后在较低高度处速度降至

1×10^6 m/s 以下。

图 6.40 展示了 14 次下行先导传播过程对应的电场变化。从图 6.40 中可以清晰地观察到,DL10、DL12 和 DL14 在传播过程中电场波形上叠加有小脉冲群,其中 DL14 的小脉冲群密度最大,幅值最高。电场波形上叠加有小脉冲群是先导梯级传播时的特征之一,这表明 DL10、DL12 和 DL14 其实是三次梯级先导过程,而同样地,DL4 在由箭式先导转变为梯级先导时,其电场波形上也出现了叠加的小脉冲群。通过对比可以发现,递进型先导和无序型先导的定义与梯级先导和箭式先导的定义存在差别,并非所有的无序型先导都是梯级先导,但梯级先导或箭式-梯级先导都是无序型先导。

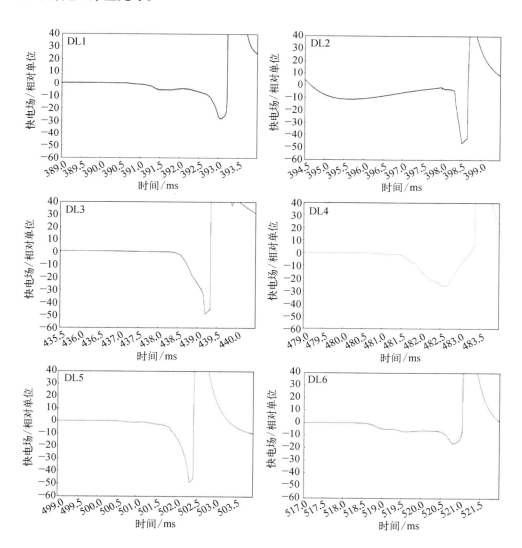

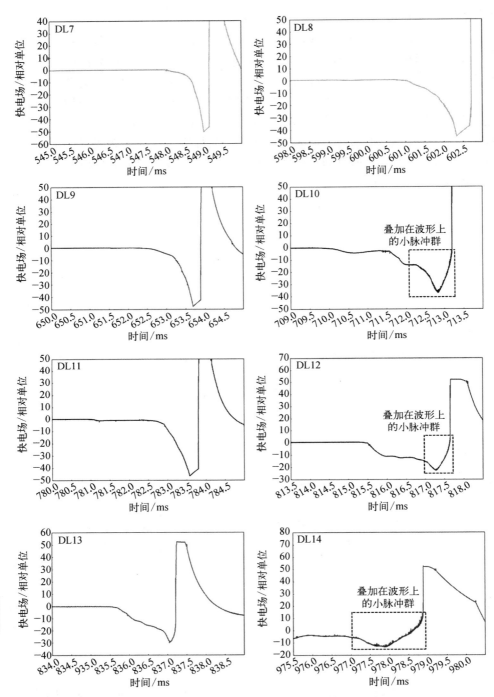

图 6.40　闪电 F201907021515 中 14 次下行先导的电场变化

　　图 6.41 将闪电 F201907021515 中的 16 次先导过程以相同的速度-颜色对应关系进行着色,以对比不同次先导传播速度的变化过程。图 6.40 中各先导名称前的箭头指示了先导的传播方向,其中 DL4 在双向传播时的向上传播过程被单独展示。从图 6.40 中可以看出,对于向上传播的先导,不管是在新鲜空气中以击穿空气进行发展的上行梯级先导,还是在残余通道中发展的上行箭式先导,它们的传播速度都保持在较低水平且低于多数下行先导。只有较为特殊的,沿着刚刚才被照亮的通道发展的双向先导 DL4 上行端才出现了较高的传播速度,且 DL4 上行端的传播速度比 DL4 下行端在任何位置处的传播速度都更大,这得益于其发展通道更好的传播条件[126]。

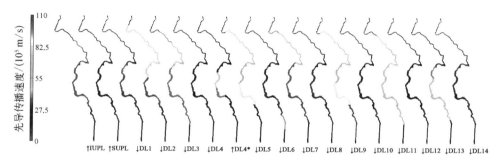

图 6.41　闪电 F201907021515 中各先导间的速度对比

　　对于下行先导,从图 6.41 中可以更清楚地看出无序型先导和递进型先导在速度变化趋势上的区别以及分布顺序上的规律。为了从总体上分析先导传播速度与通道空间结构之间的关系,图 6.42 将 14 次下行先导和 6 次无序型先导在各位置处的传播速度进行叠加(仅叠加图 6.40 中的共同着色部分),并将速度按最小至最大均匀着色。从图 6.42 中可以看出,从总体上来看,下行先导的速度随着高度的降低逐渐增加,速度最大值出现在先导大致沿着垂直方向传播时。在传播至通道转弯处时,下行先导会出现减速过程,这有可能与先导的实际传播情况一致,但也有可能是由高速摄像机仅能反映通道的二维长度因而转弯处的计算长度明显低于实际长度导致。

图 6.42　先导传播速度与通道空间结构的关系

6.5   本章小结

本章基于人工触发闪电的光电同步观测记录,对箭式先导的光学特性进行了分析,并以其中特殊的人工触发闪电案例报道并分析了箭式先导在传播过程中的鲜见现象与新现象。

大部分企图先导在消亡前通道都会逐渐变暗,发光长度也逐渐减小,所有引发了回击的箭式先导都在接地前出现导致了高速图像画面过曝,部分先导的传播过程中先导曾转变为双向发展、连续出现的企图先导,它们之间就传播长度而言并无递进关系。除了发展速度持续下降外,分叉点或追逐先导等因素的存在与部分企图先导的消亡直接相关,根据本章中观测到的企图先导及文献中报道的企图先导,将企图先导的消亡方式分为 4 种类型:在传播路径中途减速而消亡、在分叉点处转向偏离地面发展而消亡、接地前被沿着同路径发展的另一先导吞没而消亡、在分叉点处突然停止发展或调转发展方向而消亡。

定义了先导追逐现象,将先导追逐现象中的涉及的先导分别命名为信使先导和追猎先导。闪电 F201907071802 中的信使先导与追猎先导传播路径相同,极性相反,出现间隔时间为 1.95 ms,两个先导相遇的位置区间为距地面 800 ~ 1 200 m处。闪电 F201907021520 中的信使先导与追猎先导传播路径部分相同,极性相同,出现间隔时间为 0.15 ms,两个先导相遇的位置为距地面逾 1 500 m 处。信使先导单独传播过程、信使先导与追猎先导共同传播过程和追猎先导消失后的信使先导传播过程引起的电场变化分别持续了 393 μs、292 μs 和 429 μs。根据先导追逐现象中追猎先导性质的不同,先导追逐现象可以被分为同极性先导间的追逐现象和反极性先导间的追逐现象。同极性先导间的追逐现象与 β_2 型梯级先导的传播过程较为相似,追猎先导传播至信使先导处后消失,并未对信使先导的传播过程造成明显的影响。反极性先导间的追逐现象与 β_2 型梯级先导的传播过程存在较多差异,追猎先导在即将传播至信使先导处时会诱发信使先导进行双向发展并最终与信使先导融合形成新的先导。

研究了 8 个箭式先导在传播过程中转为双向发展的案例,分析了各先导传播的光学和电场记录,大部分箭式先导在转为双向发展之前其发光长度和亮度会逐渐减小,根据它们转为双向发展的方式分为 3 种类型:反射型、非连续型和诱导型。反射型先导,在其头部传播至分叉点处或自然通道与金属线气化通道交界处等通道阻抗临界点处时,开始转为双向发展,这有可能是通道电流发生反射现象的视觉表现;非连续型先导的传播过程中会出现先导消亡-双向先导起始的过程,且这一过程可多次出现;诱导型先导是受到沿同路径传播的另一反极性先导头部的

诱导而转变为双向发展。一例反射型先导的电场变化被发现具有与文献中记录的
非连续型先导拥有相似的特征：呈"缓慢变化"和波形上升过程中叠加较多正极性
小脉冲。

　　发现了人工触发闪电初始阶段中由上行箭式先导引发二次连续电流的现象，
二次连续电流过程持续了约 15 ms 且含有一次连续电流脉冲，该案例同时包含了
上行梯级先导、上行箭式先导、下行箭式先导、下行梯级先导和双向先导 5 种类型
闪电先导。下行先导根据其发展过程中传播速度的变化趋势可以被分为无序型和
递进型：无序型先导的传播速度较低且缺乏稳定的加速过程，传播时间较长，传播
步数较多；递进型先导的传播速度较高且速度总体上呈增加趋势，传播时间较短，
传播步数较少。排除先导沿着曾在极短时间前被照亮的通道传播这一特殊情况，
上行先导的传播速度要显著地低于下行先导，对于无序型先导和上行先导这些传
播速度较低且无稳定加速过程的先导，当它们的头部传播至通道转弯处时，它们的
传播速度会减小。

第7章　火箭引雷的声学特征

7.1　回击声压近场波形响应特征

7.1.1　近场声压响应序列特征

闪电声音是闪电通道放电阶段急剧受热膨胀形成的冲击波,目前已有自然闪电中远距离声辐射波形观测的报道,但对于闪电声音特征揭示还不够充分。限于闪电发生发展的随机性及声辐射信号的传播距离,闪电近场区域的声音信号观测结果更是少有报道,对闪电声音信号探测研究尚缺乏充分体量的声音与电气参量的同步观测数据,相关性的定量研究结论尚不明确。相较于闪电电磁辐射观测和光辐射观测的研究,对闪电声音辐射的物理特性仍存在争议。人工触发闪电声音波形观测研究是一种高效的声学探测研究手段[134],近场区域人工触发闪电声音信号波形特征观测,结合远场区域声音信号波形特征的观测,可以进一步揭示声音的传播效应影响。

2018~2019 年广州从化的引雷现场也布置了声音观测系统传感器,声音传感器的频率响应范围为 10 Hz~20 kHz,采用风球外壳以降低环境风噪声和雨水干扰,传感器与时域多通道声音波形采集系统相连,系统由光电 TTL 信号触发采集,采样率高达 102.5 kS/s,具有自动触发采集、自动保存和远程传输功能。三套声音监测系统分别安装在观测点 1、2、3(已在 3.1 节中介绍),观测点 1、2 的声音监测系统形成了对地面发射架触发闪电的 58 m、90 m 两种距离近场同步观测,以及对塔发射架触发闪电的 18 m、130 m 两种距离近场同步观测。观测系统在高电压实验室进行了雷电冲击电压放电和冲击电流放电声压响应测试,结果表明所构建的声学观测系统触发灵敏,能准确测量声音信号脉冲特征。多站观测放电脉冲对应首次到达的声压波形提取方法见流程图 7.1。基于基底雷电流反映的各阶段脉冲放电强度及时间间隔特征,并考虑首个声辐射波形传至观测点的最短距离对应时延,来完成放电阶段对应声压响应波形的提取工作。

触发闪电的钢丝燃烧阶段导致的环境光强剧烈变化由声音观测系统感知、触

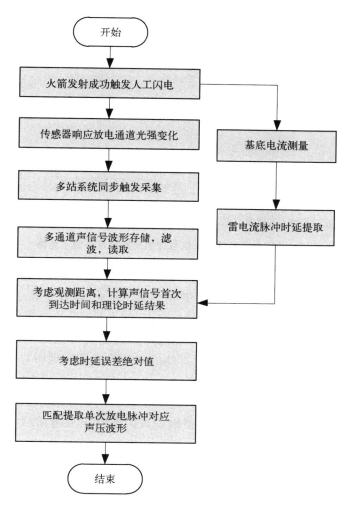

图 7.1　声音波形处理流程

发系统采集、所测多通道声压信号波形经文件存储后，通过滤波、读取得到触发闪电完整声压信号波形。通过基底雷电流反映的放电脉冲时延特征可匹配对应的各放电阶段声压脉冲响应波形。

　　长通道触发闪电放电源首次到达的声波来自通道底部，首次到达声音传感器来自触发闪电通道底部的声源理论上存在高度误差。若声辐射信号实际传播时间为 t_{ar}，理论传播时间为 t_{a0}，误差来源 ΔH 见图 7.2，传播时延误差 Δt 为

$$\Delta t = \frac{L_0 - L_r}{v} = \frac{\sqrt{(H_0 + \Delta H)^2 + D_0^2} - \sqrt{H_0^2 + D_0^2}}{v} \tag{7.1}$$

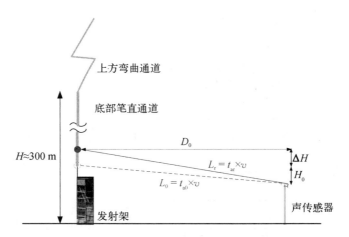

图 7.2   回击通道声辐射信号传播时延误差来源示意图

其中,v 代表雷暴环境下的声波传播速度,本书中以 25℃ 为参考温度,不计湿度及介质不均匀等影响,对应声速的经验计算值为 343 m/s。计算表明,ΔH 高度误差因素造成的时延特征的绝对误差对于观测距离 D_0 越大的观测点越小。

时延误差随高度误差的变化及与观测点距离的关系见图 7.3,其中 130 m、90 m、58 m、18 m 为试验涉及的位于引雷场的两套传感器阵列中心与两处发射架水平距离,H_0 取值为 4 m。从不同距离下 0~20 m 高度误差范围对应的声压脉冲传播时延误差分布特性可知,时延误差绝对值较大的是安装于塔发射架旁的声学观测阵列,时延特征的误差分析为提取触发闪电特定放电阶段声学波形建立了有效依据。

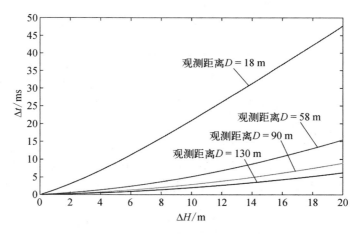

图 7.3   不同观测距离回击通道声辐射信号传播时延误差

　　声学阵列观测系统和电流测量系统成功同步记录到来自 12 次雷暴过程的 32 次触发闪电事件完整波形,触发闪电次数、引雷场附近自然闪电事件声学观测次数及占比情况见图 7.4(a)。

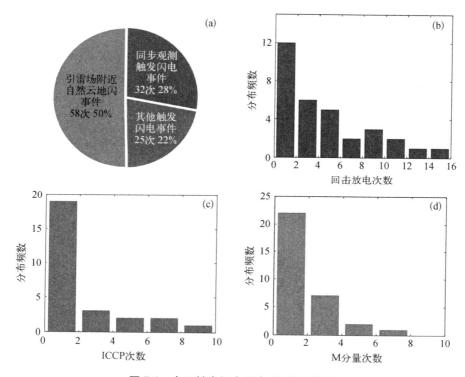

图 7.4　人工触发闪电同步观测结果统计

　　根据闪电通道基底电流波形,统计出各触发闪电事件初始连续电流脉冲、回击放电脉冲、M 分量过程数量分布见图 7.4(b)～(d)。

　　17 次同步测量触发闪电事件由塔发射架激发,15 次由地面发射架激发,放电过程声学观测情况统计分别见表 7.1 和表 7.2。

表 7.1　塔发射架声学观测数据

引雷事件编号	放电过程及次数				声学观测情况	
	回击	ICC	ICCP	M 分量	18 m	130 m
F201807021441	3	有	4	0	—	同步
F201807231922	0	有	2	0	—	同步

续　表

引雷事件编号	放电过程及次数				声学观测情况	
	回击	ICC	ICCP	M 分量	18 m	130 m
F201807241212	0	有	7	0	—	同步
F201807261411	13	有	×	6	—	同步
F201807261413	1	有	8	1	—	同步
F201807261417	0	有	1	0	—	同步
F201807261419	0	有	1	0	—	同步
F201906111242	9	有	1	0	同步	同步
F201906111307	3	有	1	0	同步	同步
F201906111312	0	有	5	0	同步	同步
F201906111315	4	有	1	1	同步	同步
F201906301713	9	有	1	0	同步	同步
F201906301716	7	有	1	0	同步	同步
F201907021512	2	有	0	0	同步	同步
F201907021521	11	有	1	2	同步	同步

表 7.2　地面发射架声学观测事件

引雷事件编号	放电过程及次数				声学观测情况	
	回击	ICC	ICCP	M 分量	18 m	130 m
F201807031417	10	有	1	0	—	同步
F201807031436	1	有	0	0	—	同步
F201807071625	3	有	1	1	—	同步
F201807251401	4	有	×	5	—	同步
F201807261425	0	有	1	0	—	同步

续 表

引雷事件编号	放电过程及次数				声学观测情况	
	回击	ICC	ICCP	M 分量	18 m	130 m
F201906061405	3	有	1	0	同步	同步
F201906061417	5	有	1	0	同步	同步
F201906061419	1	有	0	2	同步	同步
F201906111241	8	有	2	1	同步	同步
F201906111244	7	有	6	2	同步	同步
F201906111306	4	有	×	5	同步	同步
F201906111307	0	有	×	2	同步	同步
F201906111318	1	有	0	2	同步	同步
F201906301725	1	有	1	3	同步	同步
F201907021515	15	有	×	2	同步	同步
F201907071804	4	有	0	0	同步	同步
F201907071806	2	有	2	1	同步	同步

注：① 表格中，"×"代表电流波形呈锯齿状，无法统计脉冲个数；② "—"代表声学观测设备暂未布置。

图 7.5 为对两种发射架 18~130 m 距离所测触发闪电声压时频波形典型案例。对近场区域时域波形研究分析表明，触发闪电近场声压信号存在明显阶段性序列特征。声压波形 0 s 时刻对应采集系统触发时刻，经短暂时延后出现微弱声压脉冲波段，见 90 m 距离发射架闪电声学波形的 0.265 s 附近位置和 130 m 距离发射架声学波形的 0.382 s 附近位置，对应于 ICC 阶段声压响应信号，该段信号往往与钢丝燃烧阶段重合，当 ICC 阶段放电脉冲持续时间长，ICCP 时间间隔明显的时候会独立产生声压脉冲。首次获取的声压波形（往往为 ICCP 放电响应声压波形脉冲）时间延时对应于触发闪电观测距离，验证了采用的触发闪电声音阵列观测系统在响应灵敏度方面具有较高可靠性。

ICC 阶段的 ICCP 放电声压响应过后，开始出现明显易于区分且高幅值的声压脉冲簇，该阶段声压响应波形来自各回击放电阶段的回击通道底部。由于引雷通道底部为钢丝燃烧引导形成的笔直近乎垂直的通道，因此辐射传递过来的雷声信号

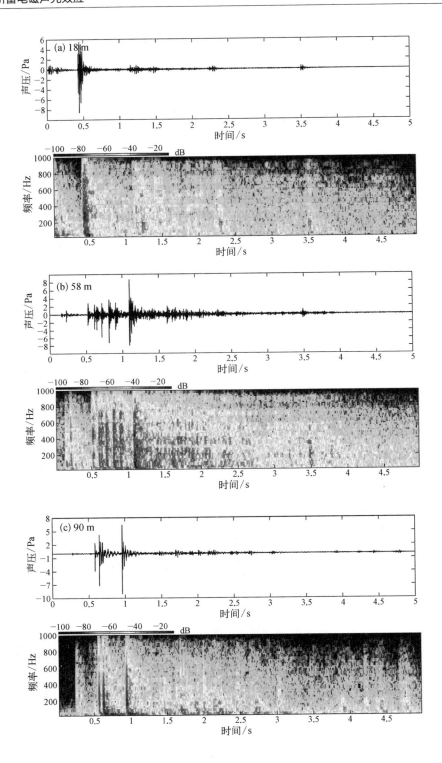

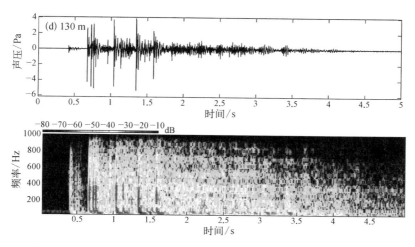

图 7.5　近场区域不同观测距离所测触发闪电声压时频波形典型案例

能够很容易地区分不同回击过程的雷声信号。

通过匹配最先到达的明显声学脉冲为第一次回击过程的声学响应波形,根据时延特征则能够匹配回击放电过程产生的最先到达的声学波形,明显脉冲簇随后的幅值相对微弱的阶段,则对应于完整放电通道更远处分支产生的声辐射信号。

结合 S 域变换得到的随时间变化的声压波形功率谱图可知,尽管不同时间阶段的触发闪电声压响应信号波形强度不一,功率谱密度大小差别显著(颜色深浅反映功率谱密度大小),但纵向分析各时间阶段声压信号频率成分,发现各阶段雷声辐射信号的主要频率均集中在 600 Hz 以内。

7.1.2　回击近场声压响应时域特征

对触发闪电事件的回击放电过程电流脉冲和匹配到的声压响应信号明显脉冲簇阶段的波形均做展开分析,2 次典型触发闪电事件同步测量结果见局部波形图 7.6 和图 7.7。通过时延特征匹配,得到对应于闪电回击电流的明显声压响应脉冲,并用不同颜色标记区分。

观察给出的三次闪电的首次回击(标号 RS1)前的声学信号,这一段被认为是雷声未传来之前的背景噪声导致的信号波段,绝对幅值极低,得到的声学信号波形具有较高信噪比,有效信号及其到达时间可被清晰区分出来。对比单次触发闪电的回击脉冲信号和对应声信号,发现声信号中的明显脉冲(蓝色标记)基本与闪电包含的所有回击过程放电脉冲——对应相等,回击的时延特征基本一致。

从图 7.6 和图 7.7 展示的回击近场声压响应波形特征可清晰看到,回击放电激发的 N 型声压脉冲显著出现(图中蓝色标记),最先传播观测点并被测得。这一特征与 Wang 等[135]报道的实验室模拟雷电流冲击放电声压响应首次到达的脉冲波形特征,

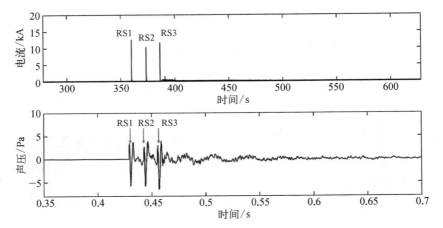

图 7.6　F201807071625 回击过程电流及 90 m 声压响应局部波形图

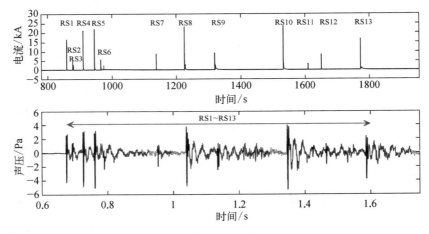

图 7.7　130 m 处 F201807261411 回击过程电流及 130 m 声压响应局部波形图

以及 Deppase[136] 在 1994 年报道的火箭引雷近区声学观测波形特征较为相似。

　　不同于以往自然闪电和火箭引雷声学观测报道,首次在本书中发现的现象是,N 型声压脉冲被测得之后,伴随出现持续几十或上百毫秒,幅值和频率均低于首次到达 N 型声压波的另一种波型(图中红色标记,定义为"低频分量声压信号"),该低频波分量声压幅值和频率经几个类周期后逐渐衰减至微弱幅值,此后不再有明显特征变化(图中绿色标记,称为"微弱波段")。由图 7.7 给出的一次含 13 次回击的触发闪电案例观测结果可见,对于多回击触发闪电放电,如果 2 次回击过程时间间隔较短,例如该次事件的 RS2 和 RS3 放电过程,则微弱波段不会显现,下一次回击对应的首次到达 N 型声压波会直接叠加在前序低频段声压信号上。

　　基于展开的声压响应波形典型特征,本章对回击过程声压响应波形的定量分析将从回击声压 N 型波分量、回击声压低频分量分别展开。

7.1.3 回击近场声压响应频域特征

对单次闪电所有回击对应声压信号波段、单次回击对应声压信号波段分别做功率谱分析。其中,单次回击对应声压信号波段以微弱波段的结束点作为划分点。近场区域不同距离下观测典型案例的频谱分析结果见图 7.8~图 7.11。间隔较短

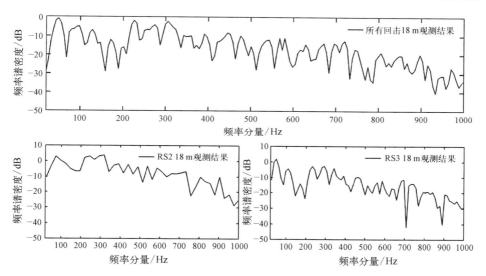

图 7.8　18 m 处 F201906111307 回击声压响应波形案例及功率谱密度分布图

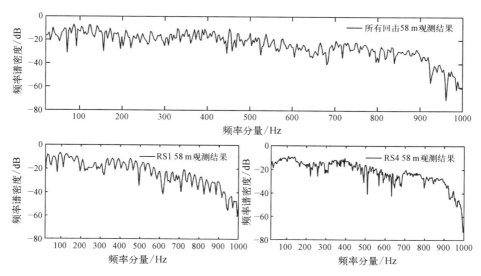

图 7.9　58 m 处 F201907071806 回击声压响应波形案例及功率谱密度分布图

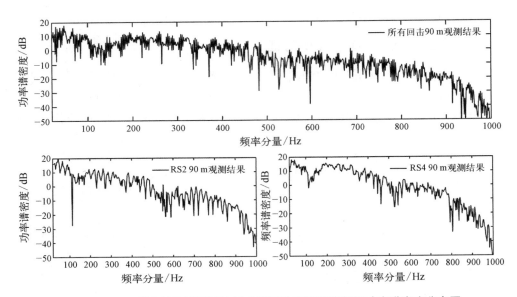

图 7.10　90 m 处 F201807251401 回击声压响应波形案例及功率谱密度分布图

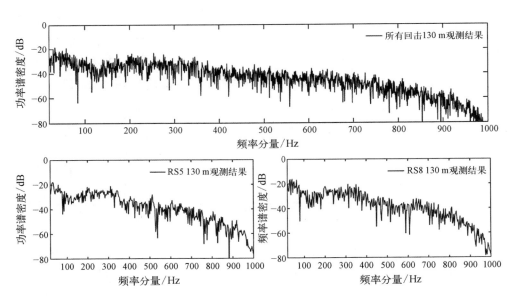

图 7.11　130 m 处 F201807261411 回击声压响应波形案例及功率谱密度分布图

而致使波形叠加严重的回击声压阶段则与前序回击声压波形一起做傅里叶变换处理。

由图可知,近场区域不同距离所测单次回击完整声压波形功率谱分布与一次闪电所有回击对应声压波形的功率谱分布特征相似,发现 200 Hz 以下的频率分量功率谱密度均最大,这与美国佛罗里达 ICLRT 在 95 m 处测得的触发闪电回击声压响应波形功率谱峰值[137]分布区间一致。600 Hz 附近时功率谱密度衰减达到 20 dB,1 000 Hz 以上的功率谱密度极低。该分布结果与 S 域变换得到的随时间变化的声压波形功率谱分布特征类似。各频率分量绝对值大小与对应回击放电强度、观测距离有关。

7.1.4　回击声压 N 型波分量响应特征

为定量分析触发闪电声压响应波形特征、研究声学参量与电学参量的相关性,本节对 32 次同步记录的触发闪电事件基底电流脉冲做了参数统计。32 次触发闪电共测得 131 次回击通道基底电流波形,脉冲雷电流峰值 I_{max} 的分布情况见柱状图 7.12,回击电流峰值在 10 ~ 15 kA 分布最密集,统计均值为 13.78 kA,中位数为 12.63 kA。

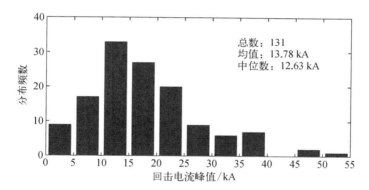

图 7.12　所测触发闪电回击放电电流峰值统计

图 7.13 为 6 次回击过程首次到达 N 型声压波形观测案例,可见回击对应响应 N 型声压波分量往往由 2 个波峰组成。分析表明,本书所测的回击放电首次到达的声压 N 型波与 Depasse[136]报道的火箭引雷回击声学观测波形,以及 Wang 等[135]报道的实验室模拟雷电流放电声压响应 N 型波特征相似。

因此,基于上述研究对首次到达 N 型声压波的参数定义方法,对人工触发闪电近场区域 N 型声压波分量的参数定义见图 7.14。其中,Z_{ref} 由 N 型波起始上升沿所处电平均值确定,以消除各波峰幅值统计时受叠加电平,降低声压叠加对幅值参数读取带来的误差。P_{1max}、P_{1min}、P_{2max}、P_{2min} 分别为首、次声压波的最大值和最小值。T_r 为首次声压波上升沿 $0.1P_{1max} \sim 0.9P_{1max}$ 的时间间隔。T_d 为两个波上升沿 $0.1P_{1max}$ 时间间隔。至此,首个完整 N 型波已经被分隔出来,进一步地能够计算声能量密度参数 E_{vol}[136],计算如下:

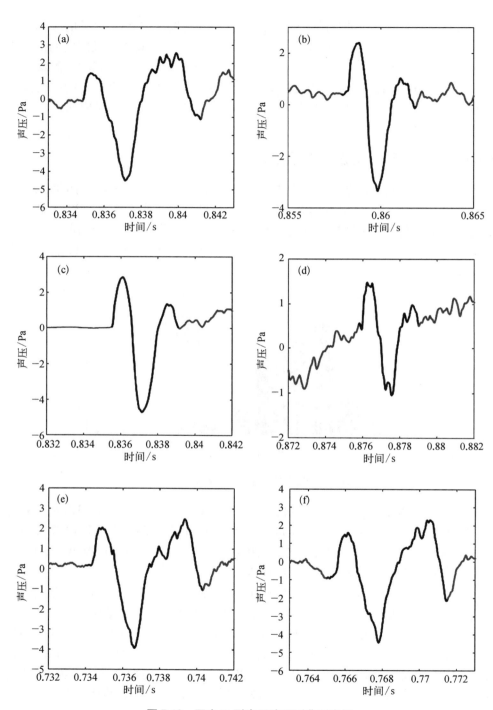

图 7.13　回击 N 型声压波观测典型案例

$$E_{\text{vol}} = \frac{\sum_i P_i^2(t)}{\rho_0 c_0^2} \tag{7.2}$$

其中，ρ_0 代表大气压密度，设定为标准大气压；c_0 代表声速，温度对其产生轻微影响，但为便于分析，认为其不随雷暴过程变化，计算中设为恒定常数。公式中积分时长由首个 N 型波持续时间 T_d 决定。由此，对上述定义参数分别作 90 m 发射架和 130 m 发射架下 N 型波测量结果的声学参数和对应电气参数的定量关系变化统计，以研究回击过程电气、声学参数相关性。

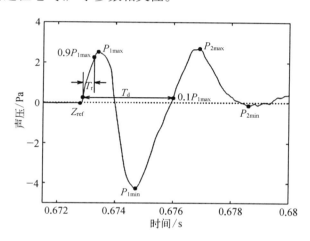

图 7.14　N 型声压波分量参数定义

以各闪电事件首次回击时刻为参考零点，统计各回击电流脉冲峰值所处相对时延及单次回击对应的首次到达 N 型波分量相对时刻，两者一一对应关系见图 7.15，其中图 7.15(a)、(b)展示了对塔发射架闪电事件的 18 m 及 58 m 距离声学观测的测量统计结果，图 7.15(c)、(d)展示了对地面发射架闪电事件的 90 m 及 130 m 距离声学观测的测量统计结果。不同雷暴日的观测结果用不同颜色标识。

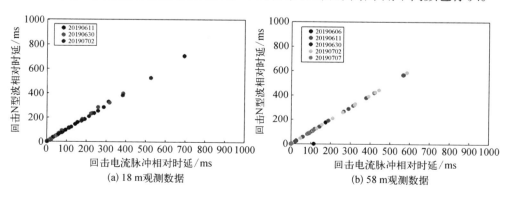

(a) 18 m 观测数据　　　　　　　　　　(b) 58 m 观测数据

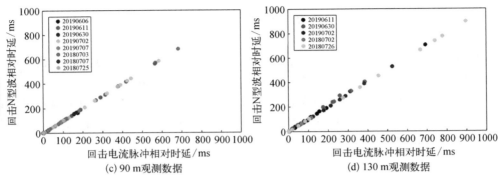

(c) 90 m观测数据　　　　　　　(d) 130 m观测数据

图 7.15　不同距离下回击电流脉冲与对应 N 型波相对时延特征关系

由结果可得,2 种发射架触发闪电回击过程首次到达的 N 型波分量相对时延与回击电流脉冲相对时延一一对应,误差极小。Wang 等[135]利用冲击电流放电模拟出连续出现、具有一定时延特征的雷击点声源,所测结果表明不同时刻、不同幅值及波形的冲击电流能够产生时延特征一一对应且误差极小的独立声压响应波形,本书得到的声压脉冲时延特征与上述报道结论一致。结合 7.1.1 节中误差分析情况可判定,回击首次到达的 N 型波分量基本来源于通道底部,接近引雷杆部位,空间分散性小,因此传播至声传感器的相对时延误差较小。

图 7.16 展示了 2 种发射架的回击对应 N 型声压波幅值 P_{1max} 随回击峰值电流 I_{max} 的变化散点图。考虑能量参数的相关性,本节做了声能量密度参数 E_{vol} 和回击电流比能量的相关性分析,前者与声压瞬时幅值的平方呈正相关,后者由电流瞬时值的平方积分得到。两种参数的变换关系见图 7.17。图 7.18 展示了 N 型声波上升时间 T_r 随回击 I_{max} 的变化散点图。图 7.19 则展示了 N 型声波持续时间 T_d 随回击 I_{max} 的变化散点图。

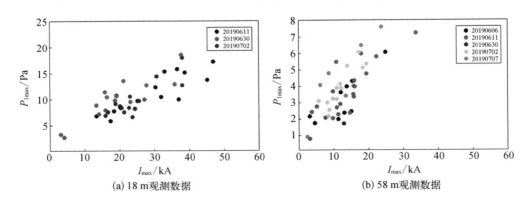

(a) 18 m观测数据　　　　　　　(b) 58 m观测数据

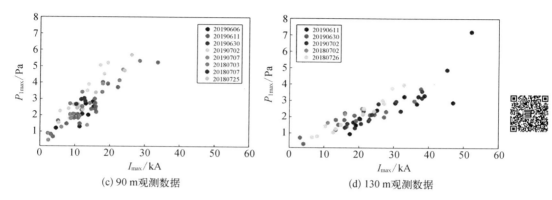

(c) 90 m观测数据　　　　　　(d) 130 m观测数据

图 7.16　不同距离下回击电流脉冲 I_{max} 与对应 N 型波 P_{1max} 关系

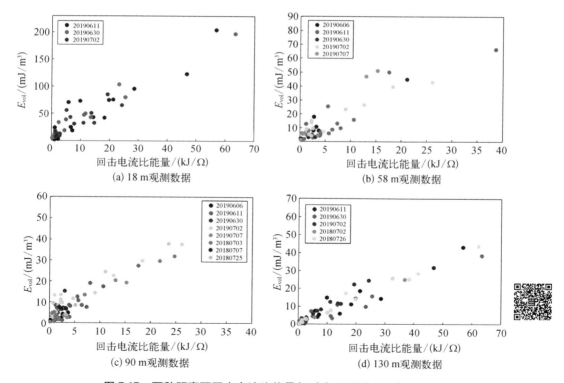

(a) 18 m观测数据　　　　　　(b) 58 m观测数据

(c) 90 m观测数据　　　　　　(d) 130 m观测数据

图 7.17　两种距离下回击电流比能量与对应 N 型波 E_{vol} 关系

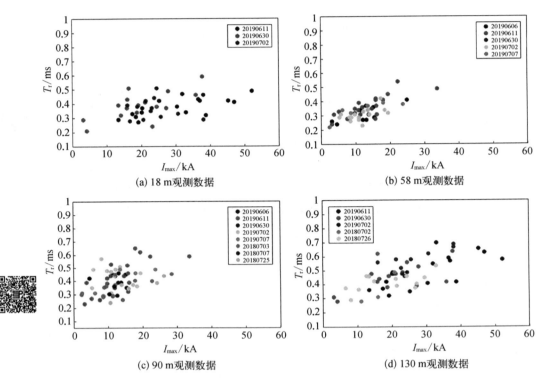

图 7.18　不同距离下回击电流脉冲 I_{max} 与对应 N 型波 T_r 关系

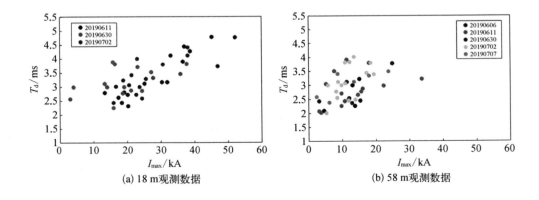

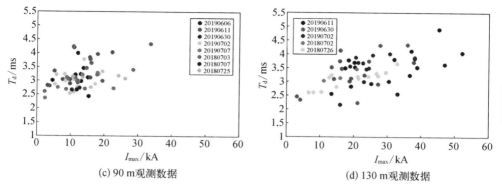

(c) 90 m观测数据　　　　　　　　(d) 130 m观测数据

图 7.19　两种距离下回击电流 I_{max} 与对应 N 型波 T_d 关系

从各散点图统计情况可得,尽管 131 次回击来自不同雷暴过程,但所有回击声压测量结果均体现出 N 型声压分量 P_{1max}、T_r、T_d 随放电强度 I_{max},以及 N 型波声能量密度 E_{vol} 随电流比能量参数的显著正相关性。不同雷暴过程下的声压测量结果交替分布,不同颜色的散点分布较均匀,并未体现出变化趋势和增长程度上的显著差异。对比各声压参数的变化趋势,N 型声压波 P_{1max} 的变化趋势呈显著线性增长规律,增长幅度最为明显,且回击测量样本点的分散性在线性增长趋势下相对较小。具有相似相关性及增长程度的是声能量密度 E_{vol} 的变化情况。与 N 型声压波的幅值及能量参数不同,尽管时间参数 T_r 与 T_d 同样随放电强度 I_{max} 增大而正相关增长,但参数增长程度相对 P_{1max} 和 E_{vol} 的变化情况较小,且统计结果的分散性较大。在电流从 0 增长至最大 53 kA 的波动范围内,上升时间 T_r 增长不超过 0.5 ms,持续时间 T_d 增长不超过 3 ms,增长倍数均未超过 2 倍。

对于回击声压 N 型波其他参数 P_{1min}、P_{2max} 和 P_{2min},对应的与 I_{max} 变化关系依次见图 7.20~图 7.22。可见,P_{1min} 参数随 I_{max} 的变化趋势分散性远大于前述几种 N 型波参数。

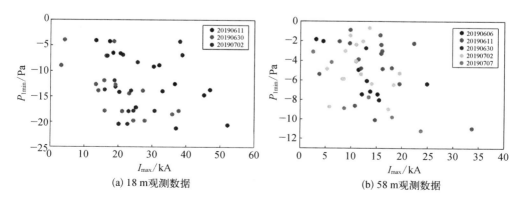

(a) 18 m观测数据　　　　　　　　(b) 58 m观测数据

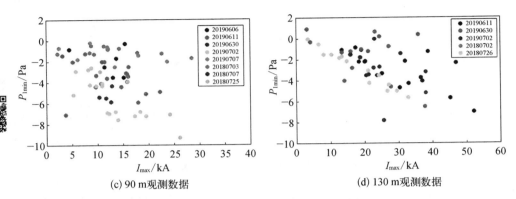

(c) 90 m观测数据　　　　(d) 130 m观测数据

图 7.20　两种距离下回击电流脉冲 I_{max} 与对应 N 型波 P_{1min} 关系

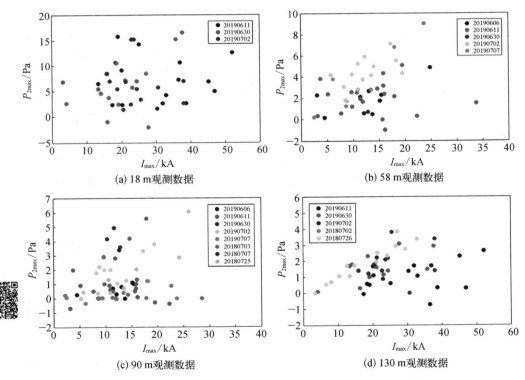

(a) 18 m观测数据　　　　(b) 58 m观测数据

(c) 90 m观测数据　　　　(d) 130 m观测数据

图 7.21　不同距离下回击电流脉冲 I_{max} 与对应 N 型波 P_{2max} 关系

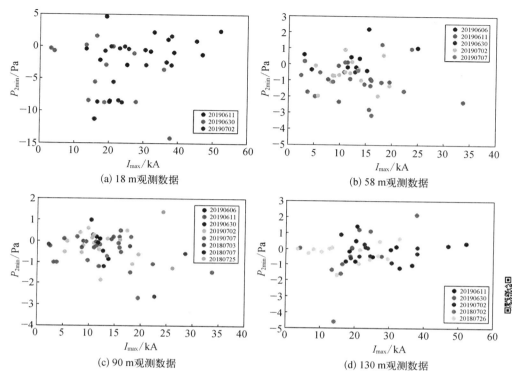

图 7.22 两种距离下回击电流脉冲 I_{max} 与对应 N 型波 P_{2min} 关系

基于声压 N 型波的典型特征,可以认为该分散性现象由 P_{1min} 参数本身的分散性较大,即 N 型声压波与正峰 P_{1max} 的相对大小及比例关系并不明确所致。为此,对 N 型声压波首波负峰 P_{1min} 和首波正峰 P_{1max} 的大小关系同样作了散点统计,分布情况见图 7.23,可见两者并不具有等值关系或相对收敛的线性倍数关系。对于其

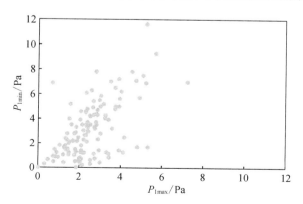

图 7.23 声压 N 型波 P_{1min} 绝对值与 P_{1max} 关系

他声学参数 $P_{2\text{max}}$ 和 $P_{2\text{min}}$，随 I_{max} 变化分布情况较为混乱，正负绝对值均有出现，因此无法得出与电气参数具有线性增长关联的规律性结论。

对于与回击电流不具有显著线性相关性的声压 N 型波参数，这一方面是由声压波叠加电平及紧随其后的距离较近声压波对首次 N 型波的干扰影响，致使第二个波特征发生畸变所致。另一方面，如图 7.21 给出局部图案例所体现，并非所有回击对应 N 型声压波的次波都存在明显的正反两峰。一部分测量案例的次波正峰幅值 $P_{2\text{max}}$ 与首波 $P_{1\text{max}}$ 幅值相当，另一部分案例的 $P_{2\text{max}}$ 却明显低于 $P_{1\text{max}}$。对于后面一种情况，次波极易受其他声压脉冲的叠加干扰，因此易出现幅值波动分布特征，仍不会体现随回击电流变化的显著相关性。

根据对回击近场声压响应波形时域特征的提取可知，完整的回击放电过程声压响应波形由 N 型波分量、低频分量、微弱波段组成。若回击过程间隔较长，则声压响应波形的叠加效应较小，可提取单次回击对应的完整声压波段。为进一步研究回击放电声能量密度与回击电流比能量的相关性，统计具有完整声压波段的声能量密度与回击电流比能量的关系。若回击间隔较短，后序回击声压脉冲叠加在前序回击低频波段上，则将二次放电过程对应的声-电能量相加后作相关性分析。该方法所得不同观测距离测量结果分析如图 7.24 所示。

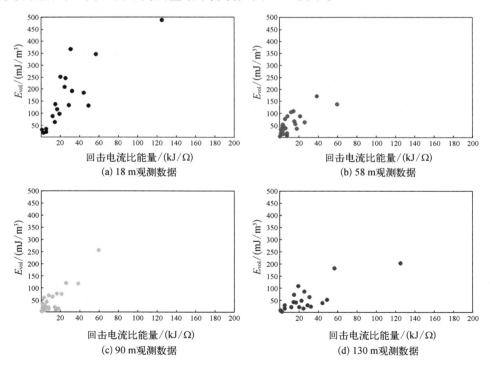

图 7.24   回击声压波段声能量密度与回击电流比能量关系

由图 7.24 可知,近场区域不同距离所测回击声压波段声能量密度值与回击电流比能量均满足线性正相关性,证明了本书中的回击声压分段方法及对间隔较短声压的能量叠加分析方法合理。对基于声压波形能量参数的放电能量反演具有参考意义。

闪电放电的本质是雷云及通道电荷的转移,涉及瞬时的能量释放,释放的能量有相当一部分以热膨胀的形式转化,形成通道周围介质的冲击波,经大气介质的传播衰减后,形成声压波形。因此,闪电放电过程与其声辐射具有相关性。基底电流信号测量是目前雷电探测中反映通道放电过程较直观的手段,声压信号测量是反映声辐射波形的手段,所以两者在时延特征、幅值特征及能量特征上均具有显著的线性相关性。而回击声压信号的幅值、声能量密度与回击放电幅值、比能量的显著线性关系表明,通过固定距离下的回击声压信号测量,能够用于评估反演回击放电过程的电流峰值和能量转移强度。而这一结论与 Depasse[136] 基于少数火箭引雷观测样本量分析出的结论一致。

7.1.5　回击声压低频分量响应特征

根据前述图 7.5 单次回击声压响应波形典型案例,首次声压 N 型脉冲波到达后往往紧跟着一种持续几十至上百毫秒、幅值和频率均低于首次到达 N 型的波型,因此将其定义为回击"声压低频分量",该段波形幅值和频率经几个类周期后逐渐衰减至微弱。在以往报道中,少有发现对自然或引雷触发闪电声信号低频波段的报道与研究,更缺少对大量触发闪电低频分量声压信号测量结果的定性总结和定量分析,因此本节针对回击声压低频分量特征展开研究。

对所测 131 次回击过程声压信号低频分量进行提取,图 7.25 给出了典型回击案例的首次声压 N 型波前后的时域波形细节图。观察声压 N 型波与低频分量的过渡阶段可发现,往往在 N 型波第二个波峰结束后开始过渡为低频段声信号。不同于表面相对光滑的 N 型声压波,声压低频分量响应波形叠加有密集的小幅值、畸变后的"类 N 型"声压脉冲,其形状与回击首次到达 N 型声压波相似,但畸变程度更为严重。此类小幅值的声压脉冲很可能来自闪电通道远处放电声源,这与以往报道中展示的自然闪电时域声压信号现象大致相同[138]。

不同距离发射架观测案例中提取的回击对应声压信号低频分量次数占比见堆叠柱状图 7.26。统计可得,仅有一部分回击过程声信号被测得有明显的声压低频分量,占研究总样本数的 50% 左右。分析成因,认为是部分强度较弱回击放电过程在与前序回击过程间隔较近的情况下,对应首次 N 型波直接叠加在前面的低频波段上,并没有激发出本身的低频分量。

以回击首次声压 N 型波与低频分量波形的过渡点为起始,低频段衰减至最大值的 10% 为终止点,统计出低频声压信号的持续时间分布见柱状图 7.27,图 7.27

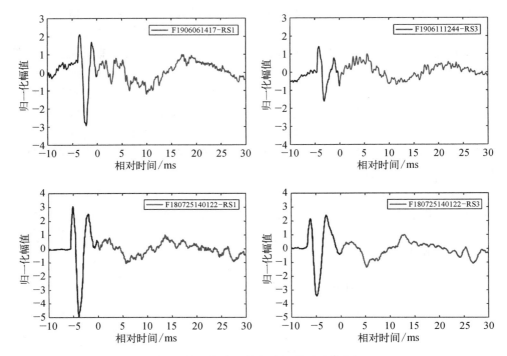

图 7.25   回击声压低频分量典型波形案例

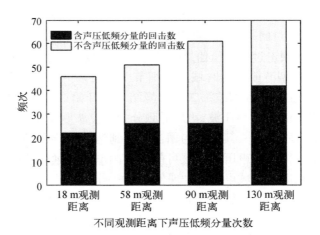

图 7.26   不同观测距离下回击声压低频分量明显出现次数统计

（a）~（d）分别来自对两种发射架不同观测距离下的结果提取。持续时间分布差别较大可能是由回击间时延关系的随机性特点所致,不同回击事件声压响应过程间隔及叠加效应不一,对低频分量出现及终止时刻造成不同程度影响,因此统计出的

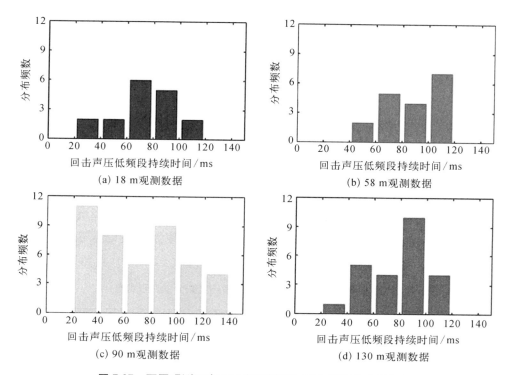

图 7.27　不同观测距离下回击低频段声压信号持续时间分布

持续时间不同。

　　回击声压低频分量波形进行幅值归一化后叠加处理,尽管部分回击案例由于时延间隔较近,其对应声压低频波型提早结束,但在归一化叠加处理时通过调整相位关系,同样能够达到较好叠加效果。基于上述方法处理出的归一化叠加效果见图 7.28,发现来自不同雷暴日及不同观测距离下的各回击过程低频波段尽管持续

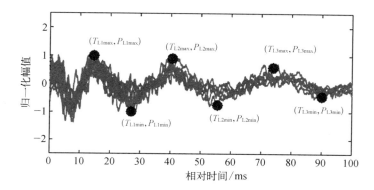

图 7.28　回击过程低频声波归一化叠加及特征参数定义图

时间不同,但均以相似的周期规律进行衰减振荡。不考虑低频波段上面叠加的小幅值 N 型声压波导致的幅值变化,调整相位后的各周波正反峰的相对幅值特征比较一致。基于图 7.28 反映的典型声压低频分量波形特征,图中对其前三个周波的波峰波谷幅值及相对时刻进行了参数定义。

提取出的低频波段持续时间分散性大,因此能够统计出的各周波特征参数个数存在变化。表 7.3～表 7.6 分别给出了两种发射架不同距离下各特征参数的统计样本数、极值范围、均值和标准差结果。对应地,图 7.29 分别展示了不同观测距离下的回击声压低频分量波峰参数相对幅值随相对时刻的变化衰减关系,其中负峰幅值已作绝对值处理,标记散点范围的直线代表各参数散点的分布范围。不同观测距离下的各波峰衰减规律相似,均呈指数衰减规律。不同回击观测案例提取的波峰的相对时刻和相对幅值呈现较大分散性,则很可能由低频波段上叠加的不规则小幅 N 型波影响波峰幅值大小读数所致。

表 7.3　18 m 距离触发闪电回击声压低频分量波形特征

参数类型	参数名称	最大值	最大值	平均值	标准差
相对幅度	P_{L1max}	1.00	0.84	0.93	0.06
	P_{L1min}	−0.49	−0.85	−0.70	0.11
	P_{L2max}	0.70	0.26	0.47	0.12
	P_{L2min}	−0.19	−0.55	−0.33	0.10
	P_{L3max}	0.29	0.13	0.21	0.05
	P_{L3min}	−0.13	−0.24	−0.19	0.06
相对时刻	T_{L1max}/ms	18.49	13.77	16.69	1.27
	T_{L1min}/ms	33.45	24.56	27.57	2.05
	T_{L2max}/ms	47.31	33.73	39.02	3.02
	T_{L2min}/ms	57.66	44.51	52.61	3.58
	T_{L3max}/ms	81.20	65.24	70.93	5.14
	T_{L3min}/ms	91.10	84.06	86.72	3.82

表 7.4　58 m 距离触发闪电回击声压低频分量波形特征

参数类型	参数名称	样本数	最大值	最大值	平均值	标准差
相对幅度	P_{L1max}	26	1	0.78	0.94	0.08
	P_{L1min}	26	−0.46	−0.93	−0.68	0.12
	P_{L2max}	24	0.67	0.33	0.49	0.10
	P_{L2min}	23	−0.29	−0.62	−0.42	0.11
	P_{L3max}	22	0.45	0.15	0.31	0.05
	P_{L3min}	11	−0.12	−0.34	−0.26	0.07
相对时刻	T_{L1max}/ms	26	18.71	13.90	16.75	1.31
	T_{L1min}/ms	26	33.01	23.49	27.55	1.87
	T_{L2max}/ms	24	46.01	37.56	41.37	2.48
	T_{L2min}/ms	23	61.10	52.23	57.14	2.44
	T_{L3max}/ms	22	79.60	67.78	75.06	3.07
	T_{L3min}/ms	11	95.70	88.87	92.46	2.29

表 7.5　90 m 距离触发闪电回击声压低频分量波形特征

参数类型	参数名称	样本数	最大值	最大值	平均值	标准差
相对幅度	P_{L1max}	42	1.00	0.87	0.97	0.05
	P_{L1min}	37	−0.51	−0.91	−0.74	0.11
	P_{L2max}	26	0.77	0.41	0.59	0.12
	P_{L2min}	24	−0.23	−0.62	−0.43	0.13
	P_{L3max}	18	0.56	0.18	0.38	0.10
	P_{L3min}	11	−0.17	−0.53	−0.35	0.14

续 表

参数类型	参数名称	样本数	最大值	最大值	平均值	标准差
相对时刻	T_{L1max}/ms	42	18.88	14.72	16.43	1.22
	T_{L1min}/ms	37	31.39	26.11	27.74	1.44
	T_{L2max}/ms	26	44.73	36.58	39.89	2.00
	T_{L2min}/ms	24	61.02	51.10	56.16	2.55
	T_{L3max}/ms	18	79.20	69.72	73.90	2.79
	T_{L3min}/ms	11	93.12	87.38	90.43	1.60

表 7.6　130 m 距离触发闪电回击声压低频分量波形特征

参数类型	参数名称	样本数	最大值	最大值	平均值	标准差
相对幅度	P_{L1max}	26	1.00	0.78	0.97	0.06
	P_{L1min}	24	−0.52	−0.93	−0.75	0.09
	P_{L2max}	24	0.91	0.41	0.66	0.14
	P_{L2min}	18	−0.33	−0.69	−0.52	0.11
	P_{L3max}	18	0.65	0.18	0.42	0.10
	P_{L3min}	10	−0.22	−0.53	−0.34	0.10
相对时刻	T_{L1max}/ms	26	18.49	14.26	16.17	1.12
	T_{L1min}/ms	24	31.30	25.15	28.63	1.95
	T_{L2max}/ms	24	44.37	36.58	40.71	1.80
	T_{L2min}/ms	18	60.30	51.10	56.20	2.39
	T_{L3max}/ms	18	82.37	68.90	75.94	3.08
	T_{L3min}/ms	10	95.44	87.38	91.25	2.40

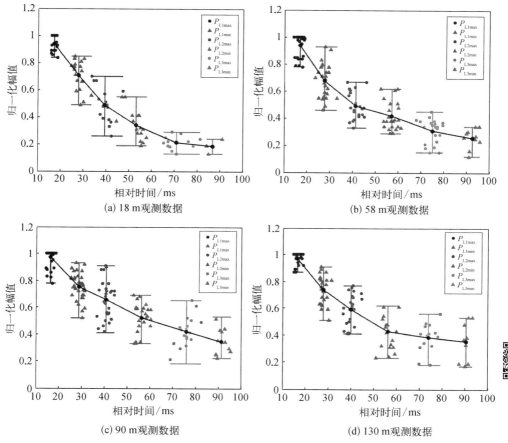

图 7.29　不同距离下回击低频声波归一化幅值随相对时延的变化

低频波段与放电强度的相关性,可通过图 7.30 研究给出的两种距离发射架下低频波段最大幅值与回击电流 I_{max} 参数的关系来反映。由图 7.28 可知,低频波段最大幅值主要出现在前两个波峰,即 P_{L1max} 或 P_{L2max}。由声电参数关系散点图可反映回击低频波段绝对峰值与放电强度的显著相关性。结合图 7.29 反映的幅值归一化处理,即不考虑回击放电强度下的低频波段声信号振荡衰减特征分析结果,也不难推测回击低频波段各波峰特征参数与回击放电强度的显著相关性。

对自然闪电次声波形或频域分析得到的可闻雷声低频分量的报道,在以往报道中少有体现,Holmes 等[139]的报道里对自然地闪进行了观测和计数,发现部分观测案例里雷声信号峰值频率为低频分量,Farge 等[140]报道了雷电次声观测结果,并通过三维反演定位了次声源,Chum 等[141]观测了闪电次声压脉冲和电场变化,以讨论雷电次声形成机理。

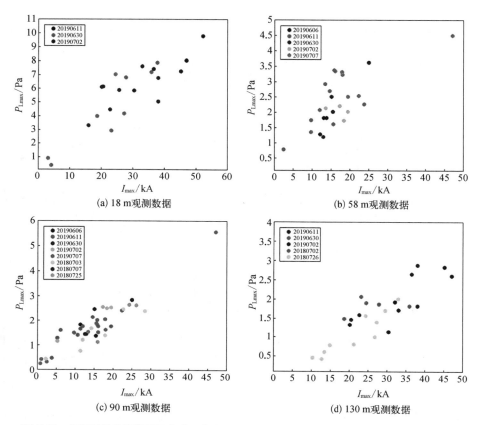

图 7.30　不同观测距离下回击声压低频分量最大声压峰值 P_{Lmax} 与回击放电 $I_{\max}$ 关系

上述研究中均未发现紧随 N 型波之后的声压响应低频振荡波型。实验室模拟雷击放电中,不论是长间隙放电还是短间隙放电,在几米到十几米观测距离内响应声学波形的测量中也未看到类似波形特征。对触发闪电回击过程近场声压信号首次 N 型波后面的低频振荡声波进行了参数统计和相关性研究,该振荡波与回击过程首次 N 型波的过渡关系、振荡规律、持续时间受回击放电强度影响较小,低频振荡波幅值与回击放电幅值具有明显线性关系。本书首次揭示了该现象并定量分析了该段波形时域特征。

7.2　ICCP 和 M 分量声压近场波形特征

7.2.1　ICCP 声压响应特征

雷电初始连续电流脉冲出现在触发闪电回击电流脉冲之前,往往与引雷火箭钢丝燃烧过程重合,电流脉冲波形特征与回击过程大不相同,因此对应的近场声压响应波形特征在本节单独研究。人工触发闪电通道回击过程基底电流脉冲具有典型的波形特征,本书统计的 131 次回击案例基底电流波形上升时间为 $0.93 \sim 1.33\ \mu s$,波尾时间为 $28.20 \sim 41.79\ \mu s$,可见相对于回击电流放电幅值的随机性,上升时间及波尾时间变化范围小,脉冲波形特征相对固定。

50 次 ICCP 电流脉冲特征存在较大的分布范围见图 7.31,分别统计了 ICCP 电流脉冲抬升峰值、比能量、上升时间及所处初始连续电流(ICC)的参数分布情况。幅值较低的初始连续电流上出现 ICCP 过程,幅值往往相对于回击小很多,主要集中在 1.5 kA 以下,对应比能量同样较低。上升时间相对回击特征更为缓慢,在数十微秒至数毫秒范围。

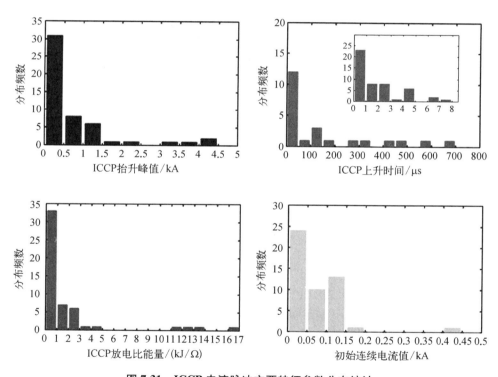

图 7.31　ICCP 电流脉冲主要特征参数分布统计

图 7.32 给出了部分 ICCP 过程基底电波形和对应声压响应波形典型案例,声压脉冲波形提取方法与回击声压提取方法一致。对 50 次 ICCP 观测案例的研究结果发现,ICCP 声压响应波形典型特征与回击类似,同样为显著的 N 型声压波,后续往往伴随测得有低频振荡声波。ICCP 往往为首次放电脉冲,声压响应信号往往从无噪声干扰的 0 电平附近起始,且传播到达时刻与声学观测距离一致。ICCP 放电

幅值往往较低,易以不规则脉冲簇连续出现,此时声压 N 型波后的低频分量不明显。此外,所测得的叠加在 ICC 电平上的无规则锯齿状 ICCP 电流脉冲簇也能产生独立声压响应波形。

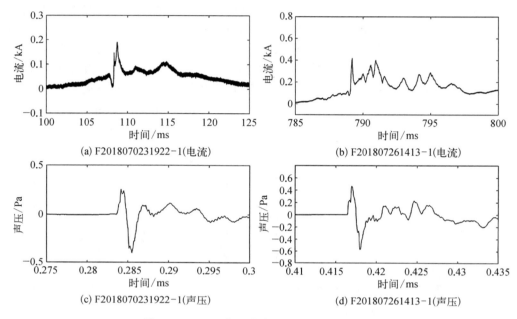

图 7.32　ICCP 电流脉冲及对应声压响应波形

Dayeh 等[137] 在 2015 年报道了美国佛罗里达火箭引雷声学响应观测结果。根据观测情况,他们认为放电声压响应激发与否,由放电脉冲的抬升电平、上升时间、波尾时间等因素共同决定。更快的电流脉冲上升陡度、更大的脉冲幅值更容易激发放电声辐射,即能测得对应的声压响应波形。而 Wang 等[135] 利用冲击电流放电模拟雷击点声源,所测结果表明上升时间、持续时间达到 $50~\mu s/110~\mu s$ 的宽脉冲电流同样能够产生——对应且满足幅值线性关系的独立声压响应波形。

触发闪电近场声压观测结果中,50 次 ICCP 放电过程在脉冲特征分散性极大,且放电幅值普遍偏小的情况下,仍能够依据脉冲时延特征提取出声压响应脉冲波形,表明 ICCP 放电激发独立声压响应的能力较强。

对 ICCP 放电过程声压响应波形特征进行参数分析。图 7.33 为不同距离下所测 ICCP 声压响应脉冲与电流脉冲相对时延参数的特征关系及函数拟合结果,可见两者同样保持较好的等值——对应关系。从散点图中分析相对时延误差情况,发现 18 m 处的散点统计结果误差明显大于其他观测距离所测结果,该现象与 7.1.1 节计算分析出的不同观测距离下放电声辐射源高度随机性导致的相对时延误差趋势一致。

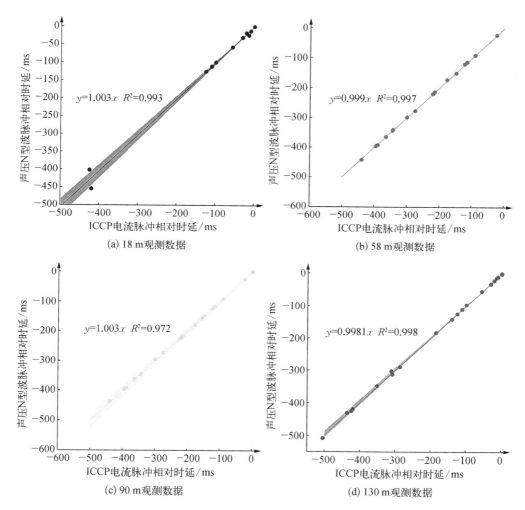

图 7.33　不同观测距离下 ICCP 声压脉冲与电流脉冲相对时延关系

　　对提取的 ICCP 电流脉冲和声压响应脉冲幅值关系进行不同观测距离的拟合分析,分析结果见图 7.34。其中,带状区域是函数拟合的 95% 置信区间。ICCP 电流幅值参数的提取为去掉 ICC 电平基准值后的"相对抬升"幅值。由拟合结果可得,不同距离的观测结果均呈较好的线性相关性,函数拟合 R^2 分布在 0.596 ~ 0.885。综合考虑统计的 ICCP 测量样本量,锯齿状 ICCP 脉冲簇的幅值参数统计误差及弱幅值 ICCP 声压响应波形受到的叠加干扰,可以认为 ICCP 线性拟合评价指标 R^2 的差异在合理范围内。此外,声压响应波形的观测距离,即声辐射传播距离差导致的线性增长系数差异较为明显,58 ~ 130 m 距离测量统计的拟合线性系数分别仅为 18 m 处的 87.8%、59.4%、29.3%。

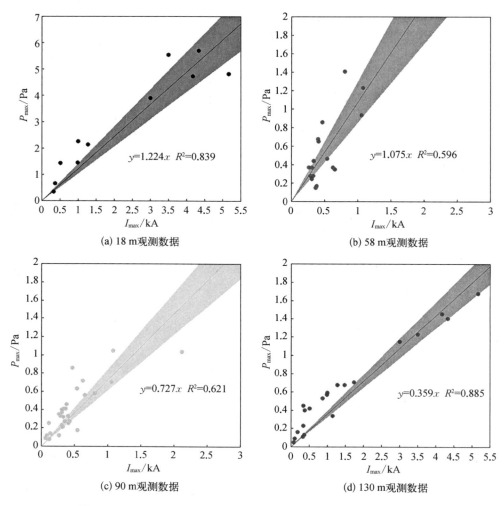

图 7.34   不同观测距离下 ICCP 声压响应脉冲与电流脉冲幅值关系

7.2.2   M 分量声压响应特征

如 7.2.1 节中所述,闪电放电声辐射响应波形激发与否与放电脉冲的相对抬升幅值、上升时间和波尾时间均有关系。从 7.2.1 节 ICCP 声压响应特征研究中可知,即使所测 ICCP 放电典型脉冲特征存在较大变化,但往往能够产生独立声压响应。由此推断,作为回击间频繁出现的 M 分量脉冲放电过程,也能产生独立的声压响应。基于该思路,本节对触发闪电 M 分量脉冲同样通过相对时延特征提取匹配,单独作声压响应波形特征研究。

在 131 次触发闪电回击放电过程的间隔阶段,测得有丰富的 M 分量放电过程。

M 分量脉冲出现位置既有叠加在回击过程主脉冲波形下降沿的观测案例,也有与回击过程间隔数毫秒叠加在连续电流上的案例。此外,还有与回击间隔较长,在 0 电平基础上突然出现的脉冲,但脉冲特征不同于单词回击,而是在上升时间和波尾时间特征上判定为一次典型 M 分量脉冲[142]的案例。

以 0.3 kA 脉冲幅值界限(低于 0.3 kA 的 M 分量脉冲多达数百次,未作统计分析),统计并分析了 37 次的明显 M 分量脉冲特征参数及声压响应情况。情况不同于 ICCP 和回击放电,对于 37 次明显幅值的 M 分量脉冲,仅有其中的 10 次 M 分量脉冲能够根据时延特征匹配到独立声压响应波形。典型脉冲波形和对应声压响应脉冲见图 7.35,其中 M 分量编号以该次闪电事件中第一次出现的幅值大于 0.3 kA 的脉冲开始。部分 M 分量脉冲前的放电过程声压响应如图 7.35(c)对应案例,声压响应信号往往具有明显的脉冲特征。另一部分 M 分量脉冲前的放电过程声压响应如图 7.35(d)对应案例,声压响应信号往往叠加在前序放电声压响应波段上。

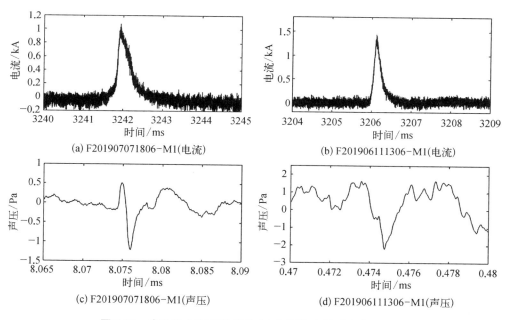

(a) F201907071806-M1(电流)

(b) F201906111306-M1(电流)

(c) F201907071806-M1(声压)

(d) F201906111306-M1(声压)

图 7.35 产生独立声压响应的 M 分量脉冲及对应声压波形

对产生独立声压响应的 M 分量电流脉冲及对应声压响应波形进行参数分析。两者相对首次回击过程的时延特征进行了参数统计和函数拟合分析,结果如图 7.36 所示。其中图 7.36(a)展示了地面发射架的测量结果,对应观测距离为 58 m 和 90 m;图 7.36(b)展示了塔发射架测量结果,对应观测距离为 18 m 和 130 m,且 10 次观测案例中仅有 1 次来自该发射架。两类观测结果的时延特征关系在不同距离下均较好地满足等值对应关系。不同发射架触发闪电所测的 M 分量电流脉冲及对应声压响应波形的幅值拟合关系分别见图 7.37(a)、(b)。考虑到测量数据存在的一定程度分散性,对于仅有 1 次案例的图 7.37(b)统计数据,未作拟合及 95%置信区间分析,但不同距离的幅值对应关系差异依然显著。

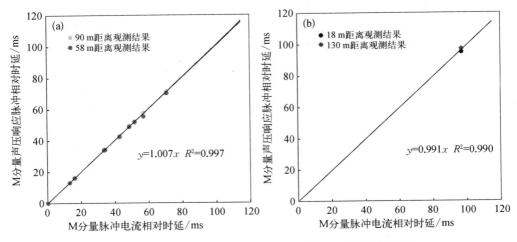

图 7.36　M 分量脉冲及声压响应波形的相对时延特征关系

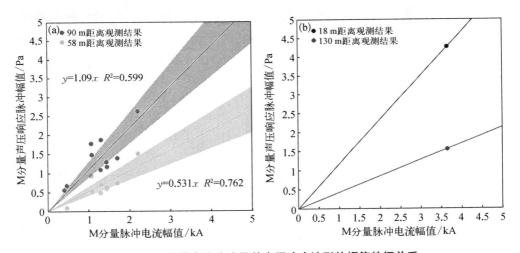

图 7.37　M 分量电流脉冲及其声压响应波形的幅值特征关系

对于 M 分量产生独立声压响应的研究,以是否测得独立声压响应为划分,将两类 M 分量电流脉冲特征参数的相对抬升峰值 I_{max}(减掉连续电流)、比能量 $I(t)^2 \cdot dt$ 和上升时间 T_r 做了柱状图统计和对比,分析结果见图 7.38。蓝色为测得独立声响应的 10 次 M 分量特征分布,红色对应未测得独立声压响应的 27 次 M 分量特征分布。由表中统计结果可知,27 次未测到独立声压响应脉冲的 M 分量中,相对抬

升峰值电流 $I_{\max}$ 最大可达 2.78 kA，与一次小幅值回击电流相当；比能量最大可达 4.22 kJ·Ω；上升时间最快可达 23 μs；波尾时间最短可至 112.5 μs。

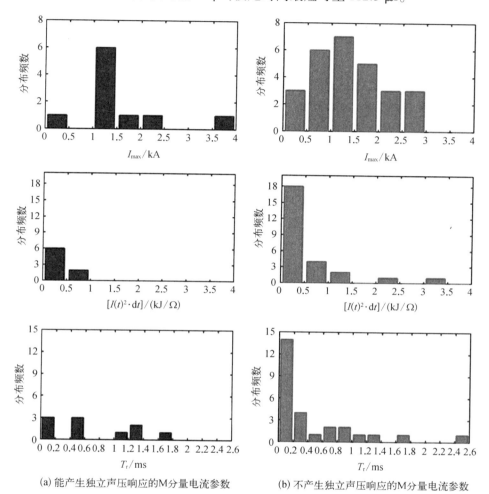

（a）能产生独立声压响应的M分量电流参数　　　（b）不产生独立声压响应的M分量电流参数

图 7.38　两类 M 分量电流脉冲特征参数统计

Dayeh 等[137]在对美国佛罗里达 ICLRT 火箭引雷声学观测的报道中，发现多次包含 M 分量的回击过程中仅有一次上升速度极快、幅值与回击相当的 M 分量产生了对应声压响应波形。从上述电流脉冲关键特征上看，未测得独立声压响应的 M 分量脉冲与 7.2.1 节讨论的激发独立声压响应的 ICCP 脉冲相比，往往具有典型的上升时间更快和放电幅值更高的特征，且典型电流脉冲的特征更为显著，几乎不存在锯齿状放电脉冲簇。此外，对比图 7.38（a）、（b）的统计结果，发现相对抬升峰值电流、上升时间、比能量特征参数分布情况存在较多重叠，无法作为判断是否能产生独立声响

　　应的直接因素。由此可见,这些电流脉冲参数并非产生独立声响应的充分条件。

　　对应地,图 7.39 和 7.40 展示了部分未测得独立声压响应波形的 M 分量案例。其中,电流局部波形图已用不同颜色区分了 M 分量和前序回击脉冲。相同时间下的前序回击脉冲独立声压响应 N 型波也在声压响应波形局部图中用蓝色单独区分。可明显发现,未测得独立声压响应的 M 分量脉冲与前序的高幅值回击过程主脉冲间隔时间较短,时间间隔往往不超过 5 ms。

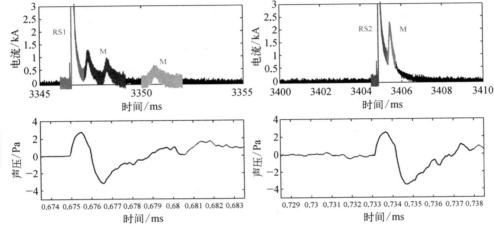

图 7.39　F201906111244 未测得独立声压响应波形的 M 分量 1

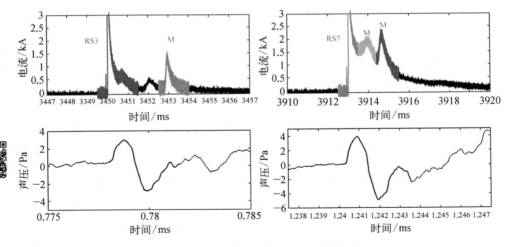

图 7.40　F201906111244 未测得独立声压响应波形的 M 分量 2

　　考虑到该类 M 分量案例与前序回击脉冲的时延与一次完整的声压响应 N 型波的持续时间相当,可能存在波形叠加致使无法区分提取后序 M 分量独立声压响应的情况。但通过观察声压响应时域波形,分析 N 型波畸变情况及 M 分量相对时延与 N 型波的时延匹配情况,也能排除叠加干扰的因素。出现有 M 分量的位置,相同时间下的声压波形中并未找到显著声压响应脉冲波形痕迹。

基于对放电脉冲的时间间隔影响声压响应独立性的假设,统计是否产生独立声响应的两类 M 分量脉冲与前序回击脉冲的时间间隔情况并做分布对比,统计结果见图 7.41。由图 7.41 可知,产生独立声压响应的 10 次 M 分量与前序回击放电脉冲时间间隔最短为 16 ms,最长为 274 ms;而不产生独立声压响应的 27 次 M 分量与前序回击时间间隔最短为 0.5 ms,最长为 8.6 ms,两者存在显著差异。由此可推断出,27 次幅值相当,脉冲特征明显的 M 分量未能产生独立声响应脉冲,与前序回击脉冲间的过短间隔有关。

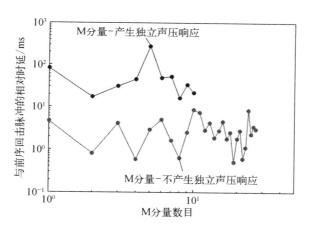

图 7.41　两类 M 分量脉冲与前序回击脉冲时间间隔对比

7.2.3　与回击过程声压响应特征的对比

7.1 节和 7.2 节对人工触发闪电所测放电回击过程、ICCP 过程及 M 分量过程的近场区域声压响应波形做了特征分析及定量研究,本节对上述三种放电脉冲声压响应波形进行对比。对比所测首次到达、幅值最为明显的独立声压响应波形,三种放电脉冲对应首次到达的声压响应脉冲在受叠加干扰程度低的情况下均为显著的 N 型声压波,随后往往跟随声压低频分量波形。

回击放电具有更强的放电幅值,声压响应 N 型波受叠加而致使畸变的概率较低,且具有更明显的声压低频分量。对于 ICCP 脉冲,往往在首次回击前出现且与首次回击存在较大时延间隔,所处阶段几乎不会同步测到其他雷声辐射波形,因此即便 ICCP 脉冲幅值较弱,但对应声压响应脉冲受叠加效应影响较小,同样具有较低概率的畸变或叠加现象。一方面,对于 M 分量,其放电阶段不具备较高幅值,声响应波形本身幅值较弱;另一方面,M 分量处于回击过程之间,对应声压响应脉冲往往叠加于各回击过程声压响应波形之间,因此更容易受到叠加影响而出现畸变现象。上述典型特征的总结与描述均能在给出的各类型脉冲波形案例有所体现。

对比激发独立声压响应的能力,131 次回击放电脉冲有 129 次匹配有独立声响应波形;50 次 ICCP 放电脉冲全部匹配有独立声压响应波形;而 37 次 M 分量脉冲仅有 10 次匹配有独立声压响应波形,统计对比情况见柱状图 7.42。如 7.2.2 节分析所述,37 次 M 分量放电的典型脉冲特征明显,其中 27 次 M 分量尽管幅值大、上升时间快,但仍未测得独立声压响应的原因很可能是该放电与前序回击放电脉冲时间间隔过近。由此,本节对所有放电脉冲相对前序放电脉冲的相对时延做了比较,结果见图 7.43。

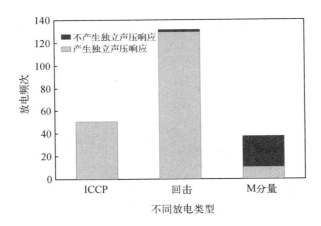

图 7.42　三种放电类型独立声压响应次数占比

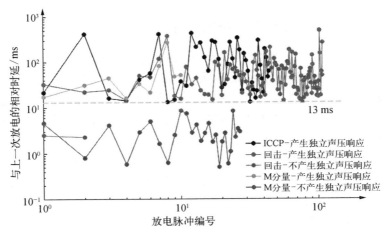

图 7.43　不同放电脉冲相对前序产生独立声压响应放电脉冲的时延统计

　　研究可得,7.2.2 节对 M 分量声压响应独立性现象的成因分析并非偶然,因为相同现象同样出现在了回击和 ICCP 脉冲声压响应特征里。两次未测得独立声压波形的回击放电脉冲及其声压响应波形见图 7.44,它们与前序放电回击的时间间隔极小,仅为 2 ms 左右,而其他能够产生独立声压响应脉冲的回击相对时延间隔均在 13 ms 以上。声压响应"激发率"为 100% 的 ICCP 脉冲的结果与前序放电脉冲的相对时延同样较大,没有间隔极近的案例出现。

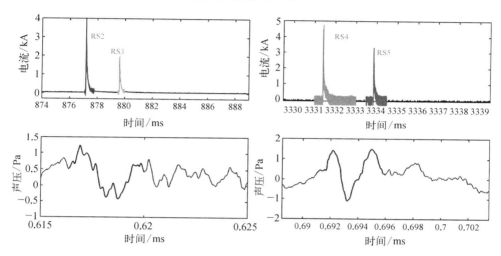

图 7.44　未测得独立声压响应波形的两次回击电流及对应声压波形

　　从统计并对比的结果来看,13 ms 以上的放电脉冲时延间隔不会阻碍其激发独立声压响应波形,且该特性与放电脉冲上升时间、幅值、波尾时间等特征因素相关性不大。探究触发闪电放电脉冲声辐射源形成机理,13 ms 的"分界线"很可能不具备物理意义,但基于对 131 次回击放电脉冲、50 次 ICCP 放电脉冲及 37 次 M 分量放电脉冲声压响应独立性现象研究,有理由认为,时间间隔过近的雷电流冲击放电脉冲,会因回击通道热膨胀后电离通道还未完全消散,下一次的放电脉冲即使幅值强烈,也不会引起二次的等离子通道剧烈膨胀,并产生独立可见的声辐射源。这一可能解释,在距离前序回击放电脉冲时间间隔过近的 2 回击脉冲和 27 次 M 分量脉冲的声压响应测量结果中得到了验证。

　　对三类放电脉冲声及声压响应波形的相对时延参数进行不同距离下的结果分析,分别见图 7.45(a)~(d)。三类放电脉冲的声压响应脉冲时延参数高度收敛,均具有基本一致的等值线性关系。18 m 观测距离下的 ICCP 及声压脉冲响应的等值对应性在部分观测结果上有较大误差,具体见图 7.45(a)。

　　对三类放电脉冲电流峰值及声压响应脉冲幅值关系作不同观测距离下的结果统计,分别见图 7.46(a)~(d)。尽管各类放电脉冲均较好地满足声-电幅值线性相

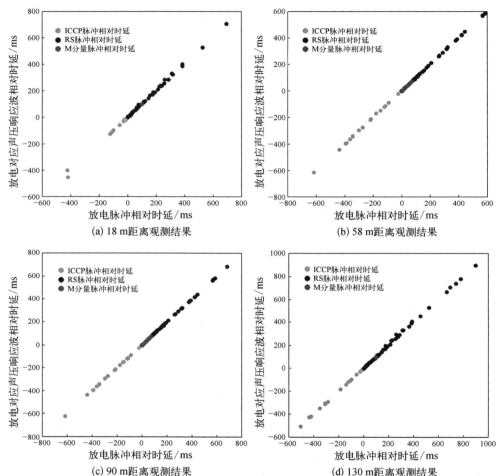

(a) 18 m距离观测结果 (b) 58 m距离观测结果

(c) 90 m距离观测结果 (d) 130 m距离观测结果

图 7.45 不同观测距离下三类放电脉冲声压响应相对时延关系

关特性,但回击放电脉冲的统计结果(紫色散点)线性系数在各种距离下均小于ICCP(橙色散点)和 M 分量(粉色散点)放电脉冲,而 ICCP 放电声压响应幅值关系与 M 分量则更为接近。对各放电类型的声压响应与电流的幅值线性关系作函数拟合,拟合结果见表 7.7。考虑到 M 分量在 18 m 和 130 m 观测距离下的统计结果极少,且各距离下 M 分量幅值线性特征与 ICCP 较为相似,两者用同一函数曲线进行分析。对比 ICCP 及 M 分量的声-电参数幅值线性关系与回击放电结果,可知函数拟合线性系数相差倍数较大,ICCP 及 M 分量线性拟合系数最大统计为回击放电的 4 倍左右。而线性系数的差异,可以认为与 ICCP 和 M 分量有限样本量对应的一定程度分散性,以及 ICCP 及 M 分量电流脉冲所处电平幅值带来的 I_{max} 统计误差有一定关系。

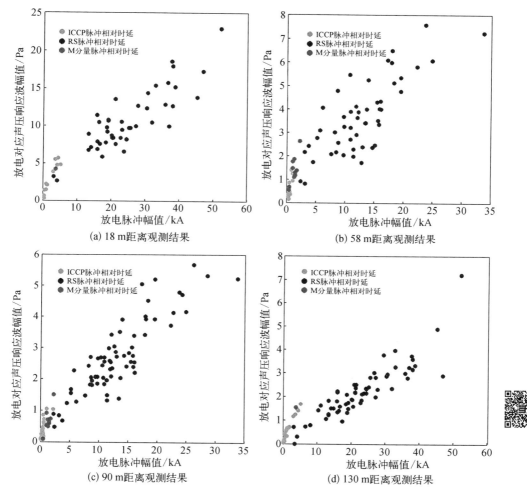

图 7.46　不同观测距离下三类放电脉冲声压响应幅值关系

表 7.7　不同观测距离下各放电过程声压响应波形幅值与电流脉冲峰值拟合结果

拟 合 对 象 y	拟合对象 x	线性系数 a 拟合结果		R^2
		数值	95%置信区间	
回击声压 N 型波 P_{1max}(18 m)	电流脉冲 I_{max}	0.410	[0.384, 0.435]	0.671
回击声压 N 型波 P_{1max}(58 m)	电流脉冲 I_{max}	0.274	[0.252, 0.296]	0.554
回击声压 N 型波 P_{1max}(90 m)	电流脉冲 I_{max}	0.195	[0.182, 0.208]	0.902

续　表

拟 合 对 象 y	拟合对象 x	线性系数 a 拟合结果		R^2
		数值	95% 置信区间	
回击声压 N 型波 P_{1max}(130 m)	电流脉冲 I_{max}	0.093	[0.087, 0.099]	0.943
ICCP、M 分量声压 N 型波 P_{1max}(18 m)	电流脉冲 I_{max}	1.217	[1.051, 1.384]	0.844
ICCP、M 分量声压 N 型波 P_{1max}(58 m)	电流脉冲 I_{max}	1.087	[0.961, 1.212]	0.772
ICCP、M 分量声压 N 型波 P_{1max}(90 m)	电流脉冲 I_{max}	0.605	[0.527, 0.684]	0.672
ICCP、M 分量声压 N 型波 P_{1max}(130 m)	电流脉冲 I_{max}	0.368	[0.337, 0.401]	0.893

7.3　人工触发闪电声压波形传播特性

7.3.1　声压时域波形传播特性

　　观测点 3 距离发射架较远,可以认为其距离两个发射架的距离相等,约为 1 500 m。图 7.47(a)为塔发射架的一次触发闪电事件远场声压响应波形的时域波形和频谱波形,图 7.47(b)为地面发射架的一次触发闪电事件结果,时域波形由远场声学阵列传感器的单通道信号得到,频域波形由短时傅里叶变换得到,反映了不同时刻的频率分布情况及功率大小。

　　分析触发闪电远场声序列特征,发现尽管相对幅值差异易于区分各阶段声压脉冲簇,但总体声压时域波形幅值较低,对应的频率谱图功率谱密度计算值较弱。不同时间阶段的触发闪电声压响应信号波形强度不一,功率谱密度大小差别显著。

　　研究各时间阶段声压信号频率成分,结果表明各阶段雷声辐射信号的主要频率均集中在 100~400 Hz。部分案例,如图 7.47(a)所示的时域声压波形,在对应于回击阶段的明显脉冲簇到达前,已经测得有连续出现且持续时间和幅值相当的声压脉冲簇产生。

　　图 7.48 给出了同次触发闪电不同距离所测声学时域波形的典型观测案例。整体上看,对于火箭引雷场内的近场区域,同一次触发闪电事件的完整声学观测波形均具有较高测量信噪比。不同放电阶段,如 ICCP 过程声压脉冲簇,回击对应首次到达声压脉冲簇,以及放电远处通道分支声压脉冲簇在幅值强度和脉冲时延上具有显著区分性和时延先后顺序。不同近场观测距离下首次声压响应脉冲的到达

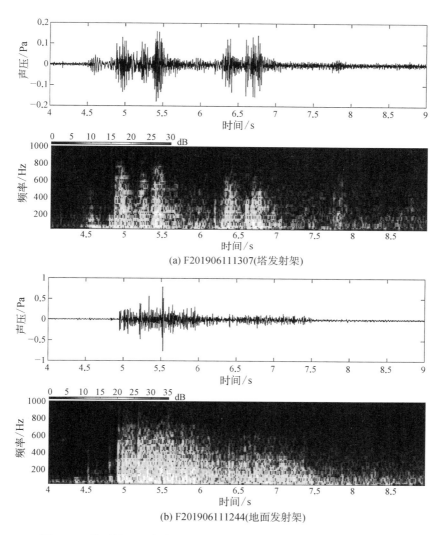

(a) F201906111307(塔发射架)

(b) F201906111244(地面发射架)

图 7.47　典型触发闪电事件 1 500 m 观测完整声学时域及频域波形图

时刻尽管具有明显不同,但基本对应于发射架引流杆底部与声传感器直线距离。

　　对于 1 500 m 远场观测点与近场观测区域内的完整声压响应信号,发现声压响应时域波形特征与近场声压波形存在显著差异。由于相对近场区域下的数十倍额外传播衰减距离,触发闪电声辐射信号幅值显著降低,由此导致整体波形的测量信噪比降低,而有效雷声信号的前序及后序声压响应信号噪声,主要来自远场观测点所处楼顶风噪声。对于近场区域的高信噪比环境下能够测到,且能通过电流脉冲时延特征匹配验证的 ICCP 阶段弱幅值声压响应脉冲,经过传播衰减,在远场观测

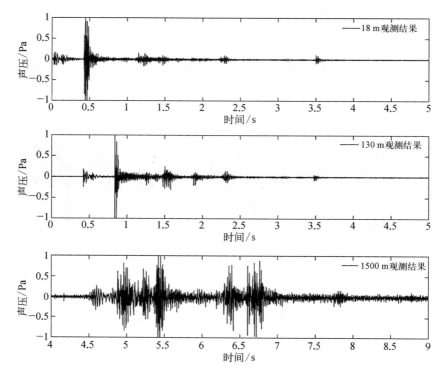

图 7.48　典型触发闪电多站同步声学观测案例

点已几乎无法测得。此外,近场区域所测的回击放电明显脉冲簇紧随的弱幅值后续脉冲,在 1 500 m 观测距离下相对回击脉冲簇的幅值有明显提升。

上述触发闪电声压时域波形序列特征差异的成因,可能与不同阶段声压响应传播至观测点的相对距离有关。结合近场及远场观测点对触发闪电声学观测示意图 7.49 展开分析。图中照片为一次单回击触发闪电事件远场观测点所测静态光学照片,弯曲通道部位始于 300 m 左右,最高拍摄点达到 1 650 m。沿通道标记点代表声辐射源激发位置,直线代表各声源信号相对声传感器传播路径。回击放电首次到达声压脉冲簇来自触发闪电笔直通道近地部位,其中首次到达 N 型声压波经时延特征反演声源距离基本等于观测距离。与此同时,尽管触发闪电上方弯曲通道产生声辐射源(图中用点标出)在回击放电暂态过程同步激发,但传播距离经计算远大于首次 N 型声压波传播距离,由此具有更靠后的时延特征及相对更弱的幅值。对于远场观测点 3,触发闪电上方不规则弯曲通道与底部笔直通道激发声源传播至远场观测点距离相当,更易产生脉冲簇混叠,不再具有近场观测结果体现的显著时延特征及幅值差别特征。因此,触发闪电声压信号响应波形的序列特征由闪电的放电过程、放电时间、通道几何特征及观测距离共同影响。

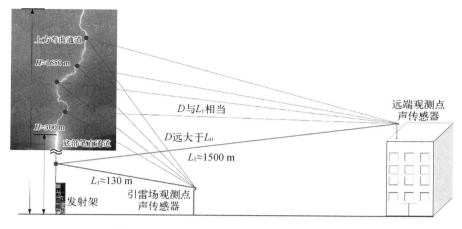

图 7.49　近场及远场观测点声学观测示意图

以触发闪电声压响应波形的 10% 最大幅值作为有效雷声信号段起止点,统计出的不同观测距离下完整声学信号持续时间统计见图 7.50,横坐标代表事件编号,不同颜色用以区分不同距离。可知,对于同一次触发闪电事件,不同观测距离下完整声信号持续时间存在差异,更远的观测距离对应更长的时域声信号持续时间。

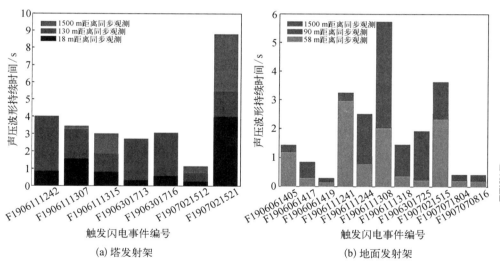

图 7.50　两种发射架触发闪电不同距离所测完整声学波形持续时间统计

图 7.51 表征了所有触发闪电案例声压信号持续时间分布随观测距离的变化情况,其中散点及范围框线表征该距离下的统计结果分布,统计结果的平均值连接折线反映整体分布变化趋势,不同颜色对应不同发射架观测结果,同样体现了显著的声压响应持续时间随距离增加而延长的正相关特性。

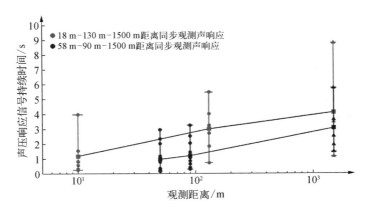

图 7.51　触发闪电声压波形持续时间随距离的变化

7.3.2　声压频域波形传播特性

对触发闪电同步观测声压响应波形进行功率谱分析,部分案例的功率谱相对幅值分布结果见图 7.52。由图可见,100 Hz 以下的低频成分相对幅值较大,100 Hz 以上则主要集中在 200 Hz 附近。不同闪电案例中各具体频率分量的相对幅值大小及出现位置存在差异,并无统一特征,这与不同案例下通道注入能量差异及通道几何差异导致的传播效应差异有关[143]。

对比不同距离同步观测功率谱结果,发现近场区域的同次闪电案例观测声压波形功率谱图相关性较高。而近场区域与远场区域的功率谱图差异较大,尽管不同距离的峰值频率均集中在 200 Hz 以下,但随着观测距离由近场至远场变化,功率谱峰值频率存在偏移现象。这意味着不同频率分量受到不同程度的传播衰减影响,决定触发闪电声压响应信号功率谱特征的因素除了放电过程本身,一定距离的传播效应同样起主导作用。

分析触发闪电同步观测声压响应波形的功率谱第一峰值和第二峰值,两者随观测距离的变化情况见图 7.53。由图可得,近场区域范围,即 18 m、130 m 和 58 m、90 m,由于两种距离下测得的声压响应波形功率谱特征相关性更强,第一、第二峰值频率随观测距离的变化呈现出较明显的趋势,两者均随距离呈一定程度的衰减。对于 1 500 m 观测结果,该距离下的峰值频率观测结果与 Bodhika 等[144]报道的几公里范围内自然闪电峰值频率分布范围高度一致,但相较近场区域有着更大分散性;另一方面,由于功率谱特征与近场区域结果相关性较差,峰值频率参数随距离变化的衰减趋势并不统一。第一峰值频率变化趋势在 1 500 m 距离出现的"反转",而第二峰值频率统计结果则基本符合随距离的衰减趋势,这一传播趋势与文献中报道的雷声频率分量传播衰减特征[145]较为吻合。

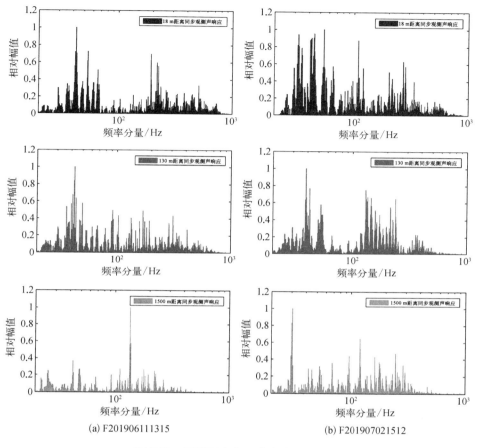

(a) F201906111315　　　　　　　　　　(b) F201907021512

图 7.52　不同距离声压响应波形功率谱

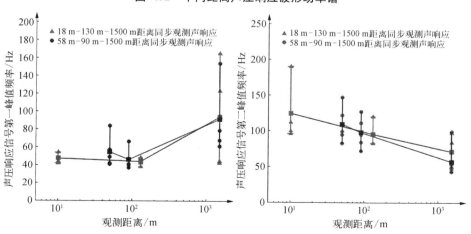

图 7.53　声压响应波形功率谱峰值频率随距离变化

7.3.3　回击声压频域传播特性

对同一闪电回击过程对应不同距离下所测声压波段做功率谱分析并进行叠加对比,典型波形案例见图 7.54。由图可知,一方面,各频率分量绝对值大小与对应回击放电强度、观测距离有关,因此对相同回击放电过程而言,远距离所测声压波段功率谱绝对值更小。另一方面,近场区域不同距离,如 18 m 与 130 m,58 m 与

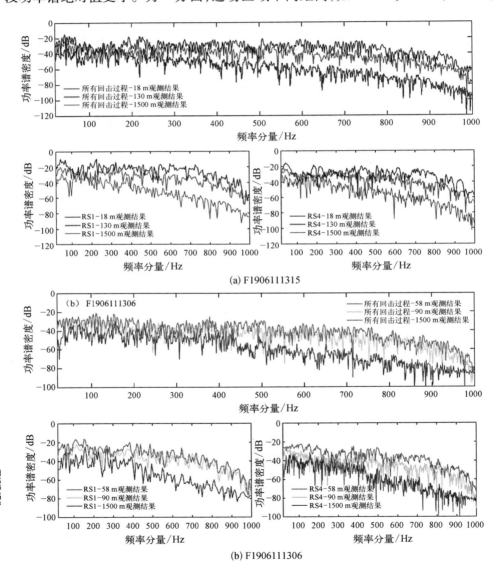

图 7.54　不同距离下回击声压波段功率谱对比

90 m 所测回击完整声压波形功率谱分布特征较为相似,但 1 500 m 远场区域所测声压波段功率谱分布特征较近场观测结果存在明显差异,尽管 200 Hz 以下低频分量仍是功率谱峰值所在区域,但 200 Hz 以上高频分量的衰减相对更明显,即功率谱曲线"陡度"更大。

对比同一放电过程不同距离响应声压功率谱曲线展示的结果表明,随着距离的增大,高频分量的衰减较低频更快。该现象与 7.3.3 节中图 7.53 反映的闪电完整声压序列波形功率谱峰值频率随距离增大而往低频偏移的现象一致。本书所测频率分量衰减特征与文献[146]给出的雷声信号在雷暴大气环境中不同频率分量的传播衰减理论分析结果基本一致。

7.3.4 N 型波分量传播特性

如前所述,1 500 m 远场所测声压响应波形信噪比显著降低,近场区域的高信噪比环境下能够测得并与电流脉冲匹配的 ICCP 阶段弱幅值声压响应脉冲在远场已几乎无法测得。受叠加效应的影响,M 分量微弱脉冲波形更是无从匹配。由此,本节开始重点关注触发闪电回击放电阶段声压响应波形传播特性。

图 7.55 和图 7.56 给出了典型触发闪电回击放电在不同距离所测的声压响应

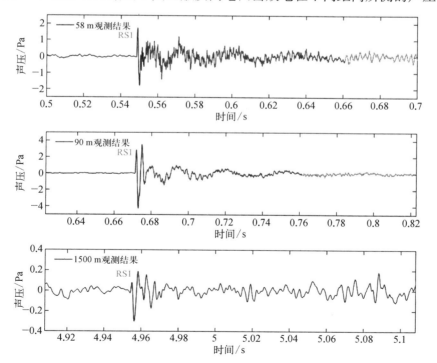

图 7.55 事件 F201906301724 回击对应不同距离声压响应波形

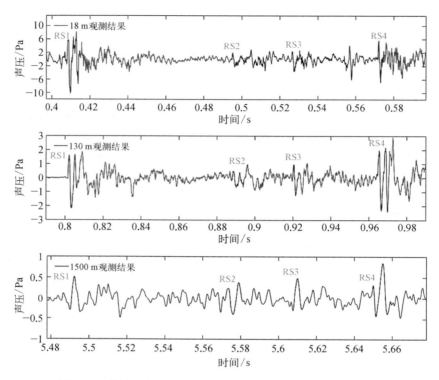

图 7.56　事件 F201906111315 回击对应不同距离声压响应波形

波形。回击对应声压首次到达 N 型波分量、低频分量、微弱波段已用不同颜色标记。对比引雷场近场区域回击声压响应波形,除声压幅值、脉冲到达时刻具有随观测距离变化的显著差异外,声压 N 型波分量、低频分量、微弱脉冲段的声压波形序列特征基本相同。然而,对于 1 500 m 距离远场观测声压响应结果,尽管回击对应首次到达 N 型声压波能通过时延特征进行匹配提前,但绝对幅值已在相对于近场区域的数十倍额外传播路径中明显衰弱,因此更易受前序及后序其他位置声压脉冲的叠加干扰,致使声压脉冲 N 型波特征相对近场距离观测结果更易畸变。

　　对比不同距离下回击声压响应波形低频分量可知,近场区域明显测得的首次 N 型波之后的低频波段在 1 500 m 远场观测结果中并不明显,即未在各回击放电对应的首次 N 型声压波之间出现易于区分的周期性振荡衰减声压波。通过与以往研究报道结果进行比对,发现 1 500 m 距离下所测触发闪电声学时域信号特征更接近自然云地闪电事件公里量级距离的时域响应波形[138]。

　　在触发闪电 1 500 m 距离的同步声学观测结果中,ICCP 放电过程对应的声压响应波形特征很难被提取。但值得一提的是,在 18 次多站同步观测触发闪电案例中,有 3 次案例(事件编号 F201906111307、F201906111315、F201907021512)的首次回击对应的 N 型声压波信号之前出现了持续时间较长的明显脉冲簇（声压脉冲幅值大于整段信号 10% 声压峰值）。该现象在近场区域下声压测量波形中未曾出现。3 次远场观测点测得的该声压脉冲簇持续时长及与回击声压响应的时间间隔，均无法匹配于对应触发闪电的 ICCP 放电过程，由此认为该声压脉冲簇并非来自 ICCP 放电过程。3 次案例"特殊现象"的出现与其闪电通道存在更靠近远场观测点的放电分支有关。这些放电分支同样能够产生一定幅值的声辐射信号源，且由于更靠近远场观测点，因此声压响应波形会早于来自底部笔直通道的回击首次声压 N 型波。该特殊现象与文献[147]报道的一次南京地区自然地闪观测结果中首次测得的声压脉冲簇现象类似。

不同观测距离下回击声压 N 型波脉冲相对时延随回击电流相对时延的分布及拟合结果见图 7.57，其中不同颜色散点代表不同距离下观测统计结果。由图可知，不同距离下的声压 N 型波脉冲与回击电流脉冲在相对时延上均具有极高的——对应性，各距离统计散点均较好地满足同一条线性曲线，拟合函数 R^2 参数高达 0.997。结果表明不同观测距离下两种发射架触发闪电回击声压 N 型波响应脉冲均具有较为精准的时延特征。

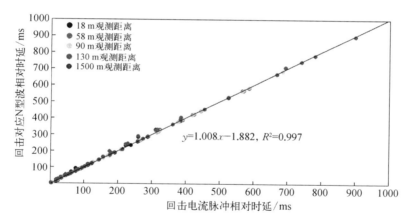

图 7.57　不同观测距离回击声压 N 型波相对时延与回击电流脉冲相对时延的关系

对应的线性函数拟合 R^2 数值均超过 0.9。

不同观测距离下回击声压 N 型波时延特征相对回击时延的误差分布统计结果见图 7.58，其中图 7.58(a)、(c) 所示两种颜色柱状图分别代表对塔发射架触发闪电回击过程同步观测结果，图 7.58(b)、(d) 所示两种颜色则代表对地面发射架同步观测结果。对比近场区域 4 种距离统计结果与 1 500 m 远场观测统计结果，发现近场区域距离测得的回击对应 N 型波时延误差平均值随距离的增大而减小，该现象与 7.1.1 节开展的多站观测声压响应误差理论分析传播特性吻合。

1 500 m 观测的 3.33 ms 误差平均值结果与近场区域时延误差呈现的随观测距

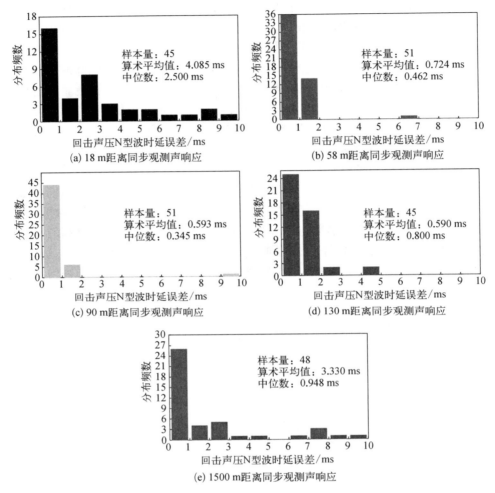

图 7.58 不同观测距离下回击声压 N 型波相对时延误差统计

离变化趋势不符,仅次于 18 m 距离观测统计结果且明显大于 58~130 m 距离观测统计结果,这与相对误差理论分析规律不符。该现象表明,远距离传播效应对回击N 型声压波时延特征具有相对近场区域的更显著影响。改变回击声压首次声压响应 N 型波时延误差的主要因素不再是底部笔直通道声源激发位置的随机性,而是远距离传播效应。具体而言,可以认为这种带来时延误差的传播效应包括大气介质受温湿度和气压影响的声辐射传播均匀性,以及不同位置声辐射信号混叠畸变情况下对声压波形到达时刻提取的干扰。

如 7.1.3 节所述,部分回击声压首次 N 型波特征参数与电流参数存在显著的现象相关性。本节进一步对不同距离下回击声压首次 N 型波特征参数进行定量比较及拟合分析。图 7.59 为不同距离回击 N 型波参数 P_{1max} 随回击放电 I_{max} 的变化关系,该图采用对数坐标轴显示。对应的线性拟合结果在表 7.8 中统一给出。比较函数拟合结果可知,不同距离观测结果均较好地满足相同线性函数,线性拟合系数随观测距离显著变化。随观测距离从 18 m 至 1 500 m 的增长,声电参数幅值拟合线性系数由 0.41 变为 0.016,相对 10 m 处的减少程度分别 33.2%、51.5%、76.5% 及 96.1%。此外,1 500 m 远场观测统计结果分散性最大,拟合函数 R^2 仅为 0.475。远场观测点所测回击 N 型波因传播及衰减效应而更容易受叠加干扰,从而影响 P_{1max} 真实读数准确性。90 m 和 130 m 距离测量结果来自近场区域观测点 1,统计结果分散性最小,对应的线性函数拟合 R^2 数值均超过 0.9。

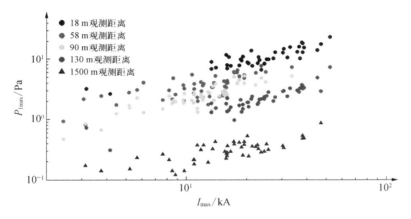

图 7.59　不同观测距离声学响应 P_{1max} 结果与触发闪电 I_{max} 关系

图 7.60 为不同观测距离回击 N 型波 E_{vol} 与回击电流比能量的相关性分析。函数拟合结果见表 7.8,两者的线性拟合关系与幅值相关性一致,不同距离观测统计结果较好地满足线性拟合函数,拟合 R^2 数值均高达 0.8。18~130 m 的传播距离带来 37.4%~79.0% 的线性系数衰减,衰减程度与声电峰值拟合系数较为一致。

不同观测距离回击完整声压波段 E_{vol} 与电流比能量的相关性分析见图 7.61。函数拟合结果见表 7.8。不同距离观测统计结果满足线性拟合函数,但拟合效果较回击声压 N 型波特征参数与电流参数的相关性差,拟合 R^2 数值均高达 0.39~0.79。拟合效果相对较差的原因与不同回击过程存在一定程度叠加影响有关,未划分出的叠加区域造成了声能量密度的计算误差。18~1 500 m 的传播距离带来 39.8%~91.4% 的线性系数衰减,该衰减程度与回击 N 型波声能量密度的衰减程度一致性较高,证明回击 N 型波声能量密度距离传播特性与回击完整声压波段声能量密度传播特性相似。

表 7.8 不同观测距离下回击声压响应波形特征参数与雷电流参数拟合结果

拟合对象 y	拟合对象 x	拟合函数	线性系数 a 拟合结果		线性系数 b 拟合结果		R^2
			数值	95%置信区间	数值	95%置信区间	
N 型波相对时延（全部）	回击相对时延	$y = a \cdot x + b$	1.008	[0.994, 1.022]	-1.882	[$-5.304, 1.542$]	0.997
N 型波 $P_{1\max}$（18 m）	回击电流 $I_{\max}$	$y = a \cdot x$	0.410	[0.384, 0.435]	—	—	0.671
N 型波 $P_{1\max}$（58 m）	回击电流 $I_{\max}$	$y = a \cdot x$	0.274	[0.252, 0.296]	—	—	0.554
N 型波 $P_{1\max}$（90 m）	回击电流 $I_{\max}$	$y = a \cdot x$	0.195	[0.182, 0.208]	—	—	0.902
N 型波 $P_{1\max}$（130 m）	回击电流 $I_{\max}$	$y = a \cdot x$	0.093	[0.087, 0.099]	—	—	0.943
N 型波 $P_{1\max}$（1 500 m）	回击电流 $I_{\max}$	$y = a \cdot x$	0.016	[0.015, 0.017]	—	—	0.475
N 型波 E_{vol}（18 m）	回击电流比能量	$y = a \cdot x$	3.344	[3.071, 3.618]	—	—	0.866
N 型波 E_{vol}（58 m）	回击电流比能量	$y = a \cdot x$	2.095	[1.882, 2.308]	—	—	0.802
N 型波 E_{vol}（90 m）	回击电流比能量	$y = a \cdot x$	1.599	[1.497, 1.711]	—	—	0.875
N 型波 E_{vol}（130 m）	回击电流比能量	$y = a \cdot x$	0.703	[0.665, 0.741]	—	—	0.821
回击波段 E_{vol}（18 m）	回击电流比能量	$y = a \cdot x$	4.888	[3.822, 5.954]	—	—	0.553

续表

拟合对象 y	拟合对象 x	拟合函数	线性系数 a 拟合结果		线性系数 b 拟合结果		R^2
			数值	95%置信区间	数值	95%置信区间	
回击波段 E_{vol}(58 m)	回击电流比能量	$y = a \cdot x$	3.429	[2.692, 4.231]	—	—	0.391
回击波段 E_{vol}(90 m)	回击电流比能量	$y = a \cdot x$	3.785	[3.211, 4.359]	—	—	0.790
回击波段 E_{vol}(130 m)	回击电流比能量	$y = a \cdot x$	1.791	[1.371, 2.212]	—	—	0.591
回击波段 E_{vol}(1 500 m)	回击电流比能量	$y = a \cdot x$	0.423	[0.314, 0.533]	—	—	0.392
N 型波 T_r(全部)	回击电流 I_{max}	$y = a \cdot x + b$	0.006	[0.005, 0.007]	0.290	[0.265, 0.314]	0.452
N 型波 T_d(全部)	回击电流 I_{max}	$y = a \cdot x + b$	0.034	[0.026, 0.041]	2.533	[2.374, 2.692]	0.461
低频分量相对幅值(全部)	相对出现时刻	$y = a \cdot x^b$	4.695	[2.985, 6.405]	-0.56	[-0.66, -0.45]	0.946
低频分量绝对峰值(18 m)	回击电流 I_{max}	$y = a \cdot x$	0.194	[0.176, 0.211]	—	—	0.728
低频分量绝对峰值(58 m)	回击电流 I_{max}	$y = a \cdot x$	0.130	[0.114, 0.146]	—	—	0.536
低频分量绝对峰值(90 m)	回击电流 I_{max}	$y = a \cdot x$	0.113	[0.106, 0.121]	—	—	0.799
低频分量绝对峰值(130 m)	回击电流 I_{max}	$y = a \cdot x$	0.060	[0.055, 0.065]	—	—	0.722

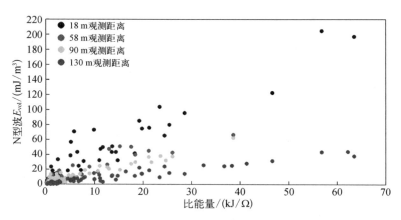

图 7.60　不同观测距离 N 型波声能量密度 E_{vol} 与回击电流比能量的关系

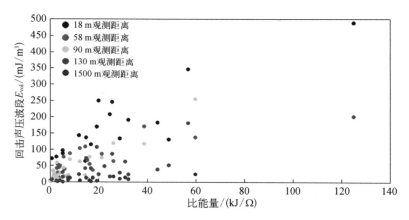

图 7.61　不同观测距离回击声压完整波段 E_{vol} 与电流比能量的关系

　　图 7.62 和图 7.63 分别为回击声压 N 型波时间参数 T_r 和 T_d 与回击放电 I_{max} 的关系。与参数 P_{1max} 和 E_{vol} 随电气参数的等比例线性增长规律不同，一方面，T_r 和 T_d 参数随 I_{max} 线性增长程度相对较小，线性系数仅为 0.006 和 0.034，且线性变化关系只适合用一次函数拟合来反映。另一方面，声压 N 型波 P_{1max} 和 E_{vol} 参数随额外传播距离的显著衰减特性显著，但 N 型波时间参数统计结果几乎交替分布在同一条拟合曲线上，表明 T_r 和 T_d 参数随放电 I_{max} 的相关性受传播效应的影响极小。此外，声压 N 型波 T_r 和 T_d 随放电 I_{max} 变化的分散性大，R^2 仅为 0.452 和 0.461。

　　由于不具备与电学参数的显著相关性，本书未给出不同距离下 P_{1min}、P_{2max} 和 P_{2min} 参数的拟合结果并作分析比较。尽管回击声压 N 型波分量的幅值参数随传播距离的增大理应敏感体现出显著衰减倍数规律，但由于分散性过大，不同距离的观

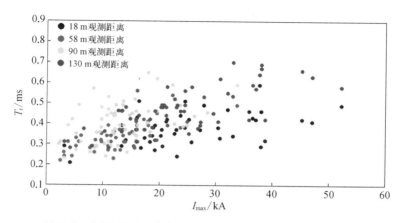

图 7.62　不同观测距离声压 N 型波 T_r 与回击电流 I_{max} 的关系

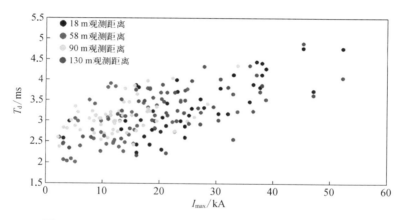

图 7.63　不同观测距离声压 N 型波 T_d 与回击电流 I_{max} 的关系

测结果并未体现明显距离差异,不同颜色的统计结果仍呈现交替分布特征。

回击声压 N 型波 P_{1max} 参数随观测距离的衰减拟合情况见图 7.64,同样以对数坐标轴反映分布情况细节。考虑到 P_{1max} 幅值大小与回击放电幅值本身 I_{max} 存在显著线性相关性,在研究传播衰减规律时需排除放电强度对 P_{1max} 参数值的影响。对此,图中纵坐标为单位放电幅值下的 P_{1max} 大小。对 18 ~ 1 500 m 范围不同观测距离统计结果的平均值用指数衰减函数对进行拟合,R^2 系数达到 0.991,表明回击声压 N 型波幅值随观测距离较好地满足指数衰减规律。

对比 10 m 观测距离下测量结果,发现 18 ~ 58 m 范围观测结果满足的拟合曲线(图中红线)明显低于 58 ~ 1 500 m 范围拟合曲线(图中虚线),两者存在显著偏差。该现象可能与野外试验中声学观测传感器的户外防护罩有关。野外试验设计的防

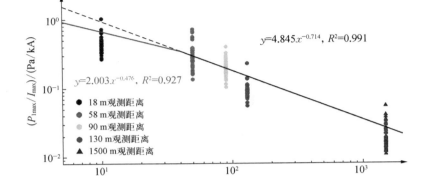

$$y=4.845x^{-0.714}, R^2=0.991$$

$$y=2.003x^{-0.476}, R^2=0.927$$

● 18 m观测距离
● 58 m观测距离
● 90 m观测距离
● 130 m观测距离
▲ 1500 m观测距离

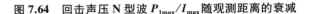

图 7.64　回击声压 N 型波 P_{1max}/I_{max} 随观测距离的衰减

护罩为侧边开口型。近场区域观测点 2 对触发闪电笔直通道的声学观测距离为
18 m 和 58 m，相较 90~1 500 m 具有更大的声辐射波形观测仰角，因此所测回击声
压 N 型波峰值受户外防护罩影响而存在一定程度的削弱，致使上述分布规律差异。
不考虑实验测量的误差影响，根据图 7.64 反映的拟合函数，给出关于回击声压 N
型波首波幅值 $P_{Lmax}(\text{Pa})$ 随放电幅值 $I_{max}(\text{kA})$ 及传播距离 $D(\text{m})$ 的拟合经验公式：

$$P_{Lmax} = 4.845 \cdot I_{max} \cdot D^{-0.714} \tag{7.3}$$

该经验公式直观反映了触发闪电放电辐射效应及放电声辐射的传播效应，对
研究闪电声辐射物理特征具有重要参考指导意义。

对回击声压响应局部波形进行 S 域变换，统计回击声压 N 型波峰值频率 f_{max} 参
数特征随距离的关系。如前面所分析的，T_d 与 T_r 时间参数实则与 f_{max} 相关。与回击
放电 I_{max} 参数的定量相关性研究表明，T_r 与 T_d 尽管随 I_{max} 呈正相关变化，但参数分散
性较大，线性增长系数相较 P_{1max} 及 E_{vol} 参数较小。

统计回击声压 N 型波 f_{max} 参数时，同样地发现峰值频率大小随 I_{max} 变化的较大
分散性，各观测距离下 f_{max} 统计结果均具有较大分布范围。对两种发射架激发的触
发闪电不同距离统计结果作分布平均值随距离的衰减拟合，拟合结果见图 7.65。
由图可知，两条指数衰减曲线的指数系数分别为−0.155 和−0.165，数值极为接近，
线性系数大小差异则来源于不同发射架触发闪电回击声压波形 f_{max} 幅值范围大小
差异及观测距离差异，且受触发闪电回击放电强度所影响。

7.3.5　低频分量传播特性

对触发闪电回击声压低频分量信号特征做不同距离的函数拟合分析。图 7.66
为不同距离所测回击声压低频波形最大幅值参数 P_{Lmax} 与回击放电 I_{max} 参数的关

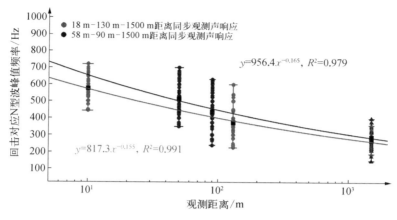

图 7.65　回击声压 N 型波 f_{max} 随观测距离的衰减

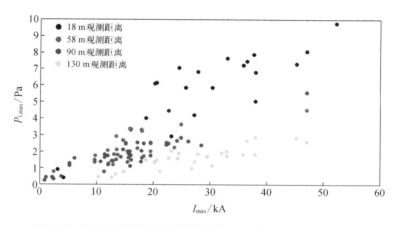

图 7.66　回击声压低频分量最大幅值 P_{Lmax} 与回击电流 I_{max} 关系

系,不同距离测量统计结果的拟合函数由表 7.8 给出,可知两者存在显著的线性增长规律和额外距离下系数衰减趋势。线性系数与回击 N 型波 P_{1max} 特征规律相比,随观测距离的衰减程度有所差异,58～130 m 的观测距离相对于 18 m 观测距离下拟合结果有 31%～69% 的系数衰减。

　　不同距离所测回击声压低频分量各波峰归一化幅值随相对时刻的衰减函数拟合情况见图 7.67。不同颜色的各波峰统计散点交替分布,证明了回击低频段声信号振荡衰减特性几乎不受近场区域 18～130 m 额外传播距离的影响,因此所有统计结果用同一条函数曲线作拟合分析,R^2 为 0.901。

　　对单位回击放电强度下回击声压低频分量最大峰值 P_{Lmax}/I_{max} 随观测距离的衰减情况进行了统计,分析结果见图 7.68。两处发射架闪电回击在同一观测距离下

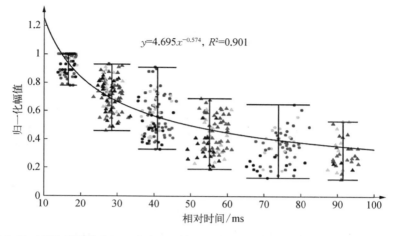

图 7.67　不同观测距离下回击声压低频分量特征参数归一化幅值与相对时刻关系

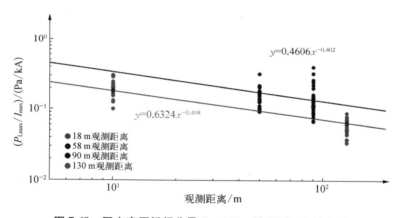

图 7.68　回击声压低频分量 $P_{\text{Lmax}}/I_{\text{max}}$ 随观测距离的衰减

的声压响应结果平均值分别用指数衰减函数拟合。发现指数拟合系数高度一致，分别为 −0.408 和 −0.402。线性系数分别为 0.632 4 和 0.460 6，存在一定差异，可能是因为特定距离下统计结果的较大分散性。

7.4　本章小结

　　本章基于不同距离的声学观测数据，成功获得 32 次触发闪电的基底电流、同步声压波形观测数据，研究了 18 ~ 1 500 m 触发闪电声压响应波形特征及传播特性。

开展了人工触发闪电近场区域回击声压响应波形特征研究,发现回击放电对应声压响应波形往往由幅值明显的声压 N 型波分量和幅值相对较弱且呈周期振荡衰减的低频分量组成。不同距离下所测 N 型波与回击电流的相对时延参数等值线性关系显著,N 型波首峰值 P_{max} 与回击峰值 I_{max}、声能量密度 E_{vol} 与放电比能量均有显著线性增长规律,N 型波上升时间 T_r、持续时间 T_d 与 I_{max} 的线性增长程度低且分散性较大。对不同距离所测声压低频分量波形特征进行分析,发现其各波峰相对幅值随相对振荡时刻均较好地满足指数衰减规律,低频分量声压最大值 P_{Lmax} 与回击 I_{max} 较好地满足线性增长规律。

开展了人工触发闪电近场区域初始连续电流脉冲和 M 分量声压波形响应特征研究,所测 37 次 M 分量电流脉冲中仅有 10 次产生独立的声压响应 N 型波。不产生独立声压响应的现象在与前序放电脉冲时延间隔极近的 2 次回击放电和 27 次 M 分量得以体现。时间间隔极近的雷电流冲击脉冲会因通道热膨胀后电离未消散完全,下一次放电脉冲不容易引起等离子通道的二次剧烈膨胀并产生声辐射源。闪电 ICCP、回击和 M 分量 3 种放电声压响应 N 型波的与电流脉冲均具有较高等值线性关系。回击放电脉冲的幅值线性系数在各种距离下均小于 ICCP 和 M 分量对应结果,后两类脉冲声-电幅值线性系数更为接近。

不同距离下多站同步声学观测结果表明,1 500 m 远距离对应更长的声压波形持续时间。近场区域同步观测声压波形功率谱相关性更强,功率谱第一和第二峰值频率随距离增大而降低。回击声压波段 200 Hz 以上频率分量随距离传播的衰减更为明显。回击电流与声压 N 型波的相对时延参数误差在近场区域随距离增大而减小。声压 N 型波峰值、声能量密度与回击电流峰值、比能量的线性比例系数随距离增大而显著降低。N 型波上升时间、持续时间与电流峰值的线性相关性不随距离改变。N 型波单位放电的声压幅值和峰值频率随距离呈指数衰减规律。声压低频分量在不同距离下所测周期性振荡衰减特征基本一致,幅值传播特性与声压 N 型波分量相似。

第 8 章　空中触发闪电的光电特征及数值模拟

8.1　双向先导-小回击阶段

对于常见的负极性空中触发的雷电放电过程,随着火箭上升,火箭线的上端将产生上行正先导。几毫秒后,在导线的下端,由于负电荷的积累,将产生一个向下传播的负先导。当下行负先导靠近地面时,地面将产生一个向上的正极性连接先导。一旦向下的负先导与向上的连接正先导相遇,就会发生初始的回击过程。小回击过程迅速向上传播,同时加强了在火箭线顶部的原始上行正先导。空中触发的雷电包含以下子过程:双向先导、连接过程、初始小回击过程、上行正先导、箭式先导/回击序列、连续电流和 M 分量。

本章介绍了空中触发雷电的同步光学图像和电场波形详细参数特征,这次事件发生在 2019 年 7 月 7 日 18 时 02 分 59 秒。

图 8.1 显示了此次空中引雷的光学合成图。火箭线底部距地面的距离约为 154 m,上部火箭线与地面的距离约为 550 m。图像中黄色的直通道是火箭线气化的结果。此次事件以不同的颜色显示了 4 个不同的放电路径,分别标记为 A、B、C 和 D。路径 A 和 B 的分叉点标记为 α。其他分叉点分别标记为 β 和 γ。图 8.2 显示了距引雷针 1.55 km 处的电场变化波形。雷电放电过程的持续时间约为 724 ms。空中引雷的电场变化波形可分为以下 3 个部分:双向先导-小回击过程、初始连续电流过程、先导-回击过程。该事件有 8 次回击。在小回击过程之后约 344 ms,第一次回击发生在路径 A 上。第二次回击发生在路径 D 上,其余的回击均发生在路径 B 上。在路径 C 上没有发生回击过程。相邻回击电场峰值之间的时间间隔在 11~117 ms 变化,其算术平均值和几何平均值分别为 41.1 ms 和 53.8 ms。

Kasemir 等[52] 第一次提出双向先导的理论,他们认为这种雷电先导通道的净电荷为零,这一结果已经被众多学者证实并接受[46,148]。吕伟涛等[149] 重点分析了一次空中引雷初始阶段的光学和电场观测结果。

双向先导-小回击的发展过程如图 8.3 所示。在下行负先导出现之后,上行正先导通道比之前变得更亮。下行负先导具有 1 个分叉点并产生了 2 支不同的放电

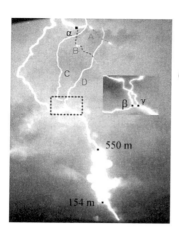
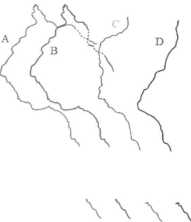

图 8.1　空中引雷的光学合成图

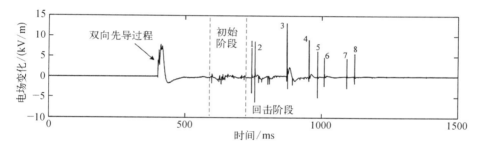

图 8.2　空中引雷的电场变化波形

通道,如图 8.3 中黄色虚线所示。最终右分支连接到地面上。在小回击之后,上行正先导继续发展并形成了 4 支不同的放电通道延伸到云内。

图 8.4 展示了距引雷点 1.55 km 处的双向先导-小回击过程电场变化波形的时间扩展。t_1 表示出现上行正先导的时刻。t_2 表示发生小回击的时刻。在 $t = t_1$ 时刻,在 1.55 km 处的电场极性开始呈正向缓慢变化。这种变化主要受到上行正先导的影响,其电场变化 E_L 的峰值约为 0.5 kV/m,平均陡度约为 0.5 V/(m·μs)。在 $t = t_2$ 时刻,可以发现电场变化波形发生明显的快速变化。电场变化的上升时间为 2.4 μs。电场变化 E_R 的峰值为 3.5 kV/m。双向先导-小回击的这种场变化波形与张其林等[13] 在 550 m 处分析的空中引雷电场波形相似。小回击与第一次回击之间的时间间隔为 486 ms,略大于本次空中引雷的 443 ms 的间隔。在双向先导-小回击过程之后,在原来的火箭线顶部传播的上行正先导得到加强并不断向上发展。双向先导-小回击过程后,电场变化波形呈现 4 个峰值,标记为 a、b、c

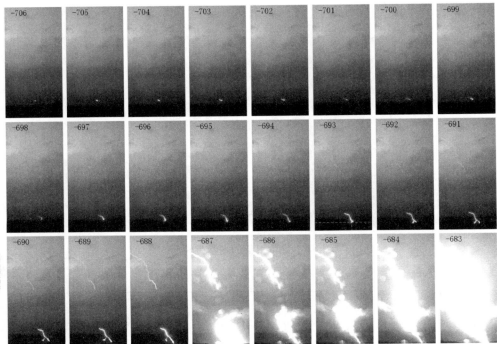

图 8.3 双向先导-小回击的光学发展过程

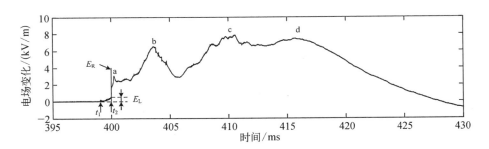

图 8.4 双向先导-小回击过程电场变化波形的时间扩展

和 d。根据图 8.1,推断电场变化波形中的 4 个峰值可能与 4 个不同的放电路径有关。

8.2 初始连续电流阶段

基于 VHF 干涉仪,Yoshida 等[34]发现初始连续电流(ICC)脉冲可能是由反冲流光或接地通道被其他的云闪通道拦截而产生的。当反冲电流进入这种接地通道时，会产生 ICC 脉冲。距引雷点 1.55 km 处的初始连续电流过程电场变化波形的时间扩展如图 8.5 所示，电场变化波形以脉冲为主要特征，其中包括 16 个 ICC 脉冲（ICCP）。

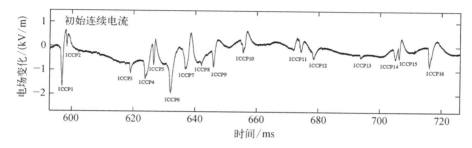

图 8.5　初始连续电流过程电场变化波形及时间扩展

在人工触发雷电中，一般仅存在一个较低高度的主通道。因此，在人工触发闪电中很少会观察到混合模式脉冲。因此，本章中所有 ICC 脉冲均被视为 M 分量类型。ICCP1 的光学变化图像如图 8.6 所示。在初始阶段，雷电通道被连续电流加热并具有良好的导电性。当分叉通道的发光减弱时，即通道被截断时，可能会产生光脉冲（即反冲流光），如图 8.6 的路径 D 所示。当主通道持续发光时，反冲流光进入主通道以产生 ICCP 或 M 分量。图 8.5 也显示了 ICCP1~ICCP4 的电场变化的时间扩展波形。对所有的 ICCP 进行了参数统计，所有结果汇总在表 8.1 中。针对 16 个 ICCP，得到电场变化峰值的算术平均值为 0.62 kV/m，半峰值宽度的算术平均值为 0.63 ms。

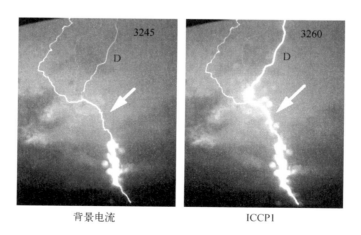

图 8.6　ICCP1 的光学变化

表 8.1　ICCP 参数总结

序　号	路　径	电场峰值/(kV/m)	半峰值宽度/ms
1	D	1.52	0.61
2	B	0.63	0.32
3	B	0.39	0.42
4	D	0.74	1.01
5	D	0.80	0.42
6	D	1.16	0.86
7	D	0.80	1.14
8	D	0.17	0.31
9	D	0.64	0.54
10	D	0.51	0.79
11	D	0.49	0.68
12	D	0.28	0.62
13	D	0.14	0.57
14	D	0.42	0.71
15	D	0.47	0.39
16	D	0.80	0.72

8.3　箭式先导阶段

此次空中引雷事件共有 8 次回击。箭式先导的电场变化如图 8.7 所示,红色虚线的左侧表示箭式先导发展的阶段,右侧是回击的阶段,由于箭式先导引起的电场变化可分为 4 类,将在后面进行详细讨论。沿着路径 A 的第一次回击的发展过程如图 8.8 所示,黑色正方形表示分叉点 α 和 γ。从 6166 帧上,红色虚线矩形标记

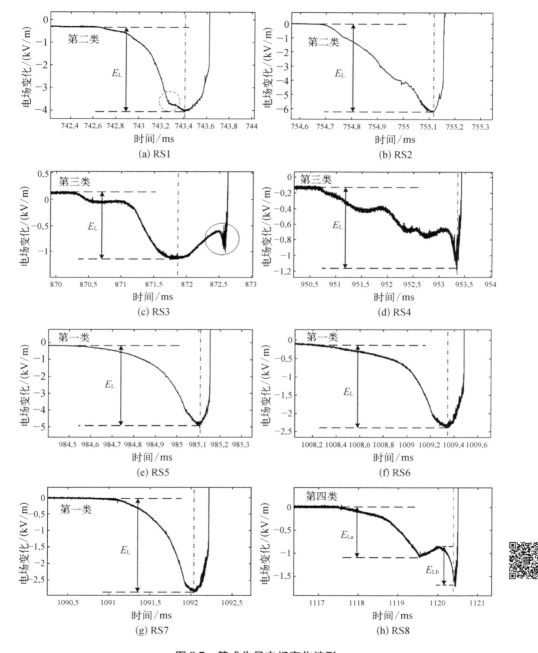

图 8.7　箭式先导电场变化波形

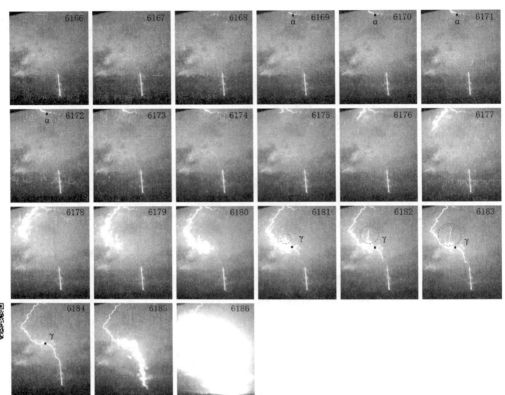

图 8.8　第一次回击的光学发展过程

了先导的开始。当下行负先导进入分叉点 γ 时,另一个变暗的分支通道 C 的亮度和通道长度增加,如 6181~6183 帧所示。根据图 8.8,可以计算出下行负先导的二维传播速度范围为 $8.01 \times 10^5 \sim 96.56 \times 10^5$ m/s,算术平均值为 29.05×10^5 m/s。在先导发展的阶段,电场变化的减少部分表现为以红色虚线圆圈标记的不连续变化,如图 8.7(a)所示。从图 8.7(a)可以看出,电场缓慢变化的开始与回击过程开始的时间之间的间隔约为 150 μs,并且重新发光的通道 C 在第一次回击之前的 3 帧图像中消失了,消失时间约为 150 μs,与间隔时间一致。这可能是因为一部分负电荷进入通道 C,并被通道 C 中的残留正电荷中和,导致总负电荷减少,从而使地面上的电场发生缓慢的负向变化。

图 8.9 显示了沿路径 D 的第二次回击的发展过程。当下行负先导进入分叉点时,其他两个暗淡的分支通道的亮度和通道长度都会增加。根据图 8.9,可以计算出下行负先导的二维传播速度范围为 $28.24 \times 10^5 \sim 129.83 \times 10^5$ m/s,算术平均值为 69.56×10^5 m/s。

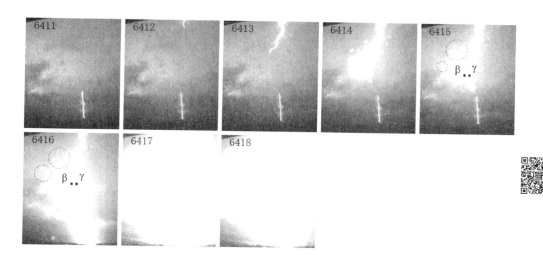

图 8.9　第二次回击的光学发展过程

　　沿路径 A 的第三次回击的发展过程如图 8.10 所示。下行负先导在 8752 帧之前已经开始发展。在 8762 帧时刻,发生双向先导过程,红色箭头代表了先导的发展方向。约 0.2 ms 之后,产生第三次回击。图 8.11 显示了沿路径 A 的第四次回击的发展过程。第一个双向先导始于第 10365 帧,持续约 0.25 ms,然后下行负先导继续发展。当下行负先导进入分叉点 β 时,暗淡的分支 D 通道的亮度和通道长度

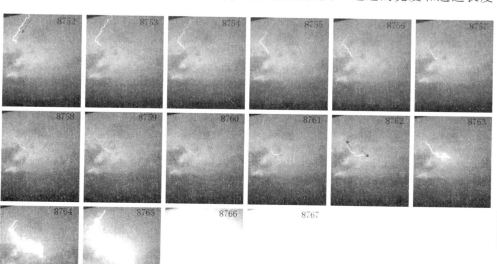

图 8.10　第三次回击的光学发展过程

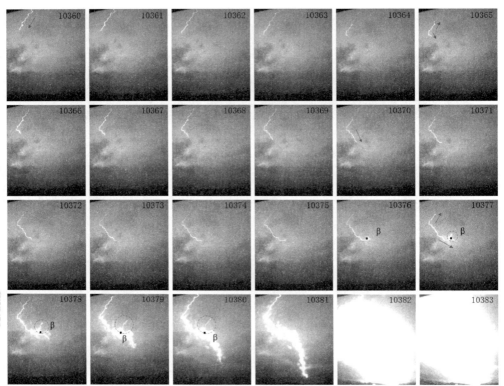

图 8.11　第四次回击的光学发展过程

从 10376 帧开始增加。在 10377 帧中,第二个双向先导开始发展。约 0.25 ms 后,产生第四次回击。在先导的发展阶段,电场变化的减小部分是由于双向先导的出现而明显呈现出不连续的变化,如图 8.7(c)、(d)所示。

对于第五、第六和第七次回击,在先导发展阶段,电场变化的减少部分波形是相似的。因此,本节仅讨论了第七次回击。沿路径 A 的第七次回击的发展过程如图 8.12 所示。可以算出,下行负先导二维向下传播速度的范围为 $4.24 \times 10^5 \sim 60.92 \times 10^5$ m/s,其算术平均值为 26.12×10^5 m/s。

第八次回击前的先导由两个先导组成,分别称为 a 和 b。先导 a 首先出现,然后被先导 b 追赶。先导 a 在 13717~13724 帧中显示了双向传播特性。最终是先导 b 连接到地面并引起回击,如图 8.13 所示。先导 a 的二维向下传播速度为 $3.83 \times 10^5 \sim 38.81 \times 10^5$ m/s,其算术平均值为 11.74×10^5 m/s。先导 b 二维向下传播速度的范围为 $5.66 \times 10^5 \sim 144.33 \times 10^5$ m/s,其算术平均值为 52.67×10^5 m/s。图 8.7(h)显示了第八次回击前的先导电场变化波形。减少部分明显由两个变化组成,分别对

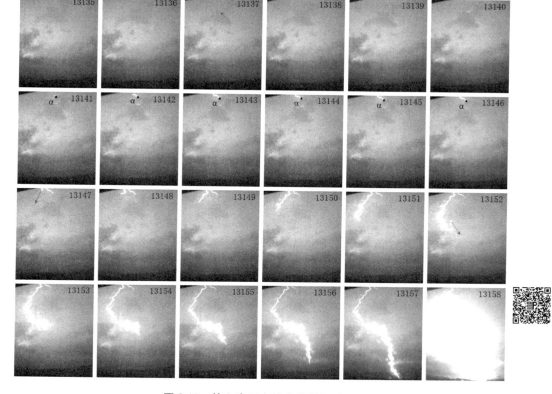

图 8.12　第七次回击的光学发展过程

应于先导 a 和先导 b。电场变化 E_{La} 的峰值约为 1.1 kV/m,并且电场变化 E_{Lb} 的峰值约为 0.8 kV/m。

当上行正先导进入雷暴云的主要负电荷区域时,雷暴云的负电荷通过连续电流和负反冲流光不断地向地面传输电荷。如果雷电通道被冷却并且导电性下降,当反冲流光会进入该通道,会导致负先导的产生。先导电场变化波形呈现负变化。

由负先导引起的电场变化可分为四类:第一类是正常先导,如图 8.7(e)~(g)所示;第二类是下行负先导在向地面发展时,导致暗淡的分支通道亮度和通道长度增加,如图 8.7(a)、(b)所示;第三类是下行负先导在发展过程中变为双向先导,如图 8.7(c)、(d)所示;第四类是下行先导发展过程由两个单独的先导组成。前先导被后先导追赶,如图 8.7(h)所示。不同类型的先导发展模式会导致不同的电场变化。在经典触发雷电和自然雷电中也可以发现先导发展的分叉行为。Winn 等[150]使用时间分辨率为 156 μs 的高速相机详细记录了一次经典触发雷电中上行先导的发展。在先导发展过程中,主通道保持分支,这些分支对电场的变化有重要影响。

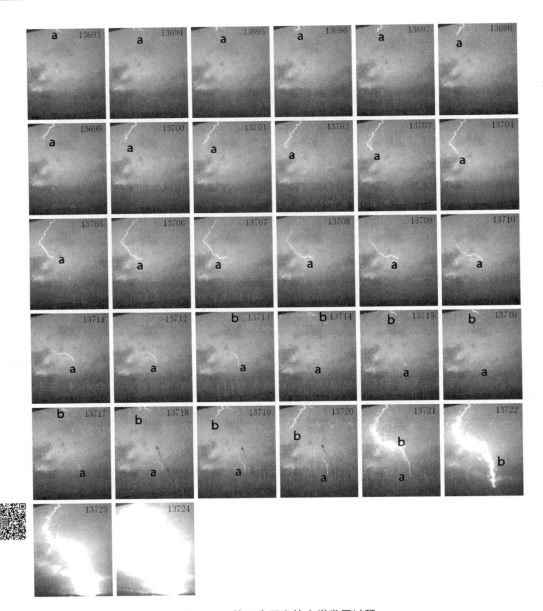

图 8.13　第八次回击的光学发展过程

8.4　回击阶段

对于回击阶段,即电场变化的增加部分,发现 8 次回击电场变化的波形基本相似。因此,以第七次回击为例,如图 8.14 所示,空中引雷的回击电场波形可分为以下 3 个部分:SF 表示回击的慢前沿;FT 表示回击的快速变化;SS 表示回击的肩状结构。由于下行先导可能在接地之前形成多个分叉的通道,因此同时在地面尖端或高大建筑物起始的上行连接先导也不止有一个。Howard 等[151]认为,慢前沿、快速变化和肩状结构过程对应于多个向下的先导和多个连接的先导之间的多次连接。在 $t=t_1$ 时,电场开始发生正向变化。电场变化 SF 的幅值约为 1.3 kV/m。平均陡度约为 7.6 V/(m·μs)。"FT"部分包括两个回击的快速变化(E_{r1} 和 E_{r2})。在 $t=t_2$ 时,可以发现电场波形中两个明显的快速变化,其电场上升时间分别为 0.8 μs 和 1.8 μs。电场变化的峰值分别为 3.7 kV/m(E_{r1})和 1.0 kV/m(E_{r2})。SS 部分是回击的肩状结构。在 $t=$T6 时,肩状结构电场开始缓慢变化。电场变化 E_R 为 2.7 kV/m,电场上升时间为 34.2 μs。对所有回击进行了类似的相关统计,所有结果汇总在表 8.2 中。SF 电场变化的算术平均值为 1.45 kV/m,SF 上升时间的算术平均值为 110.6 μs。第一次 FT 电场变化的算术平均值为 4.71 kV/m,第一次 FT 上升时间的算术平均值为 1.1 μs。SS 电场变化的算术平均值为 3.89 kV/m,SS 上升时间的算术平均值为 28.1 μs。

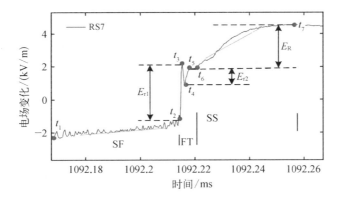

图 8.14　第七次回击电场变化的上升部分

表 8.2　回击电场波形上升部分参数总结

回击	慢前沿电场		首次快变化电场		肩状结构电场	
	幅值/(kV/m)	上升时间/μs	幅值/(kV/m)	上升时间/μs	幅值/(kV/m)	上升时间/μs
RS1	2.00	213.6	2.50	1.8	5.22	33.0
RS2	1.58	33.8	4.03	1.2	8.12	36.2

续 表

回击	慢前沿电场		首次快变化电场		肩状结构电场	
	幅值/(kV/m)	上升时间/μs	幅值/(kV/m)	上升时间/μs	幅值/(kV/m)	上升时间/μs
RS3	—	—	8.41	1.2	—	—
RS4	0.99	84.4	5.25	1.2	3.70	21.2
RS5	2.01	46.0	5.48	1.2	3.14	20.4
RS6	1.10	147.8	3.73	0.8	2.26	26.4
RS7	1.30	171.1	3.70	0.8	2.70	34.2
RS8	1.17	77.8	4.60	0.6	2.08	25.6

但是,第三次回击的慢前沿部分呈现出不一样的变化,该变化先缓慢增加然后减小,如图 8.7(c)所示,由红色实心圆圈标记。根据第三次回击后的光学发展图像,发现沿路径 A 的先导到达地面后,产生回击。同时,通道 D 的亮度和通道长度增加,如图 8.15 所示。因此,推测第三次回击的慢前沿的电场变化是由通道 D 引起的。Rakov 等[7]发现电流波形中存在慢前沿。电流中慢前沿的形成机制可能与连接过程的突破阶段有关,通过该阶段,上、下先导的延伸等离子体通道相互接触。回程电流中的慢前沿可能是回击电场中的慢前沿形成的原因。

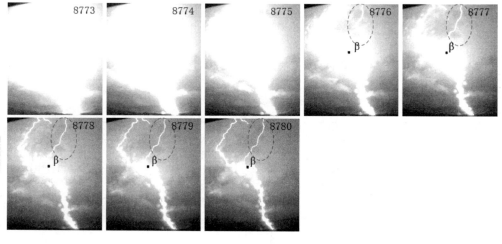

图 8.15 第三次回击后的光学发展过程

8.5　M 分量阶段

M 分量是叠加在回击后的连续电流上的脉冲过程,伴随着放电通道中亮度的突然增加和电场的突然变化,如图 8.16 所示。此次空中触发的雷电具有 9 个 M 分量。第一次和第二回击后分别带有一个 M 分量。第三回击伴随有五个 M 分量。第六次回击伴随有两个 M 分量。第一个 M 分量的光学发展过程如图 8.17 所示。与之前的 6197 帧相比,发光点出现在红色箭头和黄色虚线指示的位置。这意味着当主通道持续发光时,反冲流光进入主通道以产生 M 分量。

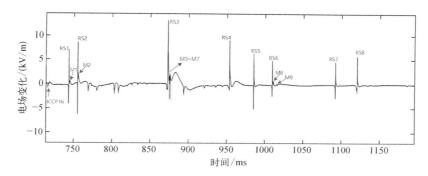

图 8.16　回击阶段的电场波形时间扩展

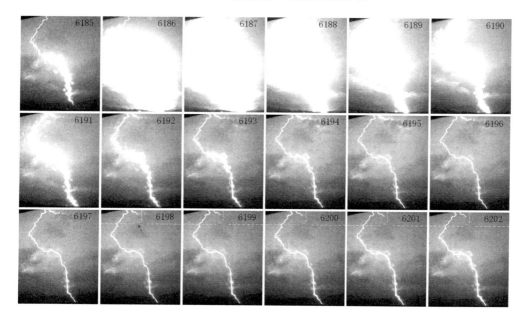

图 8.17 M 分量（M1）的光学发展过程

从第一次回击的电场变化波形来看，第一次回击的起始时刻与第一 M 分量的起始时刻之间的间隔时间约为 0.9 ms。根据图 8.17，第一次回击发生在 6186 帧；在 6202 帧中，发现先导沿分支通道 B 传播到地面，并使放电通道亮度增加，17 帧的间隔时间为 0.85 ms，与电场变化间隔时间基本一致，这也证实了 M 分量起源于放电通道的顶部，并沿回击通道将电荷传输到地面。本章共分析了 9 个 M 分量的电场变化峰 ΔE 和半峰值宽度，所有结果总结在表 8.3 中。给出了峰值的算术平均值为 1.24 kV/m，M 分量的半峰值宽度的算术平均值为 0.47 ms。

表 8.3 M 分量参数总结

序 号	路 径	电场峰值/（kV/m）	半峰值宽度/ms
1	B	0.64	0.92
2	D	1.13	0.55
3	D	0.91	—
4	D	0.2	0.07
5	D	0.6	0.22
6	D	1.63	0.33
7	D	5.03	—
8	B	0.7	0.47
9	B	0.34	0.72

8.6 箭式先导电场的数值模拟

8.6.1 典型箭式先导电场的数值模拟

事件 F201907071802 总共有 8 次箭式先导/回击过程,为方便表示,后面将这八次箭式先导记为 DL1 – 8,回击记为 RS1 – 8。这 8 次 DL/RS 过程中,DL1、DL2、DL5、DL6、DL7 的发展属于典型的 DL 过程。

图 8.18 是这五次 DL 的速度散点,DL1、DL6、DL7 中间的虚线部分是由于先导在高速摄像机视野范围之外发展而无法测量。这五次先导的速度发展并没有表现一定的联系,它们均在一定区间内波动,总体表现出逐步增加的趋势。除了 DL1,其他几次的最大分帧速度均来自最后一帧。各先导最后几帧的速度都呈现出上升趋势,而这最后几帧的平均速度远大于初始阶段的速度。DL1 的最后一帧的速度与最大分帧的速度相差不大。对应高速摄像图片,先导往往在发展到金属气化线通道时到达其最大速度。这可能是金属气化线通道内较低的电阻率和通道内残余的电荷加强了通道导电性所致。

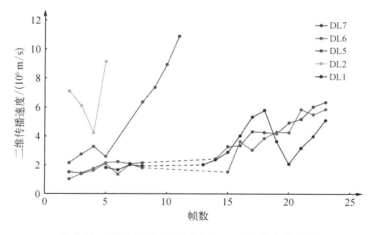

图 8.18 DL1、DL2、DL5、DL6、DL7 的速度散点图

DL1 在第 13~18 帧的速度呈现一个类似线性上升的过程,在第 18 帧时达到整个速度发展的峰值,同时第 18、19、20 帧的速度又呈现出下降的过程。对应图 8.8,这一部分先导头部在通道 C 内产生了分支,这个分支似乎导致了先导发展速度的减小。这可能是由于部分电荷进入了通道 C,减小了整个先导的能量,从而使得先导发展速度减小。DL2 在第 2、3、4 帧的速度也减小了,对应图 8.9 先导头部在第

3、4、5帧内产生了分支,速度也有一个减小趋势。至于在此之后的先导速度增大过程,先导头部已经发展到了导电率更大的金属气化线通道,这一部分的先导发展速度自然更大。对于 DL5、DL6、DL7 而言,它们的速度呈现缓慢的上升趋势,在远离地面位置的速度普遍较小,而在靠近地面的速度则相对较大。

对于典型箭式先导的发展过程,下行负先导在水平距离一千多米外所产生的电场主要是静电场,电场变化可以由图 8.19 所示的源电荷模型[46]描述,该模型将下行先导视为由一个电荷中心垂直向下发展的电荷柱。距离地面 z 米的通道 dz 所产生的电场变化可以表示为

$$dE = \frac{\rho_{L} \cdot dz}{2\pi\varepsilon_0} f(z) \tag{8.1}$$

$$f(z) = \frac{z}{(z^2 + d^2)^{1.5}} - \frac{H}{(H^2 + d^2)^{1.5}} \tag{8.2}$$

其中,第一项表示距离地面 z 米处的微分量先导电荷所产生的影响,第二项表示云中沉积正电荷的影响;ρ_{L} 是通道单位长度的电荷量;H 是源电荷距离地面的高度也是先导的起始高度;d 则是测试点距离先导的水平距离。则当先导发展至头部距离地面 H_{B} 时,测试点处的电场变化可以表示为

$$E_{L} = \int_{H_{B}}^{H} dE_z = \frac{\rho_{L}}{2\pi\varepsilon_0} \left[\frac{1}{(d^2 + H_{B}^2)^{0.5}} - \frac{1}{(d^2 + H^2)^{0.5}} - \frac{(H - H_{B})H}{(d^2 + H^2)^{1.5}} \right] \tag{8.3}$$

式(8.3)所表征的电场变化 E_{L} 主要由三个量决定,即源电荷的高度 H、电荷密度 ρ_{L}、先导头部高度 $H_{B} = H - vt$(由先导发展速度决定)。在本节的模型中,对于某一次先导过程,取源电荷高度 H 和先导的电荷密度 ρ_{L} 为定值,先导电场变化主要由 H_{B} 也就是先导发展速度决定。根据 G9 相机记录的数据可以推算出各先导路径源电荷的高度 H 分别如下:路径 A 是 2 500 m;路径 B 是 3 000 m;路径 D 是 3 500 m。图 8.20 是在所有参数确定之后的一次相对建模结果,电场变化有一个峰值,假设建模得到的相对电场变化峰值为 E_{R},再依据实际测量得到电场变化 ΔE,由式(8.3)可以反推出电荷密度:

$$\rho_{L} = 2\pi\varepsilon_0 \frac{\Delta E}{E_{R}} \tag{8.4}$$

图 8.21 是 DL1、DL2、DL5、DL6、DL7 先导过程的电场模拟结果。首先采用平均速度模型(即假设先导头部的发展速度保持不变)对电场进行模型,得到的结果如图 8.21 中黄色的虚线所示,灰色的实线则表示实际的测量值。两者相比较而言,平均速度模型的模拟结果有较大偏差;DL1、DL5、DL6、DL7 的模拟结果均小于

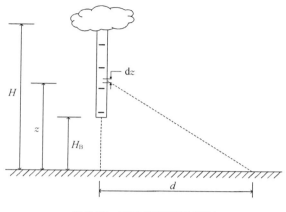

图 8.19　源电荷模型示意图

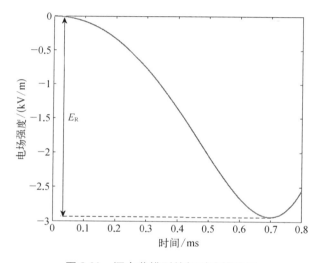

图 8.20　源电荷模型的相对建模结果

实际测量结果,DL2 的模拟结果则与实测曲线相交。建模所得的曲线与实测电场波形的起点和终点是重合的,即两者的电场变化峰值是相同的。模拟的电场波形在实际测量的电场下方表明:平均速度模型下的电场波形在初始阶段变化较快而在接近地面时则相对较慢。式(8.3)所示的电场变化数值主要与先导头部的速度有关,在图 8.18 的速度散点图中这五次先导的变化都呈现出一个上升趋势,往往在高空中先导的发展慢一些,而接近地面时先导发展的速度快一些,因此假设整个先导以同样的速度发展来模拟是不太准确的。于是,在原有源电荷模型的基础上提出分段速度模型,将一个先导的发展分成多个阶段,在这些小阶段里采用相同的速度来描述,根据实际测量的先导传播速度来设置小阶段内的速度大小,从而得到

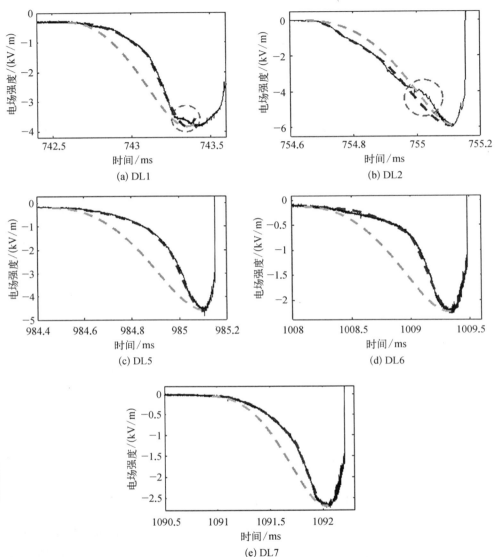

图 8.21　DL1、DL2、DL5、DL6、DL7 先导电场模拟结果

更加贴合实际的电场波形。

　　图 8.21 中的蓝色虚线则是采用分段速度模型所模拟的电场变化结果。图 8.21(a) 是 DL1 的模拟结果,黄色的虚线在实测电场的下方,而蓝色的虚线在前半部分同实测电场的结果相贴合。在红色圆圈的范围内,无论是平均速度模型还是分段速度模型,其电场值均小于实测值,这段持续的时间在 150 μs 左右。在图 8.8

的第 19~21 帧中,先导在发展时原本暗淡通道 C 出现上行先导,同时图 8.18 中 DL1 的这几帧速度有了较大程度的下降。由于高速摄像机的拍摄帧率是 20 000 帧/秒, 每帧之间间隔 50 μs,3 帧恰好为 150 μs。因此,可以认为红色虚线圈内实测电场增 大是先导发展至分叉点,部分电荷涌入暗淡通道同时导致先导速度下降造成的。 图 8.21(b)是 DL2 的模拟结果,第二次先导同样存在先导分支的问题,由于高速摄 像只有五帧拍到其发展过程,其速度数据较为缺乏,但在图 8.18 中,DL2 在第 4 帧 的速度有一个大幅下降。红色虚线圈内两个模型的模拟值均小于实测电场值,造 成这种现象的原因与 DL1 一致。图 8.21(c)~(e)则分别表示 DL5、DL6、DL7 电场 的模拟结果,这三次先导过程类似,均属于没有分支的先导过程。蓝色的虚线和实 测结果十分接近,而黄色的虚线偏离较大且在实测数据的下方。总的来说,采用平 均速度的源电荷模型有较大偏差,而采用分段速度的源电荷模型则能较好地模拟 实测电场结果。

　　表 8.4 记录了这五次先导的初步建模数据,其中源电荷的高度 H 在 2 500~ 3 500 m,通道 A 的源电荷高度为 2 500 m,通道 B 的源电荷高度为 3 000 m,通道 C 的源电荷高度为 3 500 m,这个高度是由无反相机所拍摄的图片推测的。先导的持 续时间从 0.47 ms 到 1.2 ms 不等,与实际测量的电场波形相对应。先导二维传播速 度的取值范围是 1.8×10^6 ~ 10.5×10^6 m/s,与图 8.18 所示的速度散点图相对应;ρ_L 的取值范围是 0.9~3.5 mC/m。Schonland 等[152]所测得的 55 个箭式先导的平均速 度为 5.5×10^6 m/s,Orville 和 Idone[35]通过条纹相机报告的佛罗里达州和新墨西哥 州 21 个箭式先导的速度范围为 2.9×10^6 ~ 23×10^6 m/s,平均值为 11×10^6 m/s。Gao 等[52]于 2020 年在墨西哥州测得的两个箭式先导的电荷密度取值范围是 0.4~ 8.6 mC/m 和 0.4~15.2 mC/m。Mazur 和 Ruhnke[48]于 2011 在圣萨尔瓦多山获得的 上行正先导在发展的后期阶段的粗线电荷密度约为 0.5 mC/m。本书所测得速度 的数据和计算得到的电荷密度数据同国际上保持一致。

　　在建模时可将这五次箭式先导发展过程分成三个阶段,在对比图 8.18 所示的 实际测量速度的基础上,不断调整每一个小阶段的速度从而使得建模曲线与实测 曲线更加贴合。除了第二次先导,其余四次先导在这三段内的速度都是逐渐增加 的,这也符合图 8.18 中所发现的速度规律。第二次先导由于数据较少,无法得知 高速摄像机之外的速度数据。从图 8.7 的电场变化曲线可知,相较于其他几次先 导,DL2 在初始阶段电场下降很快,推测这一段速度应该较大。所以对于 DL2 的三 段速度而言,第一段速度的设定是大于其他两段的,从而使得模拟的曲线与实际测 量值更接近。这一部分的先导发展过程由于在摄像机视野范围外,无法得知先导 发展情况,这部分特殊的先导电场变化也有可能是不同的发展路径导致。图 8.22 是表 8.4 所示的建模速度数据同图 8.18 的速度散点对比图,建模的数据呈现出三 段阶梯式上升,每一个阶梯基本都对应这一部分的平均速度。

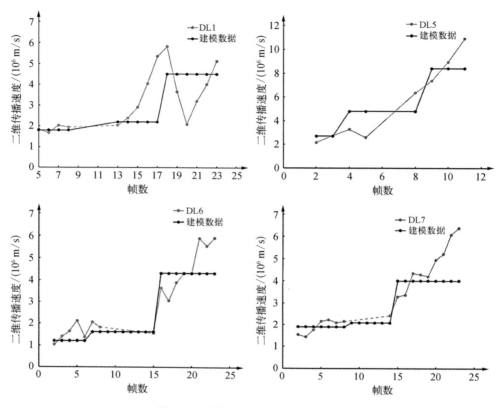

图 8.22　建模速度与实测速度对比图

表 8.4　箭式先导的详细建模数据

箭式先导序号	二维传播速度/(10⁶ m/s)	源电荷高度/m	电荷密度/(mC/m)
DL1	0~0.3 ms：1.8 0.3~0.5 ms：2.2 0.5~0.8 ms：4.5	2 500	2.50
DL2	0~0.12 ms：10.5 0.12~0.25 ms：5.0 0.25~0.47 ms：6.4	3 500	1.92
DL5	0~0.4 ms：2.7 0.4~0.5 ms：4.8 0.5~0.645 ms：8.4	3 000	1.93

续　表

箭式先导序号	二维传播速度/(10^6 m/s)	源电荷高度/m	电荷密度/(mC/m)
DL6	0~0.45 ms：1.2 0.45~0.9 ms：1.6 0.9~1.2 ms：4.3	3 000	0.93
DL7	0~0.6 ms：1.9 0.6~0.8 ms：2.1 0.8~1.1 ms：4.0	3 000	1.16

8.6.2　企图先导电场的数值模拟

事件 F201907071802 除了有 8 次箭式先导/回击(DL/RS)过程,还存在 15 次企图先导(AL)过程。这 15 次 AL 均在上行梯级正先导的残余通道中发展,在到达地面之前就消失了,这些企图先导的发展特性在 6.1 节已经进行了详细分析。在事件 F201907071802 的 15 次企图先导中,AL2、AL5、AL6、AL11、AL15 的终止高度在 1 000 m 以下,它们的发展更加充分也更具代表性,本节将详细分析这 5 次 AL,图 8.23 展示了 AL2、AL5、AL6、AL11、AL15 的电场波形。

图 8.23(a)、(b)是 AL2、AL11 的电场变化曲线,在先导发展和先导消失的时候,两段电场都呈现出一个凸函数的特征(虽然 AL11 电场下降时的凸函数表现不明显,本节还是将其归结为凸函数)。而在电场上升的部分,两者都表现为先是一个短暂的缓慢上升过程[如图 8.23(a)、(b)中虚线圈内所示],之后迅速上升。这个短暂的缓慢上升过程只有 100~200 μs(AL2 约为 200 μs,AL11 约为 100 μs)。AL2 和 AL11 出现分支的帧数分别是 5 帧和 2 帧,约为 250 μs 和 100 μs,正好与电场缓慢上升的时间相对应,因此可以推测这段电场的缓慢上升是先导头部由主通道转向 B3-T3 通道导致的。

而从图 8.23(c)电场波形来看,AL5 的发展过程很曲折。先导发展时的电场波形不像其他先导一样平滑,它在虚线圈内的电场变化突然变慢,随后又快速增加。这一部分的变化可能是先导在高速摄像视野外发展时产生了分支,或是云层中能量不足导致先导发展变慢所致。当先导逐渐消亡后,AL5 的电场也呈现出凸函数式的上升过程。从图 8.23(d)来看,AL6 的电场变化在虚线圈内产生了一定波动。这一部分电场变化的速率有一个减小的趋势,随后恢复正常。这个波动的时间持续了约 200 μs,与产生分支的帧数相对应。对于电场上升部分,与 AL2、AL5 和 AL11 类似,AL6 也呈现出凸函数的特征。

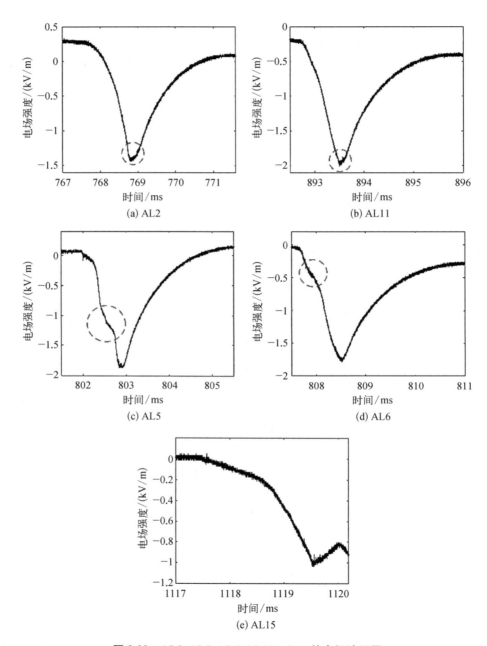

图 8.23　AL2、AL5、AL6、AL11、AL15 的电场波形图

AL15 的发展过程不同于前面 4 次先导发展过程,AL15 是第八次回击前被追逐的先导,有独特的发展特点。在整个过程中,AL15 的头部是在不断向下发展的,遇到分支没有延伸和终止。就先导头部的发展而言,它表现得像一个箭式先导,而

在先导头部发展过程中先导的尾部也在不断暗淡。从第 12 帧开始,先导的尾部似乎在对头部进行一个追赶,使得整体先导逐渐变短直到消失。从图 8.23(e)的电场波形来看,电场下降时呈现凸函数特征;而电场上升阶段却表征的是凹函数特征。这一段与以上的 4 次先导消失过程存在较大差异,这或许是不同的先导消失方式导致的。

对于 AL 先导头部向下发展时的电场变化,这五次先导电场都呈现出一个类凸函数式的下降,这与典型箭式先导的电场波形类似,这似乎表明 AL 和 DL 之间的存在一定联系。图 8.24 为同一通道中两个先导的发展过程。

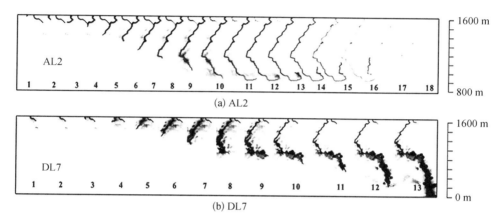

图 8.24　**AL2 和 DL7 的先导发展对比图**

AL2 没有发展到地面,DL7 则发展到了地面并引发回击。当 AL2 的先导头部到达分支点 B3 后,整个先导在几帧内逐渐淡出。在 DL7 的先导头部到达 B2 后,其并没有中断,而是继续沿主通道向下发展。AL2 在 B2 点之前的发展过程与 DL7 类似,只不过 DL7 在发展过程中整个先导通道周围有一些亮点,这说明 DL7 的放电过程更为强烈。AL2 的先导头部从 1 600 m 发展到分支点 B3 用了 11 帧,而 DL7 只用了 7 帧,DL7 的传播速度大于 AL2,与 DL5、DL6、DL7 一样,更加强烈的放电过程对应更快的二维传播速度。AL2 和 DL7 的电场变化如图 8.25 所示,它们都具有凸函数的特征。AL2 的电场峰值达到 1.7 kV/m,DL7 的电场峰值则达到 2.6 kV/m。与 DL7 相比,AL2 的电场减小更慢,电场峰值更小。

表 8.5 记录了几个不同区域的企图先导和箭式先导的平均速度,数量级为 10^6 m/s。DL 的平均传播速度为 $3.5×10^6$ m/s,大于 AL 的 $1.0×10^6$ m/s。Mardiana 等[40]和 Wu 等[153]在澳大利亚和日本所获取的 DL 相较于 AL 而言也具有更高传播速度。在 DL 的发展过程中,云中的电荷可能提供更多的能量使得 DL 具有较高的

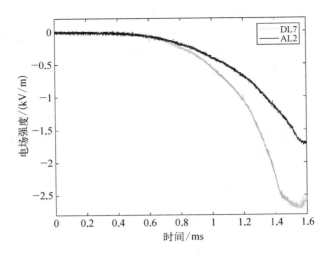

图 8.25 AL2 和 DL7 的电场波形对比图

速度,同时这也使得 DL 的放电过程更加强烈。Mazur 等[50]认为 AL 和 DL 都是反冲先导,两者的主要区别在于 DL 到达地面并引发了回击,而 AL 在发展阶段就在高空中终止了。

表 8.5 不同地区的先导传播速度

位置/年份	先导类型	平均速度/(10^6 m/s)
广州从化,2019	AL	1.0
澳大利亚达尔文,1998[40]	AL	1.4
日本近畿地区,2013[41]	AL	5.2
日本岐阜,2017[153]	AL	2.6
山东,2013[43]	AL	4.0
广州从化,2019	DL	3.5
澳大利亚达尔文,1998[40]	DL	2.1
日本岐阜,2017[153]	DL	5.5~8.1
巴西和美国,2002[128]	DL	4.6
佛罗里达州,2017[154]	DL	8.9

在本节中,图 8.24 所示的相似的光学发展过程和图 8.25 所示的同一类型的电场波形表明这两种类型的先导是基于相同的原理发展起来的。在向地面传播过程中,DL 比 AL 发展更快,放电过程也更加强烈,这可能是它能持续发展到地面的原因,而 AL 则由于能量不足而终止。

AL2、AL5、AL6、AL11 在终止之前没有表现出终止的趋势,它们往往是在最后几帧时突然终止,在光学上的特征并没有被完整地记录。从电场数据来看,先导电场在达到峰值后上升的时间普遍较长,先导电场上升的时间要大于先导电场下降的时间。这说明通道内的电荷并不是一瞬间消失的,也是一个类似于先导发展的“缓慢”过程。从图 8.23 所示的电场波形中可以看出,AL2、AL5、AL6、AL11 的先导电场上升过程十分相似,都是一个凸函数式的上升,它们的终止方式应该是相同的。而对于 AL15 而言,它并不是在最后几帧消失的,当先导头部还在发展时,先导尾部就开始消失了,并逐渐追赶先导头部。在电场波形上,其上升过程呈现出一个凹函数的特征。因此,可以推测 AL2、AL5、AL6、AL11 的终止方式相同,AL15 则是以另一种方式来终结。

这两种先导终止方式可以用图 8.26 所示的简图来说明。图 8.26(a)对应第一种先导终止方式,AL2、AL5、AL6、AL11 属于这种的。先导从云层中开始发展,当先导头部发展到某个节点时,云层中能量不足以支撑先导进一步向下发展,此时先导开始从头部开始向上消失。图 8.26(b)对应第二种先导消失方式,AL15 属于这种的。在初始阶段,与第一种类似先导头部从云层中启动开始向下发展;在某个时间点,在先导头部向下发展的同时先导尾部逐渐开始消失;消失的尾部逐渐追赶先导头部直到整个先导消失。AL15 发展过程可以很好地与图 8.26 简图相对应。而对于 AL2、AL5、AL6、AL11,除了 AL5 展现出头部消失的特征;其他几次企图先导在发展末期均未展现这个特征,它们都是在最后一两帧内瞬间消失。如果通道内由于先导发展而电离的电荷在同先导一起在一瞬间消失了,先导电场应该也会在极短的时间内上升到初始水平附近。这四次先导的电场上升时间很长且都表现出凹函数的特征,先假设它们都属于第一种先导消失方式。

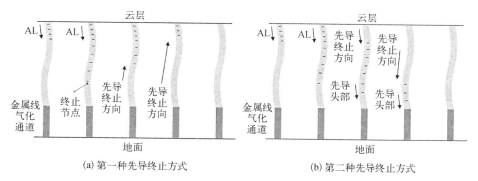

(a) 第一种先导终止方式　　　　　　　(b) 第二种先导终止方式

图 8.26　两种企图先导终止方式简图

　　由于企图先导终止之后的光学数据缺乏,想要验证先导消失的方式需要从电场角度分析。企图先导在终止前的发展过程类似于箭式先导,本节依旧采用如图 8.19 所示的源电荷模型来描述先导发展过程。在这个过程中,先导的头部一直向下发展,这一模型可以用来模拟先导电场下降过程。对于企图先导的终止过程,本节提出了如图 8.26 所示的两种猜想。对于第一种终止方式,在先导头部发展到一定节点后,调整速度的方向,使得先导"向上"发展(这个过程光学上没有表征),这就相当于先导从头部开始向尾部消失。对于第二种终止方式,本书在原先先导的尾部叠加了一个正先导来抵消尾部消失的影响,同时使得正先导的速度大于原先先导头部的速度。

　　图 8.27 是这两种终止方式的建模结果。从电场上升部分来看,两者存在较大差异。这一部分曲线,第一种终止方式呈现出凸函数特征,第二种终止方式呈现出凹函数的特征,且两者互为镜像。结合图 8.23 来看,AL2、AL5、AL6、AL11 的电场上升波形是凸函数,AL15 则是凹函数,与图 8.27 的两种消亡方式相互对应。相似的波形虽然不能完全支撑图 8.26 提出的两种终止方式,但也具有一定参考意义。

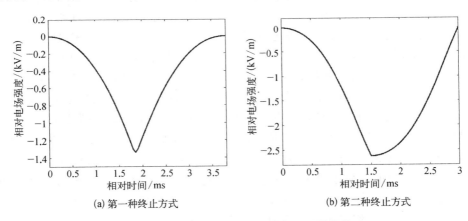

(a) 第一种终止方式　　　　　　　　(b) 第二种终止方式

图 8.27　企图先导终止方式的相对建模曲线

　　为了进一步支撑图 8.26 所示的两种先导消失方式,依据源电荷模型对这五次企图先导的发展、终止过程做一个更加细致的建模。式(8.3)中的 E_L 主要取决于 H、H_B、ρ_L 三个变量。首先确定源电荷高度 H,对于通道 B 的企图先导,$H = 3\,000$ m;对于通道 D 的企图先导 $H = 3\,500$ m(这个数值是根据无反相机的拍摄结果估计的)。取 H_B 等于企图先导终止高度,代入式(8.3)得

$$E_T = \frac{\rho_L}{2\pi\varepsilon_0}\left[\frac{1}{(d^2 + H_T^2)^{0.5}} - \frac{1}{(d^2 + H^2)^{0.5}} - \frac{(H - H_T)H}{(d^2 + H^2)^{1.5}}\right] \quad (8.5)$$

由图 8.23 可以得到单个 AL 电场下降的峰值 ΔE,令 $E_T = \Delta E$ 可以推算出 ρ_L 的

大小。当 H、ρ_L 确定之后,先导电场就主要取决 $H_B = H - vt$ 的变化。可以通过控制各时间段的先导头部发展速度间接控制先导的曲线的变化。

表 8.6 和表 8.7 是具体建模时所设定的各参数具体数值。速度前的符号表示先导传播的方向,负号表示先导由云层向地面传播,正号表示先导由地面向空中发展。其中电荷密度的取值范围是 $0.17\sim1.01$ mC/m。速度的设置范围为 $4.5\times10^5 \sim 3.8\times10^6$ m/s,与表 8.5 中所测得的先导发展阶段的速度保持一致。

表 8.6　第一种终止方式企图先导的详细建模数据

企图先导序号	二维传播速度/(10^6 m/s)		电荷密度/（mC/m）
	终止前	终止后	
AL2	0~0.75 ms：−14 0.75~1.05 ms：−17 1.05~1.30 ms：−21.5	1.30~1.40 ms：+1.5 1.40~2.10 ms：+9.7 2.10~3.80 ms：+7.8	0.98
AL5	0~0.28 ms：−32.5 0.28~0.42 ms：−70 0.42~0.72 ms：−11 0.72~0.81 ms：−40 0.81~0.90 ms：−7	0.90~1.00 ms：+12 1.00~1.30 ms：+17 1.30~2.40 ms：+12 2.40~2.60 ms：+13.5	0.74
AL6	0~0.20 ms：−33.4 0.20~0.45 ms：−15 0.45~0.70 ms：−25.5 0.70~0.90 ms：−13.5	0.90~1.25 ms：+13 1.25~1.90 ms：+9.5 1.90~3.10 ms：+7.5	0.96
AL11	0~0.22 ms：−38 0.22~0.65 ms：−23 0.65~0.80 ms：−17.5	0.80~0.95 ms：+7.5 0.95~1.25 ms：+12.5 1.25~1.90 ms：+7.5 1.90~2.80 ms：+4.5	1.01

表 8.7　第二种终止方式企图先导的详细建模数据

企图先导序号	二维传播速度/(10^6 m/s)	电荷密度/（mC/m）
AL2 先导头部	0~1.15 ms：−8 1.15~1.7 ms：−11 1.7~2.1 ms：−14 2.1~2.6 ms：−4	0.57
AL2 先导尾部	2.1~2.6 ms：−40	0.17

在具体的建模时,各先导被分成两个大部分:第一个部分是下行负先导向下发展的过程;第二个部分是先导终止部分。对于以第一种方式终止的企图先导,第二部分的速度普遍小于第一部分的速度。这对应先导电场上升部分的时间大于先导电场下降的时间。对于第二种先导终止方式(AL15),它的第二部分先导尾部对先导头部进行追逐,其速度的设置要大于先导头部发展的速度。从图 8.23(e)可以看出,电场上升的幅度并不是很大,没有使得电场恢复到原点。所以设置 AL15 尾部消失的电荷密度小于先导头部,使得通道内有一定电荷残余。

在每个大阶段内还设置了小阶段,通过不断细化和微调使得模拟的曲线与实际电场曲线更加贴合。对于 AL2 和 AL11 终止后电场波形的缓慢上升部分[图 8.23(a)和图 8.23(b)中虚线圆圈],通过设置较小的消亡速度来进行模拟。对于 AL5 和 AL6 在发展时,电场变化产生的波动[图 8.23(c)和图 8.23(d)中虚线圆圈],设置这一部分的速度小于前后的小阶段。企图先导终止后先导电场并没有完全恢复原来的水平,最终的电场水平往往低于起始数值,这可能是通道内的残余电荷导致的。

图 8.28 是 AL6 先导头部二维传播速度散点图。在第 5 帧时,先导头部发展接近分支点 B1,在第 6 帧时产生分支。这两帧的先导头部的发展速度降低了,虽然之后几帧的速度无法获取,似乎可以得出结论:分支的存在会使先导头部发展速度减慢。这个速度减慢正好对应建模时所设置的较小的速度,也对应先导电场波形的波动。AL5 也存在类似的波动,而且先导电场变化速率的减小更大。推测其先导头部向地面发展过程中,在摄像机视野范围外同样产生了分支,使得先导发展速度降低。

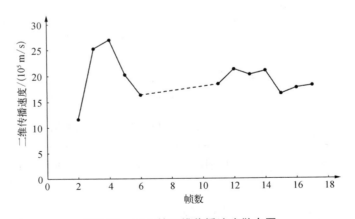

图 8.28　AL6 的二维传播速度散点图

图 8.29 为最终建模结果,虚线所表示的模拟曲线与实线所表示实测电场曲线在各阶段都很好地贴合。这样的结果支撑了本节所提出了两种先导终止方式。

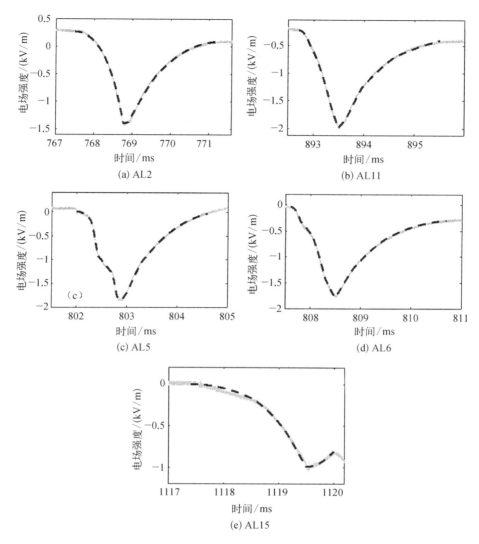

图 8.29　**AL2、AL5、AL6、AL11、AL15** 的建模结果

8.6.3　追逐先导电场的数值模拟

企图先导和箭式先导的区别在于前者未能成功发展到地面,而后者成功发展到地面并引发了回击。表 8.5 的数据表明,箭式先导相较于企图先导具有更大的传播速度。在同一个事件中,当一次企图先导和一次箭式先导出现的时间十分接近时,会出现箭式先导对企图先导的追逐现象。在事件 F201907071802 中,AL15 和 DL8 出现的时间间隔很小,当 AL15 未完全消失

时,DL8 便开始启动对 AL15 进行追击,最终引发回击。本节将对其先导电场进行模拟。

　　AL15 的二维传播速度范围是 $0.4\times10^6 \sim 3.9\times10^6$ m/s,平均速度 $1.9\times10^6\times10^6$ m/s;DL8 的二维传播速度范围是 $3.1\times10^6 \sim 10.9\times10^6$ m/s,平均速度 5.8×10^6 m/s。DL8 的速度远大于 AL15,约为 AL15 的 5 倍。注意到 DL8 是在 AL15 没有完全终止的时候启动的,此时通道 B 的温度较高且通道中有一定电荷残留。DL8 发展时通道 B 的导电性是远大于 AL15 发展时的,再加上云层可能提供更多的能量,DL8 的发展速度自然更快。图 8.30 所示的速度散点图记录了 AL15 和 DL8 先导头部二维传播速度,以及 AL15 的部分尾部消亡速度。总体来看,AL15 的先导头部发展速度比较平缓,稳定在 $1\times10^6 \sim 2\times10^6$ m/s。在第 30 帧之前,先导速度呈现缓慢上升趋势,在第 30 帧后速度有所下降。对于 AL15 的尾部消失过程,其速度平均值是 3.5×10^6 m/s,整体表现出先上升后稍微下降的发展过程。DL8 的速度则表现出非常明显的上升过程。

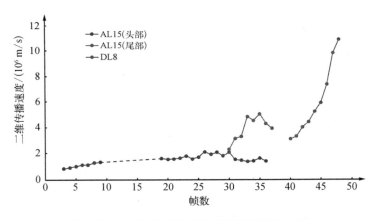

图 8.30　AL15 和 DL8 的先导发展速度散点图

　　而对于整个过程的电场模拟,RS8 前的先导过程可以分为三个阶段。图 8.31 所示的先导发展示意图可以用来解释整个过程。第一阶段,AL15 的先导头部从云层中正常发展,这一阶段的过程类似于 DL 过程,可以用源电荷模型来进行模拟。第二阶段,AL15 的尾部逐渐暗淡,说明其尾部的负电荷消减了。从物理的角度来看,这一阶段相当于在原先负先导的基础上叠加了一个下行正先导,从而抵消负电荷减少的影响。第三阶段,DL8 开始从云层中发展,以较快的速度追赶上 AL15,最终到达地面形成回击。这个阶段可以采用三个源电荷模型来模拟,其中 AL15 的发展和消失过程在 8.6.2 节中有详细的描述。本节在原有波形的基础上再接上一个源电荷模型来模拟 DL8 的过程。

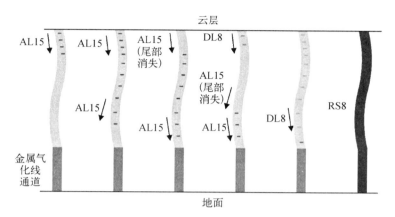

图 8.31　追逐先导发展示意图

　　表 8.8 是整个过程的建模数据;最终得到的建模曲线如图 8.32 所示,虚线代表建模的结果,实线代表实际测量的电场。总体上看,RS8 前的先导电场呈现三段式发展的特征,电场先下降后上升再下降,这分别对应光学上的 AL15 发展过程、AL15 终止过程、DL8 追赶过程。AL15 先导头部的发展时间最长,约为 2.6 ms;其次是 AL15 尾部的消失过程,约为 0.5 ms;DL8 的追赶过程最短,约为 0.4 ms。这三个过程中各自先导(AL15 的终止过程可以看作一个正先导追逐过程)的发展路径均是通道 B,这意味着三者的发展路程一致,不同的发展时间表明三者的速度必然存在差异,这与图 8.30 的速度散点图相对应。

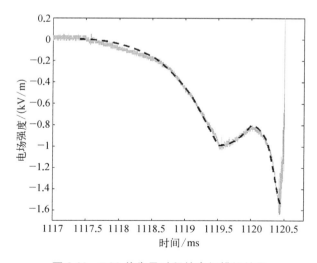

图 8.32　RS8 前先导过程的电场模拟结果

表 8.8　追逐先导的建模数据

企图先导序号	二维传播速度/(10^6 m/s)	电荷密度/(mC/m)
AL2 先导头部	0~1.15 ms：−8 1.15~1.7 ms：−11 1.7~2.1 ms：−14 2.1~2.6 ms：−4	0.57
AL2 先导尾部	2.1~2.6 ms：−40	0.17
DL8	2.6~2.85 ms：4.5 2.85~3.05 ms：7.0	0.31

表 8.8 中的速度是根据图 8.30 设定的,也符合速度的大小关系[AL15(头)<AL15(尾)<DL8]。DL8 的放电过程要强于 AL15,而 DL8 的电荷密度为 0.31 mC/m,小于 AL15 的 0.57 mC/m,似乎与光学观测结果不符。这个差距与 AL15 尾部消失过程中较小的电荷密度有关,在 AL15 终止后,电场并没有恢复到原来的水平,说明通道内还有一定电荷残留。本节采用叠加正先导的方式来模拟先导尾部消失过程,较小的正电荷密度使得原通道内有负电荷残留,这个残留的负电荷加上 DL8 原本电离出的电荷才是 DL8 发展过程中通道 B 内的总电荷。叠加之后的总电荷密度为 0.71 mC/m,大于 AL15 的电荷密度,这就解释了 DL8 放电过程比 AL15 更加强烈的现象。

8.6.4　双向先导电场的数值模拟

箭式先导往往是由云层向地面单向传播的,近年来随着高速摄像的应用,部分在发展过程中由单向传播转为双向传播的箭式先导被发现。这种双向先导同以往的双向先导不同,它是在残余通道中发展起来的。而在事件 F201907071802 中,DL3 和 DL4 的发展过程中也存在双向先导现象,本节将详细分析这两次箭式先导过程。

图 8.33 是 DL3 部分帧数的先导二维传播速度散点图。图 8.33 中的第一和第二次先导本质上是属于一次先导,将第 9~21 帧的先导发展真空期看作第一次先导的停顿,第二次先导起源于第一个先导发展的末端。这两次先导的先导头部发展的速度呈现出一个先上升再逐渐下降的趋势,与典型箭式先导不同。两次先导尾部的消失速度在整体上呈现出下降趋势,而且尾部消失的速度大于先导头部发展的速度。对于双向先导过程,无论是上行正先导还是下行负先导的速度都呈现出一个明显的快速增大过程。上行先导的平均速度是 $4.8×10^6$ m/s,下行负先导的平均速度是 $3.2×10^6$ m/s,上行先导的速度大于下行先导的速度。

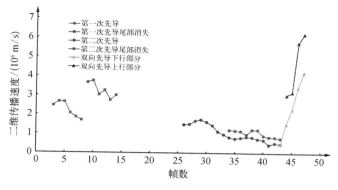

图 8.33　DL3 速度散点图

图 8.34 是 DL4 部分帧数的先导二维传播速度散点图。前两次先导与 DL3 类似,先导头部的发展速度有一个先上升再下降的趋势。这两次先导的尾部消失速度没有表现出下降趋势,甚至没有任何发展规律。第三次先导与前两次不同,它是在未形成击穿的双向先导之后发展的,速度发展也没有任何规律。第一次双向先导由于只发展了几帧,未发现速度存在任何特点,第二次双向先导的速度无论是上行正先导还是下行负先导都呈现出一个明显的增大趋势。第一次上行正先导的平均速度是 $1.7×10^6$ m/s,下行负先导的平均速度是 $0.9×10^6$ m/s;第二次上行正先导的平均速度是 $4.2×10^6$ m/s,下行负先导的平均速度是 $3.1×10^6$ m/s。与 DL3 中的双向先导过程类似,上行正先导的速度均大于下行负先导的速度。

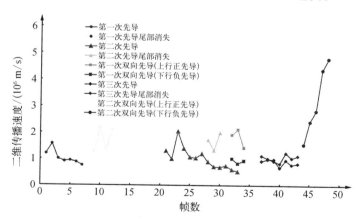

图 8.34　DL4 的速度散点图

关于这种速度的差异在 Jiang 等[46]报道的一例双向先导中也存在,他们认为这是由于海拔降低的压力或水凝物产生了影响。同时,也可能与双向先导启动之前主通道衰减的下行先导发展有关。这种发展导致上通道具有比下通道更好的条件(更高的通道温度和更好的电导率),这使得双向先导向上发展比向下发展更容易。此外,虽然之前的先导最终终止,但通道中应该有残留的负电荷沉积,这也可能促进双向先导以正极性向上传播。在 DL3 和 DL4 的双向先导发展过程中,起始的时候电场并不是零,通道内应当是有负电荷沉积的。

Qie 等[51]也报道了具有双向先导的箭式先导发展过程,其上行正先导的平均速度是 $1.3×10^6$ m/s,大于下行负先导的 $7.8×10^5$ m/s。他们认为双向先导前的先导终止过程可能有四个原因:云中所转移电荷减少,上部通道部分电导率低,空气温度较高导致介电强度异常,以及视场外部分通道分支共存。然而,由于终止的企图先导很弱,不确定它是否传播到双向先导的起始位置,尽管双向先导的起点似乎在最初终止的先导最终发光尖端下方。在事件 F201907071802 中,DL3 和 DL4 的两次先导过程均是在先导未终止前就发展起来的,并没有双向先导的起点一说,这与他们的研究有所不同。

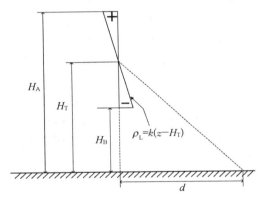

图 8.35   双向先导模型

在具体建模过程中,对于先导的发展过程,一律采用源电荷模型来模拟;对于先导尾部消失过程,采用在初始先导通道的尾部叠加一个下行正先导的方式模拟;而对于双向先导过程,可以采用图 8.35 所示的双向先导模型来模拟。

该模型假设先导过程起源于一个在地面高度 H_T 电荷核心,同时向地面和远离地面方向传播,导电通道中每单位长度的电荷 $\rho_L(z) = k(z - H_T)$ 随距离先导起始点呈线性变化,斜率 k 由环境场和通道直径决定。在高度 z 处的 dz 电荷产生的静电场为

$$dE = 2q(z)z \frac{dz}{4\pi\varepsilon_0(z^2 + d^2)^{1.5}} \tag{8.6}$$

由此求得距离触发点 d 处的电场变化为

$$E = \int_{H_B}^{H_A} 2k(H_T - z) \frac{zdz}{4\pi\varepsilon_0(z^2 + d^2)^{1.5}} \tag{8.7}$$

$$E = \frac{k}{2\pi\varepsilon_0}\left\{ \frac{H_A - H_T}{(H_A^2 + d^2)^{0.5}} + \frac{H_T - H_B}{(H_B^2 + d^2)^{0.5}} \right.$$
$$\left. - \ln[H_A + (H_A^2 + d^2)^{0.5}] + \ln[H_B + (H_B^2 + d^2)^{0.5}] \right\} \tag{8.8}$$

表 8.9、表 8.10 是 DL3、DL4 的建模数据,图 8.36 则展示 DL3、DL4 的建模结果,从图形上看,虚线所代表的建模结果与实际测量的结果在各个阶段上都比较吻合。对于双向先导部分,本书在建模过程所设置的上行先导速度大于下行先导速度,与实际测量结果相对应。在本书的数据中,第二阶段先导尾部逐渐消亡,但是电场的数值并未回到原点,这说明通道内依旧有负电荷残留。

表 8.9　DL3 的建模数据

先导发展阶段	二维传播速度/(10^6 m/s)	电荷密度/(mC/m)
第一次先导	0~0.15 ms：−25.0 0.15~0.50 ms：−22.5	0.15
第一次先导尾部消失	0.15~0.50 ms：−30.6	0.12
第二次先导	0.80~1.30 ms：−12.0 1.30~2.15 ms：−5.0	0.68
第二次先导尾部消失	1.30~2.15 ms：−10.0 2.15~2.30 ms：−8.0	0.56
上行正先导	2.30~2.40 ms：+50.0	0.95
下行负先导	2.30~2.40 ms：−35.0	0.95

表 8.10　DL4 的建模数据

先导发展阶段	二维传播速度/(10^6 m/s)	电荷密度/(mC/m)
第一次先导	0~0.50 ms：−8.0 0.50~1.26 ms：−10	0.21
第一次先导尾部消失	0.50~1.26 ms：−14.5	0.21
第二次先导	1.26~1.70 ms：−10.5 1.70~1.94 ms：−8.0	0.36
第二次先导尾部消失	1.70~1.94 ms：−18.0	0.26
第一次上行正先导	1.94~2.14 ms：+15.0	0.36
第一次下行负先导	1.94~2.14 ms：−10.0	0.36
第三次先导	2.14~2.54 ms：−8.0	0.12

续　表

先导发展阶段	二维传播速度/（10^6 m/s）	电荷密度/（mC/m）
第三次先导尾部消失	2.14~2.54 ms：−10.0	0.12
第二次上行正先导	1.94~2.14 ms：+45.0	0.37
第二次下行负先导	1.94~2.14 ms：−25.0	0.37

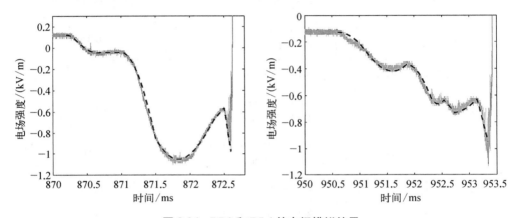

图 8.36　DL3 和 DL4 的电场模拟结果

值得一提的是,Mansell 等[60] 的研究表明发生双向先导时,通道内的净电荷为零,而在本书中双向先导阶段通道内由于有负电荷残留总的电荷是负的。这是本种双向先导与他们的不同之处,不过可以将他们的说法拓展为更为适用的:由于双向先导而产生的正负电荷的净电荷量为零。同时注意到,在 DL4 双向先导发展的最后阶段,在第 44~47 帧,暗淡的通道 C 出现了向上发展的先导,而在电场波形中没有太大变化。通过对比图 8.34 中的速度散点图,这一部分,无论是上行正先导还是下行负先导,其速度都呈上升趋势,没有 DL1、DL2 的明显下降。虽然有部分电荷进入暗淡通道,但先导传播速度没有影响,因此电场没有类似 DL1、DL2 的波动。

8.7　本章小结

空中引雷事件具有 4 条不同的发展路径,并且在其中 3 条发展路径中发生了回击过程。上行闪电通常具有分支的特征,可能在地面以上的某个高度形成分支。

地面测得的雷电电场是所有分支电场的总和。在双向先导-小回击过程,电场正向且缓慢变化,主要受上行正先导的影响。在双向先导-小回击过程之后,推断电场波形中的 4 个峰值与 4 条不同的发展路径密切相关。

当光脉冲(或反冲流光)进入弱化的放电通道并使其重新发光时,会产生初始电流脉冲或 M 分量,同时相应的电场发生改变。通过分析其光学图像可知,某些脉冲是由某些分支引起的。

在先导-回击阶段,先导电场变化波形的类型是不同分支共同作用的结果。对于回击阶段,空中引雷电场变化波形可分为以下三个部分:SF 表示回击的慢前沿;FT 表示回击的快速变化;SS 表示回击的肩状结构。慢前沿的形成机制可能与附着过程有关,在此阶段,上、下先导的延伸等离子体通道相互接触。多个放电通道可能会影响回击慢前沿的电场变化。

利用源电荷模型和双向先导模型对箭式先导过程的电场变化进行了模拟。箭式先导的整体发展速度呈现出逐步增大的特点,即越接近地面先导的发展速度越快。平均速度的源电荷模型对先导电场的模拟存在较大偏差,建模所得的电场往往小于实际测量的数值,基于速度变化的分段速度源电荷模型的模拟结果与实测电场波形相匹配。

企图先导终止后的电场呈现出两种变化特征,一种是凹函数式的,另一种是凸函数式的。前者对应先导从尾部开始消失,后者对应先导从头部开始消失。依据这两种消失方式和源电荷模型的电场建模结果能够很好地与实测电场相符合。企图先导的发展和终止与分支点有一定关系,先导头部在发展到分支点或分支点附近时,或直接终止,或由分支点转入其他通道后发展一段时间后终止。企图先导的终止可能与较低通道内的残余电荷有关。

追逐先导的速度远大于被追逐的先导,上行正先导的速度也大于下行负先导的速度,这与通道中的残余电荷有关。箭式先导发展中分支内的上行先导如果没有削减箭式先导的发展速度,则不会对先导电场波形产生影响。基于源电荷模型和双向先导模型的数值建模结果能够很好地与实测电场波形相匹配。

参考文献

[1] NEWMAN M M, STAHMANN J R, ROBB J D, et al. Triggered lightning strokes at very close range[J]. Journal of Geophysical Research Atmospheres, 1967, 72(18): 4761 - 4764.

[2] FIEUX R P, GARY C H, HUBERT B P. Artificially triggered lightning above land[J]. Nature, 1975, 257(5523): 212 - 214.

[3] FIEUX R P, GARY C H, HUBERT B P. Research on artificially triggered lightning in France [J]. IEEE Transactions on Power Apparatus and Systems, 1978, PAS-97(3): 725 - 733.

[4] HORRI K. Experiment of artificial lightning triggered with rocket[J]. Memoirs of the Faculty of Engineering, 1982(34): 77 - 112.

[5] 夏雨人,肖庆复,吕永振.人工触发闪电的试验研究[J].大气科学,1979(3): 94 - 97.

[6] PINTO O, PINTO I R C A, SABA M M F, et al. Return stroke peak current observations of negative natural and triggered lightning in Brazil[J]. Atmospheric Research, 2005, 76(1 - 4): 493 - 502.

[7] RAKOV V A, UMAN M A, RAIZER Y P. Lightning: Physics and effects[J]. Physics Today, 2004, 57: 63 - 64.

[8] RAKOV V A, UMAN M A, RAMBO K J. A review of ten years of triggered-lightning experiments at Camp Blanding, Florida [J]. Atmospheric Research, 2005, 76 (1 - 4): 503 - 517.

[9] HUBERT P, LAROCHE P, EYBERT-BERARD A, et al. Triggered lightning in New Mexico [J]. Journal of Geophysical Research: Atmospheres, 1984, 89(D2): 2511 - 2521.

[10] WILLETT J C, IDONE V P, ORVILLE R E, et al. An experimental test of the "transmission-line model" of electromagnetic radiation from triggered lightning return strokes[J]. Journal of Geophysical Research: Atmospheres, 1988, 93(D4): 3867 - 3878.

[11] FISHER R J, SCHNETZER G H, THOTTAPPILLIL R, et al. Parameters of triggered-lightning flashes in Florida and Alabama[J]. Journal of Geophysical Research: Atmospheres, 1993, 98 (D12): 22887 - 22902.

[12] LIU X S, WANG C W, ZHANG Y J, et al. Experiment of artificially triggering lightning in China[J]. Journal of Geophysical Research: Atmospheres, 1994, 99(D5): 10727 - 10731.

[13] ZHANG Q L, QIE X S, WANG Z H, et al. Simultaneous observation on electric field changes at 60 m and 550 m from altitude-triggered lightning flashes[J]. Radio Science, 2009, 44(1): 1 - 9.

[14] 郄秀书,刘欣生,余晔,等.地面电晕离子对空中引雷始发过程的影响[J].高原气象,1998, 17(1): 84 - 94.

［15］ 王才伟,言穆弘,刘欣生,等.论闪电先导的双向传输[J].科学通报,1998,4(11):1198 – 1202.

［16］ 张义军,刘欣生.中国南北方雷暴及人工触发闪电电特性对比分析[J].高原气象,1997,16 (2):113 – 121.

［17］ 张其林,郄秀书,王怀斌.高原雷暴地闪回击辐射场特征分析[J].中国电机工程学报,2003, 23(9):94 – 98.

［18］ 李俊,吕伟涛,张义军,等.一次多分叉多接地的空中触发闪电过程[J].应用气象学报, 2010,21(1):95 – 100.

［19］ QIE X S, ZHANG Q L, ZHOU Y J, et al. Artificially triggered lightning and its characteristic discharge parameters in two severe thunderstorms[J]. Science in China Series D, 2007, 50 (8):1241 – 1250.

［20］ NEWMAN M M. Lightning discharge channel characteristic and related atmospheric in recent advances in atmospheric electricity[M]. New York:Pergamon Press, 1958.

［21］ BROOK M, ARMSTRONG G, WINDER R, et al. Artificial initiation of lightning discharges [J]. Journal of Geophysical Research, 1961, 66(11):3967 – 3969.

［22］ WANG D, RAKOV V A, UMAN M A, et al. Characterization of the initial stage of negative rocket-triggered lightning[J]. Journal of Geophysical Research:Atmospheres, 1999, 104(D4): 4213 – 4222.

［23］ MIKI M, RAKOV V A, SHINDO T, et al. Initial stage in lightning initiated from tall objects and in rocket-triggered lightning[J]. Journal of Geophysical Research:Atmospheres, 2005, 110 (D2):1 – 15.

［24］ QIE X S, JIANG R, YANG J, et al. Characteristics of current pulses in rocket-triggered lightning[J]. Atmospheric Research, 2014, 135 – 136(1):322 – 329.

［25］ ZHENG D, ZHANG Y J, ZHANG Y, et al. Characteristics of the initial stage and return stroke currents of rocket-triggered lightning flashes in southern China[J]. Journal of Geophysical Research, 2017, 122(12):6431 – 6452.

［26］ BIAGI C J, JORDAN D M, UMAN M A, et al. High-speed video observations of rocket-and-wire initiated lightning[J]. Geophysical Research Letters, 2009, 36(15):1 – 15.

［27］ RAKOV V A. Cutoff and reestablishment of current in rocket-triggered lightning[J]. Journal of Geophysical Research:Atmospheres, 2003, 108(D23):1 – 9.

［28］ OLSEN R C, RAKOV V A, JORDAN D M, et al. Leader/return-stroke-like processes in the initial stage of rocket-triggered lightning[J]. Journal of Geophysical Research:Atmospheres, 2006, 111:1 – 11.

［29］ Zhang Y, KREHBIEL P R, ZHANG Y J, et al. Observations of the initial stage of a rocket-and-wire-triggered lightning discharge[J]. Geophysical Research Letters, 2017, 44(9):4332 – 4340.

［30］ LI S L, QIU S, SHI L H, et al. Observations of the wire destruction and plasma channel reestablishment process during the initial stage of triggered lightning[J]. Geophysical Research

Letters, 2020, 47(3): 1 - 8.

[31] MA Z L, JIANG R B, SUN Z L, et al. Characteristics of impulsive currents superimposing on continuous/continuing current of rocket-triggered lightning [J]. IEEE Transactions on Electromagnetic Compatibility, 2020, 62(4): 1200 - 1208.

[32] HEIDLER F, ZISCHANK W, WIESINGER J. Statistics of lightning currentparameters and related nearby magnetic fieldsmeasured at the Peissenberg tower [C]. Sydney: International Conference on Lightning and Static Electricity, 2000.

[33] PICHLER H, DIENDORFER G, MAIR M. Some parameters of correlated current and radiated field pulses from lightning to the Gaisberg Tower [J]. IEEJ Transactions on Electrical and Electronic Engineering, 2010, 5(1): 8 - 13.

[34] YOSHIDA S. Three-dimensional imaging of upward positive leaders in triggered lightning using VHF broadband digital interferometers[J]. Geophysical Research Letters, 2010, 37: 1 - 5.

[35] ORVILLE R E, IDONE V P. Lightning leader characteristics in the Thunderstorm Research International Program (TRIP) [J]. Journal of Geophysical Research: Oceans, 1982, 87(C13): 11177 - 11192.

[36] BALLAROTTI M G, SABA M M F, PINTO O. High-speed camera observations of negative ground flashes on a millisecond-scale[J]. Geophysical Research Letters, 2005, 32(23): 1 - 4.

[37] BERGER K. Novel observations on lightning discharges: Results of research on mount san salvatore[J]. Journal of the Franklin Institute, 1967, 283(6): 478 - 525.

[38] RHODES C T, SHAO X M, KREHBIEL P R, et al. Observations of lightning phenomena using radio interferometry[J]. Journal of Geophysical Research, 1994, 99(D6): 13059 - 13082.

[39] SHAO X M, KREHBIEL P R, THOMAS R J, et al. Radio interferometric observations of cloud-to-ground lightning phenomena in Florida [J]. Journal of Geophysical Research, 1995, 100 (D2): 2749 - 2783.

[40] MARDIANA R. Three-dimensional lightning observations of cloud-to-ground ashes using broadband interferometers[J]. Journal of Atmospheric and Solar-Terrestrial Physics, 2002, 64 (1): 91 - 103.

[41] YOSHIDA S, WU T, USHIO T, et al. Initial results of LF sensor network for lightning observation and characteristics of lightning emission in LF band: A LF sensor network for lightning[J]. Journal of Geophysical Research: Atmospheres, 2014, 119(21): 12034 - 12051.

[42] WU T, WANG D H, TAKAGI N. Lightning mapping with an array of fast antennas [J]. Geophysical Research Letters, 2018, 45(8): 3698 - 3705.

[43] SUN Z L, QIE X S, LIU M Y, et al. Characteristics of a negative lightning with multiple-ground terminations observed by a VHF lightning location system: A multiple-grounded lightning[J]. Journal of Geophysical Research: Atmospheres, 2016, 121(1): 413 - 426.

[44] LU W T, ZHANG Y J, LI J, et al. Optical observations on propagation characteristics of leaders in cloud-to-ground lightning flashes[J]. 气象学报: 英文版, 2008, 22(1): 66 - 77.

[45] WANG C X, SUN Z L, JIANG R B, et al. Characteristics of downward leaders in a cloud-to-

ground lightning strike on a lightning rod[J]. Atmospheric Research, 2018, 203: 246 - 253.

[46] JIANG R B, WU Z J, QIE X S, et al. High-speed video evidence of a dart leader with bidirectional development: Bidirectional development of dart leader[J]. Geophysical Research Letters, 2014, 41(14): 5246 - 5250.

[47] ZHANG G S, ZHAO Y X, QIE X S, et al. Observation and study on the whole process of cloud-to-ground lightning using narrowband radio interferometer[J]. Science in China Series D: Earth Sciences, 2008, 51(5): 694 - 708.

[48] MAZUR V, RUHNKE L H. Physical processes during development of upward leaders from tall structures[J]. Journal of Electrostatics, 2011, 69(2): 97 - 110.

[49] EDENS H E, EACK K B, EASTVEDT E M, et al. VHF lightning mapping observations of a triggered lightning flash[J]. Geophysical Research Letters, 2012, 39(19): 1 - 5.

[50] MAZUR V, RUHNKE L H, WARNER T A, et al. Recoil leader formation and development[J]. Journal of Electrostatics, 2013, 71(4): 763 - 768.

[51] QIE X S, PU Y J, JIANG R B, et al. Bidirectional leader development in a preexisting channel as observed in rocket-triggered lightning flashes: Bileader in a preexisting channel[J]. Journal of Geophysical Research: Atmospheres, 2017, 122(2): 586 - 599.

[52] KASEMIR H W. A contribution to the electrostatic theory of a lightning discharge[J]. Journal of Geophysical Research, 1960, 65(7): 1873 - 1878.

[53] SCHONLAND B. Progressive lightning. VI [J]. Proceedings of the Royal Society of London, 1938, 168(935): 455 - 469.

[54] TRAN M D, RAKOV V A. Initiation and propagation of cloud-to-ground lightning observed with a high-speed video camera[J]. Scientific Reports, 2016, 6(1): 39521.

[55] DEPASSE P. Statistics on artificially triggered lightning[J]. Journal of Geophysical Research: Atmospheres, 1994, 99(9): 18515 - 18522.

[56] RAKOV V A, UMAN M A, RAMBO K J, et al. New insights into lightning processes gained from triggered-lightning experiments in Florida and Alabama [J]. Journal of Geophysical Research: Atmospheres, 1998, 103(D12): 14117 - 14130.

[57] UMAN M A, RAKOV V A, SCHNETZER G H, et al. Time derivative of the electric field 10, 14, and 30 m from triggered lightning strokes [J]. Journal of Geophysical Research: Atmospheres, 2000, 105(D12): 15577 - 15595.

[58] SCHOENE J, UMAN M A, RAKOV V A, et al. Characterization of return-stroke currents in rocket-triggered lightning[J]. Journal of Geophysical Research: Atmospheres, 2009, 114(D3): 1 - 9.

[59] SCHOENE J, UMAN M A, RAKOV V A. Return stroke peak current versus charge transfer in rocket-triggered lightning [J]. Journal of Geophysical Research: Atmospheres, 2010, 115 (D12): 1 - 8.

[60] MIKI M, RAKOV V A, RAMBO K J, et al. Electric fields near triggered lightning channels measured with Pockels sensors[J]. Journal of Geophysical Research: Atmospheres, 2002, 107

(D16)：1-11.

[61] SCHOENE J, UMAN M A, RAKOV V A, et al. Statistical characteristics of the electric and magnetic fields and their time derivatives 15 m and 30 m from triggered lightning[J]. Journal of Geophysical Research：Atmospheres, 2003, 108(D6)：1-18.

[62] VINE D, WILLETT J C, BAILEY J C. Comparison of fast electric field changes from subsequent return strokes of natural and triggered lightning [J]. Journal of Geophysical Research： Atmospheres, 1989, 94(D11)：13259-13265.

[63] WANG J G, LI Q X, CAI L, et al. Multiple-station measurements of a return-stroke electric field from rocket-triggered lightning at distances of 68～126 km[J]. IEEE Transactions on Electromagnetic Compatibility, 2019, 61(2)：440-448.

[64] CAI L, ZOU X, WANG J G, et al. The Foshan Total Lightning Location System in China and its initial operation results[J]. Atmosphere, 2019, 10(3)：149.

[65] KRIDER E P, NOGGLE R C. Broadband antenna systems for lightning magnetic fields[J]. Journal of Applied Meterology, 1975, 14(2)：252-258.

[66] LIN Y T, UMAN M A, TILLER J A, et al. Characterization of lightning return stroke electric and magnetic fields from simultaneous two-station measurements[J]. Journal of Geophysical Research：Oceans, 1979, 84(C10)：6307-6314.

[67] YANG J, QIE X S, ZHANG G S, et al. Characteristics of channel base currents and close magnetic fields in triggered flashes in SHATLE[J]. Journal of Geophysical Research, 2010, 115 (D23)：1-12.

[68] LU G P, ZHANG H B, JIANG R B, et al. Characterization of initial current pulses in negative rocket-triggered lightning with sensitive magnetic sensor[J]. Radio Science, 2016, 51(9)： 1432-1444.

[69] HAGENGUTH J H, ANDERSON J G. Lightning to the Empire State Building-Part Ⅲ[J]. Transactions of the American Institute of Electrical Engineers. Part Ⅲ：Power Apparatus and Systems, 1952, 71(3)：641-649.

[70] SHINDO T, UMAN M A. Continuing current in negative cloud-to-ground lightning[J]. Journal of Geophysical Research：Atmospheres, 1989, 94(D4)：5189-5198.

[71] 郄秀书,郭昌明.甘肃中川地区雷暴的地闪特征[J].气象学报,1998,56(3)：312-322.

[72] KITAGAWA N, BROOK M, WORKMAN E J. Continuing currents in cloud-to-ground lightning discharges[J]. Journal of Geophysical Research, 1962, 67(2)：637-647.

[73] RAKOV V A, UMAN M A, THOTTAPPILLIL R. Review of lightning properties from electric field and TV observations[J]. Journal of Geophysical Research：Atmospheres, 1994, 99(D5)： 10745-10750.

[74] 王东方,王志超,刘明远,等.大兴安岭林区地闪放电特征的观测与分析[C].沈阳：第29届中国气象学会年会,2012.

[75] RAKOV V A, THOTTAPPILLIL R, UMAN M A, et al. Mechanism of the lightning M component[J]. Journal of Geophysical Research：Atmospheres, 1995, 100(D12)：25701-

25710.

[76] HEIDLER F H, PAUL C. Some return stroke characteristics of negative lightning flashes recorded at the Peissenberg Tower[J]. IEEE Transactions on Electromagnetic Compatibility, 2017, 59(5): 1490 - 1497.

[77] JIANG R B, Qie X S, WANG C X, et al. Lightning M-components with peak currents of kilo amperes and their mechanism[J]. Acta Physica Sinica, 2011, 60(7): 1729 - 1736.

[78] SARAIVA A, SABA M, PINTO O, et al. A comparative study of negative cloud-to-ground lightning characteristics in São Paulo (Brazil) and Arizona (United States) based on high-speed video observations[J]. Journal of Geophysical Research, 2010, 115(D11): 33 - 38.

[79] CAI L, LI J, SU R, et al. Rocket-triggered-lightning strikes to 10 kV power distribution lines and associated measured parameters of lightning current [J]. IEEE Transactions on Electromagnetic Compatibility, 2022, 64(2): 456 - 463.

[80] ZHENG D, ZHANG Y J, LU W T, et al. Characteristics of return stroke currents of classical and altitude triggered lightning in GCOELD in China[J]. Atmospheric research, 2013, 129 - 130, 67 - 78.

[81] RUBENSTEIN M, RACHIDI F, UMAN M A, et al. Characterization of vertical electric fields 500 m and 30 m from triggered lightning[J]. Journal of Geophysical Research: Atmospheres, 1995, 100(D5): 8863 - 8872.

[82] RAKOV V A, CRAWFORD D E, RAMBO K J, et al. M-component mode of charge transfer to ground in lightning discharges[J]. Journal of Geophysical Research: Atmospheres, 2001, 106 (D19): 22817 - 22831.

[83] 李瑞芳,吴广宁,曹晓斌,等.雷电流幅值概率计算公式[J].电工技术学报,2011,26(4): 161 - 167.

[84] RACHIDI F, RUBINSTEIN M. Voltages induced on overhead lines by dart leaders and subsequent return strokes in natural and rocket-triggered lightning[J]. IEEE Transactions on Electromagnetic Compatibility, 1997, 39(2): 160 - 166.

[85] CHOWDHURI P, ANDERSON J G, CHISHOLM W A, et al. Parameters of lightning strokes: A review[J]. IEEE Transactions on Power Delivery, 2005, 20(1): 346 - 358.

[86] GAMEROTA W R, ELISMÉ, J. O, UMAN M A, et al. Current waveforms for lightning simulation[J]. IEEE Transactions on Electromagnetic Compatibility, 2012, 54(4): 880 - 888.

[87] BERGER K, ANDERSON R B, KRÖNINGER H. Parameters of lightning flashes[J]. Electra, 1975, 41: 23 - 27.

[88] LETEINTURIER C, WEIDMAN C, HAMELIN J. Current and electric field derivatives in triggered lightning return strokes[J]. Journal of Geophysical Research: Atmospheres, 1990, 95 (D1): 811 - 828.

[89] SABA M, PINTO O, BALLAROTTI M G. Relation between lightning return stroke peak current and following continuing current[J]. Geophysical Research Letters, 2006, 33(23): 343 - 354.

[90] CAI L, LI J, WANG J G, et al. Measurement of return stroke current with magnetic sensor in

triggered lightning[J]. IEEE Transactions on Electromagnetic Compatibility, 2020(99): 1 - 7.

[91] 蔡力,杜懿阳,胡强,等.火箭引雷至架空线路与地面近距离磁场对比分析[J].电工技术学报,2023,38(24): 6798 - 6806.

[92] CAI L, LI J, WANG J G, et al. Statistical characteristics of current and magnetic fields at close distances from triggered lightning[J]. IEEE Transactions on Electromagnetic Compatibility, 2020, 63(3): 811 - 818.

[93] CAI L, LI J, WANG J G, et al. Characterization of magnetic field waveforms from triggered lightning attached on transmission line at 18 m, 130 m and 1.55 km[J]. High Voltage, 2021, 6 (2): 337 - 347.

[94] ZHOU M, WANG J G, WANG D H, et al. Modeling of return strokes with their initiation processes under consideration[J]. IEEE Transactions on Magnetics, 2018, 54(3): 1 - 4.

[95] LU G P, FAN Y F, ZHANG H B, et al. Measurement of continuing charge transfer in rocket-triggered lightning with low-frequency magnetic sensor at close range[J]. Journal of Atmospheric and Solar-Terrestrial Physics, 2018, 175: 76 - 86.

[96] CRAWFORD D E, UMAN M A, SCHNETZER G H, et al. The close lightning electromagnetic environment: Dart-leader electric field change versus distance[J]. Journal of Geophysical Research: Biogeosciences, 2001, 106(D14): 14909 - 14917.

[97] CAI L, HU Q, WANG J G, et al. Characterization of electric field waveforms from triggered lightning at 58 m[J]. Journal of Electrostatics, 2021, 109: 103537.

[98] WEIDMAN C D, KRIDER E P. The fine structure of lightning return stroke wave forms[J]. Journal of Geophysical Research: Oceans, 1978, 83(C12): 6239 - 6247.

[99] QIE X S, ZHAO Y, ZHANG Q L, et al. Characteristics of triggered lightning during Shandong artificial triggering lightning experiment(SHATLE)[J]. Atmospheric Research, 2009, 91(2 - 4): 310 - 315.

[100] RAKOV V A, KODALI V, CRAWFORD D E, et al. Close electric field signatures of dart leader/return stroke sequences in rocket-triggered lightning showing residual fields[J]. Journal of Geophysical Research: Atmospheres, 2005, 110(D7): 1 - 11.

[101] CAI L, HU Q, DU Y Y, et al. Differences between far electric field waveforms of triggered return strokes and natural return strokes from nine thunderstorms[J]. IEEE Transactions on Power Delivery, 2023, 38(3): 2195 - 2203.

[102] ROJAS H E, CRUZ A S, CORTES C A. Characteristics of electric field waveforms produced by negative return strokes in Colombia and their comparison with other regions[J]. Journal of Atmospheric and Solar-Terrestrial Physics, 2022, 227: 105809.

[103] ZHU Y N, RAKOV V A, MALLICK S, et al. Characterization of negative cloud-to-ground lightning in Florida[J]. Journal of Atmospheric and Solar-Terrestrial Physics, 2015, 136: 8 - 15.

[104] LEAL A F R, RAKOV V A. Characterization of lightning electric field waveforms using a large database: 2. Analysis and results[J]. IEEE Transactions on Electromagnetic Compatibility,

2021(99): 1 - 8.

[105] ANDERSON R B, ERIKSSON A J. Lightning parameters for engineering application [J]. Electra, 1980, 69: 65 - 102.

[106] CHEN Y Z, WANG X J, RAKOV V A. Approximate expressions for lightning electromagnetic fields at near and far ranges: Influence of return-stroke speed [J]. Journal of Geophysical Research: Atmospheres, 2015, 120(7): 2855 - 2880.

[107] IDONE V P, ORVILLE R E, HUBERT P, et al. Correlated observations of three triggered lightning flashes[J]. Journal of Geophysical Research: Atmospheres, 1984, 89(D1): 1385 - 1394.

[108] RAKOV V A. Transient response of a tall object to lightning [J]. IEEE Transactions on Electromagnetic Compatibility, 2001, 43(4): 654 - 661.

[109] PAVANELLO D, RACHIDI F, JANISCHEWSKYJ W, et al. On the current peak estimates provided by lightning detection networks for lightning return strokes to tall towers[J]. IEEE Transactions on Electromagnetic Compatibility, 2009, 51(3): 453 - 458.

[110] RACHIDI F, JANISCHEWSKYJ W, HUSSEIN A M, et al. Current and electromagnetic field associated with lightning-return strokes to tall towers[J]. IEEE Transactions on Electromagnetic Compatibility, 2001, 43(3): 356 - 367.

[111] SLYUNYAEV N N, MAREEV E A, RAKOV V A, et al. Statistical distributions of lightning peak currents: Why do they appear to be lognormal? [J]. Journal of Geophysical Research: Atmospheres, 2018, 123(10): 5070 - 5089.

[112] ZHANG Y, ZHANG Y J, XIE M, et al. Characteristics and correlation of return stroke, M-component and continuing current for triggered lightning[J]. Electric Power Systems Research, 2016, 139: 10 - 15.

[113] KRIDER E P, GUO C M. The peak electromagnetic power radiated by lightning return strokes [J]. Journal of Geophysical Research: Oceans, 1983, 88(C13): 8471 - 8474.

[114] HADDAD M A, RAKOV V A, CUMMER S A. New measurements of lightning electric fields in Florida: Waveform characteristics, interaction with the ionosphere, and peak current estimates [J]. Journal of Geophysical Research: Atmospheres, 2012, 117(D10): 1 - 26.

[115] WOOI C L, ABDUL-MALEK Z, AHMAD N A, et al. Statistical analysis of electric field parameters for negative lightning in Malaysia[J]. Journal of Atmospheric and Solar-Terrestrial Physics, 2016, 146: 69 - 80.

[116] MALLICK S, RAKOV V A. Characterization of far electric field waveforms produced by rocket-triggered lightning [C]. Shanghai: 2014 International Conference on Lightning Protection (ICLP), 2014.

[117] UMAN M A, SWANBERG C E, TILLER J A, et al. Effects of 200 km propagation on Florida lightning return stroke electric fields[J]. Radio Science, 1976, 11(12): 985 - 990.

[118] MASTER M J, UMAN M A, BEASLEY W, et al. Lightning induced voltages on power lines: Experiment[J]. IEEE Transactions on Power Apparatus and Systems, 1984(9): 2519 - 2529.

[119] WACKER R S, ORVILLE R E. Changes in measured lightning flash count and return stroke peak current after the 1994 US National Lightning Detection Network upgrade: 2. Theory[J]. Journal of Geophysical Research: Atmospheres, 1999, 104(D2): 2159−2162.

[120] WILLETT J C, BAILEY J C, IDONE V P, et al. Submicrosecond intercomparison of radiation fields and currents in triggered lightning return strokes based on the transmission-line model [J]. Journal of Geophysical Research: Atmospheres, 1989, 94(D11): 13275−13286.

[121] RAKOV V A, THOTTAPPILLIL R, UMAN M A. On the empirical formula of Willett et al. relating lightning return-stroke peak current and peak electric field[J]. Journal of Geophysical Research: Atmospheres, 1992, 97(D11): 11527−11533.

[122] LI Q X, WANG J G, CAI L, et al. On the return-stroke current estimation of Foshan Total Lightning Location System(FTLLS)[J]. Atmospheric Research, 2021, 248: 1−9.

[123] CUMMINS K L, MURPHY M J, BARDO E A, et al. A combined TOA/MDF technology upgrade of the US National Lightning Detection Network[J]. Journal of Geophysical Research: Atmospheres, 1998, 103(D8): 9035−9044.

[124] CHEN S M, DU Y, FAN L M. Lightning data observed with lightning location system in Guang-Dong province, China[J]. IEEE Transactions on Power Delivery, 2004, 19(3): 1148−1153.

[125] BABA Y, RAKOV V A. Lightning strikes to tall objects: Currents inferred from far electromagnetic fields versus directly measured currents[J]. Geophysical Research Letters, 2007, 34(19): 1−5.

[126] TRAN M D, KERESZY I, RAKOV V A, et al. On the role of reduced air density along the lightning leader path to ground in increasing X-ray production relative to normal atmospheric conditions[J]. Geophysical Research Letters, 2019, 46(15): 9252−9260.

[127] KOTOVSKY D A, UMAN M A, WILKES R A, et al. High-speed video and lightning mapping array observations of in-cloud lightning leaders and an M component to ground[J]. Journal of Geophysical Research: Atmospheres, 2019, 124(3): 1496−1513.

[128] CAMPOS L Z S, SABA M M F, WARNER T A, et al. High-speed video observations of natural cloud-to-ground lightning leaders-A statistical analysis[J]. Atmospheric research, 2014, 135: 285−305.

[129] BIAGI C J, UMAN M A, HILL J D, et al. Observations of stepping mechanisms in a rocket-and-wire triggered lightning flash[J]. Journal of Geophysical Research, 2010, 115(D23): D23215.

[130] GALLIMBERTI I, BACCHIEGA G, BONDIOU-CLERGERIE A, et al. Fundamental processes in long air gap discharges[J]. Comptes Rendus Physique, 2002, 3(10): 1335−1359.

[131] WORKMAN E J, BEAMS J W, SNODDY L B. Photographic study of lightning[J]. Physics, 1936, 7(10): 375−379.

[132] CAMPOS L Z S, SABA M M F, PHILIP KRIDER E. On β_2 stepped leaders in negative cloud-to-ground lightning[J]. Journal of Geophysical Research: Atmospheres, 2014, 119(11):

6749 – 6767.

［133］ LI Y, SHI L H, QIU S, et al. Observation results and discussion on an upward leader followed by a long continuing current after a return stroke［J］. Geophysical Research Letters, 2018, 45 (14): 7213 – 7217.

［134］ 张义军,吕伟涛,陈绍东,等.广东野外雷电综合观测试验十年进展［J］.气象学报,2016,74 (5): 655 – 671.

［135］ WANG J G, CAO J X, CAI L, et al. Characteristics of acoustic response from simulated impulsive lightning current discharge［J］. High Voltage, 2019, 4(3): 221 – 227.

［136］ DEPASSE P. Lightning acoustic signature［J］. Journal of Geophysical Research: Atmospheres, 1994, 99(D12): 25933 – 25940.

［137］ DAYEH M A, EVANS N D, FUSELIER S A, et al. First images of thunder: Acoustic imaging of Triggered lightning［J］. Geophysical Research Letters, 2015, 42(14): 6051 – 6057.

［138］ ASSINK J D, EVERS L G, HOLLEMAN I, et al. Characterization of infrasound from lightning ［J］. Geophysical Research Letters, 2008, 35(15): 189 – 193.

［139］ HOLMES C R, BROOK M, KREHBIEL P, et al. On the power spectrum and mechanism of thunder［J］. Journal of Geophysical Research, 1971, 76(9): 2106 – 2115.

［140］ FARGES T, BLANC E. Characteristics of infrasound from lightning and sprites near thunderstorm areas［J］. Journal of Geophysical Research Space Physics, 2010, 116(A1): 1 – 17.

［141］ CHUM J, DIENDORFER G. Infrasound pulses from lightning and electrostatic field changes: Observation and discussion［J］. Journal of Geophysical Research: Atmospheres, 2013, 118 (19): 10653 – 10664.

［142］ JIANG R B, QIE X S, YANG J, et al. Characteristics of M-component in rocket-triggered lightning and a discussion on its mechanism［J］. Radio Science, 2013, 48(5): 597 – 606.

［143］ FEW A A, DESSLER A J, LATHAM D J, et al. A dominant 200-hertz peak in the acoustic spectrum of thunder［J］. Journal of Geophysical Research, 1967, 72: 6149 – 6154.

［144］ BODHIKA J A P, DHARMARATHNA W G D, FERNANDO M, et al. Reconstruction of lightning channel geometry by localizing thunder sources［J］. Journal of Atmospheric and Solar-Terrestrial Physics, 2013, 102: 81 – 90.

［145］ 欧阳玉花,袁萍,贾向东,等.用信号处理技术及传播理论还原雷声频谱［J］.物理学报, 2013,62(8): 287 – 293.

［146］ 张景川,袁萍,欧阳玉花.雷声在大气中传播的吸收衰减特性研究［J］.物理学报,2010,59 (11): 8287 – 8292.

［147］ QIU S, ZHOU B H, SHI L H. Synchronized observations of cloud-to-ground lightning using VHF broadband interferometer and acoustic arrays［J］. Journal of Geophysical Research, 2012, 117(D19): 1 – 9.

［148］ WILLIAMS E R. Problems in lightning physics-the role of polarity asymmetry［J］. Plasma Sources Science and Technology, 2006, 15(2): S91 – S108.

[149] LU W T, ZHANG Y J, ZHOU X J, et al. Simultaneous optical and electrical observations on the initial processes of altitude-triggered negative lightning[J]. Atmospheric Research, 2009, 91(2-4): 353-359.

[150] WINN W P, EASTVEDT E M, TRUEBLOOD J J, et al. Luminous pulses during triggered lightning[J]. Journal of Geophysical Research: Atmospheres, 2012, 117(D10): 1-7.

[151] HOWARD J, UMAN M A, BIAGI C, et al. RF and X-ray source locations during the lightning attachment process[J]. Journal of Geophysical Research: Atmospheres, 2010, 115(D6): 1-25.

[152] SCHONLAND B F J, MALAN D J, COLLENS H. Progressive lightning. Ⅱ[J]. Proceedings of the Royal Society of London, 1935, 152(877): 595-625.

[153] WU B, LYU W T, QI Q, et al. High-speed video observations of recoil leaders producing and not producing return strokes in a Canton-Tower upward flash[J]. Geophysical Research Letters, 2019, 46(14): 8546-8553.

[154] WANG D, TAKAGI N, WATANABE T, et al. Observed leader and return-stroke propagation characteristics in the bottom 400 m of a rocket-triggered lightning channel[J]. Journal of Geophysical Research: Atmospheres, 1999, 104(D12): 14369-14376.